U0190274

长江经济带生态保护与绿色发展研究丛书

熊文 总主编

长江经济带
生态环境保护与绿色发展
总体战略研究

主编 熊文
副主编 黄羽 吴比 蔡慧萍

长江出版社
CHANGJIANG PRESS

图书在版编目（CIP）数据

长江经济带生态环境保护与绿色发展总体战略研究 /
熊文主编；黄羽，吴比，蔡慧萍副主编 .
—武汉 ： 长江出版社，2022.3
（长江经济带生态保护与绿色发展研究丛书 / 熊文总主编）
ISBN 978-7-5492-4870-4

Ⅰ . ①长… Ⅱ . ①熊… ②黄… ③吴… ④蔡… Ⅲ . ①长江经济带－生态环境－环境保护－研究
②长江经济带－绿色经济－区域经济发展－研究 Ⅳ . ① X321.2 ② F127.5

中国版本图书馆 CIP 数据核字 (2022) 第 048996 号

长江经济带生态环境保护与绿色发展总体战略研究

CHANGJIANGJINGJIDAISHENGTAIHUANJINGBAOHUYULÜSEFAZHANZONGTIZHANLÜEYANJIU

总主编 熊文　本书主编 熊文　副主编 黄羽 吴比 蔡慧萍

责任编辑： 吴曙霞
装帧设计： 刘斯佳
出版发行： 长江出版社
地　　址： 武汉市江岸区解放大道 1863 号
邮　　编： 430010
网　　址： http://www.cjpress.com.cn
电　　话： 027-82926557（总编室）
　　　　　　 027-82926806（市场营销部）
经　　销： 各地新华书店
印　　刷： 武汉市首壹印务有限公司
规　　格： 787mm×1092mm
开　　本： 16
印　　张： 15.5
彩　　页： 8
字　　数： 312 千字
版　　次： 2022 年 3 月第 1 版
印　　次： 2022 年 10 月第 1 次
书　　号： ISBN 978-7-5492-4870-4
定　　价： 79.00 元

前　言

在中国版图上，有这样一片区域，形似巨龙，日夜奔腾，浩浩荡荡，这就是中国第一大河，也是世界第三长河——长江。

长江全长6300余km，滋养了古老的中华文明；流域面积达180万km²，哺育着超1/3的中国人口；两岸风光旖旎，江山如画；历史遗迹绵延千年，熠熠生辉。长江是中华民族的自豪，更是中华民族生生不息的象征。

不仅如此，长江以水为纽带，承东启西、接南济北、通江达海，一条黄金水道，串联起沿江11个省（直辖市），支撑起全国超40%的经济总量，是中国经济社会发展的大动脉。

一直以来，习近平总书记深深牵挂着长江，竭力谋划着让长江永葆生机活力的发展之道。

2016年1月5日，重庆，在推动长江经济带发展座谈会上，习近平总书记发出长江大保护的最强音："当前和今后相当长一个时期，要把修复长江生态环境摆在压倒性位置，共抓大保护、不搞大开发。"从巴山蜀水到江南水乡，生态优先、绿色发展的理念生根发芽。

2018年4月26日，武汉，在深入推动长江经济带发展座谈会上，习近平总书记强调正确把握"五大关系"，以"钉钉子"精神做好生态修复、环境保护、绿色发展"三篇文章"，推动长江经济带科学发展、有序发展、高质量发展，引领全国高质量发展，擘画出新时代中国发展新坐标。

2020年11月14日，南京，在全面推动长江经济带发展座谈会上，习近平总书记指出，要坚定不移地贯彻新发展理念，推动长江经济带高质量发展，谱写生态优先绿色发展新篇章，打造区域协调发展新样板，构筑高水平对外开放新高地，塑造创新驱动发展新优势，绘就山水人城和谐相融新画卷，使长江经济带成为我国生态优先绿色发展主战场、畅通国内国际双循环主动脉、引领经济高质量发展主力军。

伴随着党中央的强力号召，长江经济带的发展从"推动""深入推动"走向"全面推动"，沿长江11省（直辖市）密集出台了一系列推动经济发展的新政策、新举措。短短几年，一个引领中国经济高质量发展的生力军正在崛起。

可是，与长江经济带蓬勃发展形成鲜明反差的是，全面系统研究长江经济带生态保护与绿色发展的专著却鲜见。为推动长江经济带绿色崛起，我们萌生了编纂"长江经济带生态保护与绿色发展研究"系列丛书的想法。通过该系列丛书的梳理，我们希望完成三个"任务"：

第一，系统梳理、深度展现在长江经济带发展大战略中，沿江11省（直辖市）在新时代绿色崛起中发挥的作用和取得的成绩，总结各省（直辖市）经济发展中的经验和启示，充分发挥领先城市经济发展的示范引领作用，为整个经济带的全面发展提供借鉴。

第二，认真总结、深刻剖析在长江经济带发展过程中，沿江11省（直辖市）经济发展存在的问题，系统梳理长江经济带绿色绩效评价体系，期待为破解长江经济带经济发展的资源环境约束难题、探寻长江经济带绿色经济绩效的提升路径、增强长江经济带发展统筹度和整体性、协调性、可持续性提供全新视角。

第三，有针对性地提出长江经济带未来发展的政策建议和战略对策，助力长江经济带形成生态更优美、交通更顺畅、经济更协调、市场更统一、机制更科学的黄金经济带，为中国经济统筹发展提供新的支撑。

这是我们第一次系统梳理长江经济带的发展，也是我们第一次完整地总结长江沿江11省（直辖市）的发展脉络。

我们欣喜地看到，伴随着三次推动长江经济带发展座谈会的召开，长江沿线11省（直辖市）均有针对性地出台了各省（直辖市）长江经济带发展的具体措施和规划。上海提出，要举全市之力坚定不移推进崇明世界级生态岛建设，努力把崇明岛打造成长三角城市群和长江经济带生态环境大保护的重要标志。湖北强调，要正确把握"五大关系"，用好长江经济带发展"辩证法"，做好生态修复、环境保护、绿色发展"三篇大文章"。地处长江上游的重庆表示，要强化"上游意识"，担起"上游责任"，体现"上游水平"，将重庆打造成内陆开放高地和山清水秀美丽之地。诸如此类，沿江各省都努力争当推动长江经济带高质量发展的排头兵。

我们也欣喜地看到，《长江上游地区省际协商合作机制实施细则》《长三角地区一体化发展三年行动计划（2018—2020年）》等覆盖全域的长江经济带省际协商合作机制逐步建立，共抓大保护的合力正在形成。

我们更欣喜地看到，在以城市群为依托的区域发展战略指引下，在长江三角洲城市群、长江中游城市群、成渝城市群、黔中城市群、滇中城市群等区域城市群的强力带动辐射影响之下，一批城市正迅速崛起。在党中央和沿江各省（直辖市）共同努力下，长江经济带正释放出前所未有的巨大经济活力。虽成效显著，但挑战犹存。在该系列丛书的梳理中，我们也发现了长江经济带发展过程中存在的问题：生态环境保护的形势依然严峻、生态环境压力正持续加大、绿色产业转型压力依旧巨大。为此，我们寻找了德国莱茵河治理、澳大利亚猎人河排污权交易、美国饮用水水源保护区生态补偿、美国"双岸"经济带的产业合作等多个国外绿色发展案例，希望为国内长江经济带城市绿色发展提供借鉴。

编　者

长江黄金水道

　　本书为《长江经济带生态保护与绿色发展研究丛书》之总体篇分册，由湖北工业大学长江经济带大保护研究中心主任熊文教授担任主编，湖北工业大学黄羽、长江水资源保护科学研究所吴比、武汉市生态环境局江汉区分局蔡慧萍担任副主编。本册共分八章，针对长江经济带绿色发展进行了系统研究。第一章梳理了绿色发展的历史进程和政策体系。第二章全面分析了长江经济带经济发展现状、生态环境保护现状和绿色发展现状。第三章从主体功能区规划空间管控、生态红线限制条件、"三线一单"管控等三个方面剖析了长江经济带在发展过程中存在的生态环境约束。第四章从战略布局、绿色产业主导、资源持续发展和生态环境风险管控等四个方面对长江经济带绿色发展战略举措进行了系统分析。第五章针对长江经济带典型区域绿色规划、重点流域生态经济规划和产业园区规划进行了分析研究。第五章针对11个省（直辖市）、核心城市及长江经济带上、中、下游绿色发展进行了绩效评价与多维度的比较分析。第七章从国外河流治理、排污权交易、生态补偿和绿色产业发展等四个角度分析总结了国外可借鉴的成功经验。第八章立足绿色发展战略对策、发展动力和实施路径等，提出了长江经济带绿色发展的对策措施。

本书在撰写过程中，湖北工业大学长江经济带大保护研究中心、经济与管理学院、流域生态文明研究中心等单位领导精心组织编撰，同时长江经济带高质量发展智库联盟、湖北省长江水生态保护研究院、水环境污染监测先进技术与装备国家工程研究中心、河湖生态修复及藻类利用湖北省重点实验室、长江水资源保护科学研究所、江苏河海环境科学研究院有限公司、无锡德林海环保科技股份有限公司等单位相关专家给予大力指导与帮助，在此一并感谢。

最后，感谢长江出版社为本书的出版提供的大力支持！感谢责任编辑在出版过程中所付出的辛勤劳动！

由于水平有限和时间仓促，书中缺点、错误在所难免，敬请专家和读者批评指正。

编　者

目 录

第一章　长江经济带发展战略定位

长江是中国第一大河、世界第三大河，发源于青藏高原的唐古拉山脉各拉丹冬峰西南侧。长江干流全长 6300 余 km，宜昌以上为上游，长 4504km；宜昌至湖口段为中游，长 955km；湖口以下为下游，长 938km。长江支流众多，其中，流域面积 1 万 km^2 以上的支流有 45 条，8 万 km^2 以上的一级支流有雅砻江、岷江、嘉陵江、乌江、湘江、沅江、汉江、赣江等 8 条，重要湖泊有太湖、巢湖、洞庭湖、鄱阳湖等。长江流域，是指长江干流和支流流经的广大区域，共涉及 19 个省（自治区、直辖市）。其中，干流流经青海、西藏、四川、云南、重庆、湖北、湖南、江西、安徽、江苏、上海等 11 个省（自治区、直辖市）；支流展延至贵州、甘肃、陕西、河南、浙江、广西、广东、福建等 8 个省（自治区）。长江流域面积约 180 万 km^2，约占全国的 18.8%。

第一节　长江经济带发展总体战略

长江经济带覆盖上海、江苏、浙江、安徽、江西、湖北、湖南、重庆、四川、贵州、云南等 11 个省（直辖市），面积约 205.23 万 km^2，占全国的 21.4%。按上、中、下游划分，下游地区包括上海、江苏、浙江、安徽 4 省（直辖市），面积约 35.03 万 km^2，占长江经济带的 17.1%；中游地区包括江西、湖北、湖南三省，面积约 56.46 万 km^2，占长江经济带的 27.5%；上游地区包括重庆、四川、贵州、云南四省（直辖市），面积约 113.74 万 km^2，占长江经济带的 55.4%。

改革开放以来，长江经济带已发展成为我国综合实力最强、战略支撑作用最大的区域之一。但是，目前长江经济带的发展面临着诸多亟待解决的困难和问题，包括生态环境形势严峻、长江水道存在瓶颈制约、区域发展不平衡问题突出、产业转型升级任务艰巨、区域合作机制尚不健全等。2016 年印发的《长江经济带发展规划纲要》，是推动长江经济带发展重大国家战略的纲领性文件。

一、长江经济带的战略定位和发展目标

《长江经济带发展规划纲要》提出，长江经济带的四大战略定位包括生态文明建设的先行示范带、引领全国转型发展的创新驱动带、具有全球影响力的内河经济带、东中西互动合作的协调发展带。

根据《长江经济带发展规划纲要》，推动长江经济带发展的目标是：到 2030 年，水环境和水生态质量全面改善，生态系统功能显著增强，水脉畅通、功能完备的长江全流域黄金水道全面建成，创新型现代产业体系全面建立，上中下游一体化发展格局全面形成，生态环境更加美好、经济发展更具活力、人民生活更加殷实，在全国经济社会发展中发挥更加重要的示范引领和战略支撑作用。

推动长江经济带发展，要遵循 5 条基本原则。一是江湖和谐、生态文明；二是改革引领、创新驱动；三是通道支撑、协同发展；四是陆海统筹、双向开放；五是统筹规划、整体联动。长江经济带发展必须坚持生态优先、绿色发展，把保护和修复长江生态环境摆在首要位置，共抓大保护，不搞大开发，将长江经济带建设成为生态文明建设的先行示范带、引领全国转型发展的创新驱动带、具有全球影响力的内河经济带、东中西互动合作的协调发展带。

2016 年、2018 年、2020 年，习近平总书记先后在长江上游的重庆、中游的武汉、下游的南京主持召开座谈会并发表重要讲话，站在历史和全局的高度，为长江经济带发展掌舵领航、谋篇布局。尤其是 2020 年 11 月，习近平总书记在南京主持召开全面推动长江经济带发展座谈会，明确长江经济带要坚定不移贯彻新发展理念，推动长江经济带高质量发展，谱写生态优先绿色发展新篇章，打造区域协调发展新样板，构筑高水平对外开放新高地，塑造创新驱动发展新优势，绘就山水人城和谐相融新画卷，使长江经济带成为我国生态优先绿色发展主战场、畅通国内国际双循环主动脉、引领经济高质

量发展主力军。

二、主要任务

《长江经济带发展规划纲要》明确提出，把保护和修复长江生态环境摆在首要位置，共抓大保护，不搞大开发，全面落实主体功能区规划，明确生态功能分区，划定生态保护红线、水资源开发利用红线和水功能区限制纳污红线，强化水质跨界断面考核，推动协同治理，严格保护一江清水，努力建成上中下游相协调、人与自然相和谐的绿色生态廊道。该规划纲要提出了多项主要任务，具体包括保护和修复长江生态环境，建设综合立体交通走廊，创新驱动产业转型，新型城镇化，构建东西双向、海陆统筹的对外开放新格局等。

（一）推进一体化市场体系建设

一是统一市场准入制度。进一步简政放权，清理阻碍要素合理流动的地方性政策法规，清除市场壁垒，实施统一的市场准入制度和标准，推动劳动力、资本、技术等要素跨区域流动和优化配置。建立公平开放透明的市场规则，推动上海、重庆等地率先开展负面清单管理制度试点。加强市场监管合作，建立区域间市场准入和质量、资质互认制度。研究建立务实、高效的区域标准化协作机制。

二是促进基础设施共建共享。统筹基础设施规划建设，加强省与省之间沟通协调，做好设计方案、技术标准和建设时序衔接，打破区域分隔和行业垄断，逐步消除区域运输服务标准差距，构建统一开放有序的运输市场。加快物流体制改革，推进江海联运、铁水联运、公水联运有效衔接，大力发展直达运输，规范收费行为，降低物流成本。

三是加快完善投融资体制。推动政府和社会资本合作（Public-Private Partnership，简称 PPP）建设基础设施、公用事业等领域项目。鼓励地方研究设立长江经济带产业投资基金和创业投资基金，鼓励保险等资金进入具有稳定收益的投资领域。鼓励跨省区共同发起设立城际铁路、环境治理等投资基金，按照市场规则规范化运作。探索创新金融产品，鼓励开展融资租赁服务，支持长江船型标准化建设。

（二）强化创新驱动产业转型升级

1. 增强自主创新能力

一是打造创新示范高地。支持上海加快建设具有全球影响力的科技创新中心，推进全面创新改革试验。二是强化创新基础平台。加强长江经济带现有国家工程实验室、国家重点实验室、国家工程（技术）研究中心、国家级企业技术中心建设，支持建设国家地方联合创新平台，建立和完善一批创新成果转移转化中心、知识产权运营中心和产业专利联盟。三是集聚人才优势。国家各类人才计划结合长江经济带人才需求予以积极支持，吸引高层次人才创新创业。建立高水平人才双向流动机制，鼓励地方或企业对引进急需紧缺的高层次、高技能人才给予一定的薪酬补贴。四是强化企业技术创新能力，深入实施技术创新工程，整合优势创新资源，打造重点领域产业技术创新联盟，构建服务于区域特色优势产业发展的高水平创新链。五是营造良好创新创业生态。大力推动大众创业、万众创新，完善技术成果转让中介服务体系，加强知识产权保护执法。

2. 推进产业转型升级

一是推动传统产业整合升级，依托产业基础和龙头企业，整合各类开发区、产业园区，引导生产要素向更具竞争力的地区集聚。二是打造产业集群，加快实施"中国制造 2025"，加强重大关键技术攻关、重大技术产业化和应用示范。三是加快推进农业现代化，推动多种形式适度规模经营，提升现代农业和特色农业发展水平，促进农村第一、二、三产业融合发展，提高农业质量效益和竞争力。四是积极发展服务业，优先发展生产性服务业，大力发展教育培训、文化体育、健康养老家政等生活性服务业，推动其向精细和高品质转变。五是大力发展现代文化产业，推动文化业态创新，促进文化与科技、信息、旅游、体育、金融等产业融合发展，打造一批有鲜明特色的长江文化基地。

3. 打造核心竞争优势

一是培育和壮大战略性新兴产业，构建制造业创新体系，提升关键系统及装备研制能力。二是推进新一代信息基础设施建设，加快"宽带中国"战略实施，实施沿江城市宽带提速工程，持续推进城镇光纤到户和农村光纤入户，提升宽带用户网络普及水平和接入能力，加快 5G 移动宽带网络建设。三是促进信息化与产业融合发展，实施"互联网＋"行动计划，构建先进高端制造业体系，推进智慧城市建设，开展电子商务进农村综合示范试点。

4. 引导产业有序转移

一是突出产业转移重点。下游地区积极引导资源加工型、劳动密集型产业和以内需为主的资金、技术密集型产业加快向中上游地区转移。中上游地区要立足当地资源环境承载能力，因地制宜承接相关产业，促进产业价值链的整体提升。严格禁止污染型产业、企业向中上游地区转移。二是建设承接产业转移平台。推进国家级承接产业转移示范区建设，促进产业集中布局、集聚发展。积极利用扶贫帮扶和对口支援等区域合作机制，建立产业转移合作平台。鼓励社会资本积极参与承接产业转移园区建设和管理。三是创新产业转移方式。积极探索多种形式的产业转移合作模式，鼓励上海、江苏、浙江到中上游地区共建产业园区，发展"飞地经济"，共同拓展市场和发展空间，实现利益共享。

（三）推进新型城镇化进程

1. 优化城镇化空间格局

首先要抓住城市群这个重点，以长江为地域纽带和集聚轴线，以长江三角洲城市群为龙头，以长江中游和成渝城市群为支撑，以黔中和滇中两个区域性城市群为补充，以沿江大中小城市和小城镇为依托，形成区域联动、结构合理、集约高效、绿色低碳的新型城镇化格局。二是要促进各类城市协调发展，发挥上海、武汉、重庆等超大城市和南京、杭州、成都等特大城市引领作用，发挥合肥、南昌、长沙、贵阳、昆明等大城市对地区发展的核心带动作用，加快发展中小城市和特色小城镇，培育一批基础条件好、发展潜力大的小城镇。三是要强化城市交通建设，加强城际铁路、市域（郊）铁路建设，形成与新型城镇化布局相匹配的城市群交通网络，实现城市群内中心城市之间、中心城市与周边城市之间 1~2 小时通达。按照公共交通优先的理念，加快发展城市轨道交通、快速公交等大容量公共交通，鼓励绿色出行。

2. 推进农业转移人口市民化

一是要拓宽进城落户渠道。一方面因地施策，根据上中下游城镇综合承载能力和发展潜力，促进有能力在城镇稳定就业和生活的农业转移人口举家进城落户；另一方面因城施策，实施差别化落户政策。二是创新农业转移人口市民化模式，坚持异地城镇化与就地城镇化相结合，健全有利于人口合理流动的体制机制。

3. 加强新型城市建设

一是要提升城市特色品质，将生态文明理念全面融入城市发展，合理确定城市功能布局和空间形态，促进城市发展与山脉水系相融合。推进人文城市建设，延续城市历史文脉，注重保护民族文化风格和传统风貌。二是要增强城市综合承载能力，增强城市经济、基础设施、公共服务和资源环境的承载能力，建设和谐宜居、充满活力的新型城市。三是要创新城市规划管理，统筹规划、建设、管理三大环节，合理确定城市规模、开发边界和开发强度，有效化解各种"城市病"。

4. 统筹城乡发展

一是要推进美丽乡村建设，加强农村道路、供水、垃圾、污水等设施建设和环境治理保护，做好乡村规划。二是要加大扶贫开发力度，深入推进集中连片特困地区扶贫攻坚，加快交通、水利、能源等设施建设，加强生态保护和基本公共服务建设，扶持特色产业发展。三是要提高居民生活水平。实施积极的就业政策，鼓励以创业带就业，加强上中下游产业合作，创造更多就业岗位。推动公共服务供给方式多元化，大力改善农村公共服务条件，努力实现基本公共服务全覆盖。

（四）构建东西双向、海陆统筹的对外开放新格局

发挥上海及长江三角洲地区的引领作用，将云南建设成为面向南亚东南亚的辐射中心，加快内陆开放型经济高地建设。推动区域互动合作和产业集聚发展，打造重庆西部开发开放重要支撑和成都、武汉、长沙、南昌、合肥等内陆开放型经济高地。完善中上游口岸支点布局，支持在国际铁路货物运输沿线主要站点和重要内河港口合理设立直接办理货物进出境手续的查验场所，支持内陆航空口岸增开国际客货运航线、航班。

2020 年 11 月，习近平总书记在南京主持召开全面推动长江经济带发展座谈会并发表重要讲话，系统谋划了新发展阶段长江经济带"五新三主"的

新战略使命，主要有五个方面的战略任务：

一是建设绿水青山生态主色更浓的生态长江。

长江经济带以水为纽带，连接上下游、左右岸、干支流、江湖库，是一个完整的生态大系统，长江重点生态功能区是全国"三区四带"生态屏障的重要组成部分，直接关乎国家生态安全。针对长江生态环境系统性保护修复和协同治理力度不够等问题，应坚持系统观念，一体推进水环境、水生态、水资源、水安全和岸线"四水一岸"保护修复，健全负面清单管理制度，持续深化生态环境综合治理、源头治理、协同治理，提升精细化管理水平，不断增强生态系统整体功能。针对长江水生生物多样性衰退的问题，应加强生物多样性保护，实施长江"拯救江豚行动"，持续做好"十年禁渔"工作，新建一批水生生物自然保护区。针对长江水情变化、洪涝灾害易发的问题，应深入开展安澜长江系统建设，实施三峡库区、丹江口库区和沿江人口集聚地区地质灾害防治工程，强化南水北调工程东、中线水源地和沿线水资源保护，推进重要蓄滞洪区建设。

二是打造创新低碳发展动能强劲的经济长江。

长江经济带是我国最具综合优势与发展潜力的产业带和经济带之一，以创新驱动发展和绿色低碳转型为引领，推动质量变革、动力变革、效率变革，实现了生态环境保护和经济社会发展的双赢。前瞻性把握新一轮科技革命和双碳目标等新趋势的深远影响，坚持创新的核心地位，加快构建绿色低碳循环发展体系。在创新驱动方面，应发挥自主创新驱动作用，推动人工智能、量子信息等前沿领域加快突破，加强"卡脖子"关键核心技术联合攻关，推进产业基础高级化和产业链现代化，全面促进制造业优化升级，打造一批电子信息、高端装备、汽车、家电、纺织服装等世界级制造业集群，加大种质资源保护，维护粮食安全，塑造创新驱动发展新优势。在低碳发展方面，应严格能耗双控制度，坚决遏制"两高"项目盲目发展，调整优化能源结构，推动能源、钢铁、电解铝、石化化工、建筑等重点行业绿色转型，选择跨流域、跨行政区域和省域范围内具备条件的地区开展试点，推动破解生态产品价值实现瓶颈问题，谱写生态优先绿色发展新篇章。

三是构建大国大江流域特色鲜明、江海联动的开放长江。

　　长江是世界上运量最大、通航最繁忙的内河航道，是海上丝绸之路与陆上丝绸之路的重要联结，在推动沿海与内陆地区空间优势互补、要素双向流动、市场深度融合、开放高效协同等方面具有不可替代的独特优势。依托长江黄金水道，完善综合立体交通网络，提高支撑畅通国内国际双循环通道的能力，推动长江经济带与"一带一路"的有机融合。在交通体系建设方面，加快沪渝蓉沿江350km标准高铁建设，大力发展长江中下游港口至上海洋山港、宁波舟山港江海直达运输，优化提升海铁联运和江海联运功能，加强各种交通运输方式协调发展和有效衔接，提升智能化、绿色化、一体化发展水平。在对外开放方面，统筹沿海沿江沿边和内陆开放，增强长三角对中上游开放的带动作用，支持建设长江经济带上的"一带一路"倡议支点，打造一批服务国内国际的战略链接点，构筑高水平对外开放新高地。

　　四是建设人民共同富裕、普惠均衡的幸福长江。

　　长江经济带横跨我国东中西部地区，发展不平衡不充分是基本特征。"十三五"时期，长江经济带3000多万贫困人口全面脱贫，为全国脱贫攻坚做出了重要贡献，但上中下游之间、大中小城市之间、城乡之间的发展差距还比较大。坚持以人民为中心的发展思想，坚持共同富裕方向，聚焦重点区域、重点人群和重要机制，自觉主动缩小城乡差距、地区差距和不同群体收入差距，不断提升全流域发展的协调性、平衡性、包容性。一是聚焦重点区域。加快特殊类型地区振兴，重视赣南等原中央苏区和大别山、湘赣边、湘鄂渝黔、左右江等革命老区和云南等边境地区发展。二是聚焦重点人群。加快农业转移人口市民化，依法保障进城落户农民农村权益，推广以工代赈方式带动低收入人口就近就业，做好云南、贵州等易地扶贫搬迁群众的后续帮扶。三是聚焦完善先富帮后富机制。强化长三角对长江经济带的辐射带动作用，深化东西部协作和定点帮扶，继续开展三峡库区、丹江口库区等对口支援合作，支持省际交界地区融合发展，以城市群、都市圈为依托促进大中小城市和小城镇协调联动、特色化发展，推动上中下游地区有机融合。

　　五是构筑山水人城文化特色底蕴厚重的文化长江。

　　长江文化与黄河文化一样，是中华民族的代表性符号和中华文明的标志性象征，在稻作、茶叶、蚕丝、陶瓷、漆器、治水等方面取得独特的文明成就，数千年来孕育出巴蜀、荆楚、江淮、吴越等灿烂文化圈，反映了中国文化中心和经济中心南移的宏大历史图景。深入挖掘长江文化内涵，强调保护文化遗产，传承历史文脉，弘扬长江文化，积极讲好长江故事。一是保护好长江文化。建设长江文化遗产基础数据库，摸清文化遗产底数，研究制定长江文化图谱，完善历史文化名城、名镇、名村、传统村落保护体系，推动实施一批文化遗产保护项目，探索建立长江生态文化建设示范区。二是传承好长江文化。推动优秀传统文化创造性转化、创新性发展，把文化元素应用到城市规划建设中，推动将长江历史文化、山水文化与城乡发展建设有机融合，保留传统风貌，延续历史文脉。三是弘扬好长江文化。系统梳理历史赋予长江的精神力量，弘扬红船精神、长征精神、抗洪精神等伟大精神，弘扬生态优先、绿色发展的新时代长江生态文化，发展社会主义先进文化，深度涵养社会主义核心价值观。

第二节　长江经济带绿色发展战略

改革开放以来，中国顺应国际绿色发展思潮的演进趋势和发展重点，结合经济社会发展和资源环境保护实际，制订和实施了一系列绿色发展的方针政策，为全球绿色发展提供了具有中国特色社会主义新时代特色的规划方案。

一、绿色发展的提出

绿色发展最早起源于"绿色经济"的概念，英国环境经济学家皮尔斯（Pearce）在1989年出版的《绿色经济蓝皮书》中写道："社会应该建设一种可承受的经济。"即"经济发展必须在自然环境和人类自身可以承受的范围之内，不能因盲目追求经济而破坏生态环境，自然资源的耗竭会停滞经济的发展"。绿色经济是相对于高能耗、高污染的"褐色经济"而言的，代表着生命、希望和发展，是今后世界发展的必然趋势（诸大建，2012）。联合国环境规划署（UNEP）将绿色经济定义为一种促成提高人类福祉和社会公平，同时显著降低环境风险、降低生态稀缺性的环境经济。联合国等国际组织是绿色经济的倡导者，2008 年 10 月，联合国环境规划署召开的全球环境部长会议提出"发展绿色经济"的倡议。2011 年 2 月 21 日，联合国环境规划署在第 26 届理事会暨全球部长级环境论坛上发布了《绿色经济报告》，阐明绿色经济是全球经济增长的新引擎。2012 年 6 月，联合国在巴西召开可持续发展大会纪念可持续发展 20 周年，倡导绿色经济是其议题之一。

绿色发展涉及"发展"和"绿色"两个概念，其中，发展是不变的主题。联合国开发计划署公布的《2002 年中国人类发展报告：让绿色发展成为一种选择》首次明确提出绿色发展概念，同时也指出中国应选择绿色发展之路。胡鞍钢等在 2003 年 10 月 16 日的《中国财经报》中提出，绿色发展就是"实现经济与社会协调发展、人与自然的协调发展"，并认为世界的第四次工业革命是绿色工业革命，中国要成为此次革命的"领先者"，甚至是"领导者"。

魏喜成和袁芸（2009）认为，绿色发展是指在保持良好的生态系统，获得稳定的生态效益基础上实现社会经济发展。马平川等（2011）指出绿色发展是为应对国际金融危机、全球气候变化和解决国内资源环境问题的三重挑战，是以绿色创新为桥梁，以绿色经济为核心，在追求资源环境绩效的同时，依靠科技进步，提高产业的资源效率和绿色竞争力，进而进行产业结构调整，以达到低碳的、高效的、可持续的发展。余海（2011）将绿色发展理解为"发展的绿色化"，顾名思义，既要发展，又要保持良好的生态环境。黄志斌等（2015）认为，绿色发展是人与自然和谐相处、绿色资产不断增值、人民绿色福利不断改善的过程。其中，绿色发展是主题，绿色资产是基础和载体，绿色福利是最终结果，三者相互依存，相互制约。

绿色发展与可持续发展既有联系，也有区别。杨云龙（2007）指出，绿色发展不仅指经济的可持续发展，还包括生态的可持续发展和社会的可持续发展，是一个以人为本的可持续发展。柯水发（2013）将绿色发展与可持续发展进行了比较（表 1-1）。绿色发展属于第二代可持续发展观（强可持续发展），是对"弱可持续发展"思想的反思，即在弱可持续发展基础上增加了对生态极限的思考，强调自然资本并不能被人造资本完全替代，需要关键自然资本的非零增长（诸大建等，2013；张晓玲，2018）。

表 1-1　　　　　　　　　　　　　　绿色发展与可持续发展的比较

异同点	类别	可持续发展	绿色发展
相同点	原则	公平性原则、持续性原则、共同性原则	
	核心	环境资源作为经济发展的内在要素，在不降低环境质量和不破坏自然环境的前提下发展经济	
不同点	目标	建立节约资源的经济体系	经济、社会、环境的可持续发展
	内容与途径	传统发展模式的转变，由粗放向集约型的转变	经济活动过程的"绿色化""生态化"

资料来源：柯水发 . 绿色经济理论与实务［M］. 北京：中国农业出版社，2013。

尽管不同机构及学者对绿色发展内涵的研究视角及侧重点有所不同，但在绿色发展本质上达成了一致，即在资源环境约束下，通过发展低碳经济、循环经济，追求经济、社会与自然系统的共生发展并实现发展效益最大化（任嘉敏等，2020）。

二、中国绿色发展的理念

在过去 50 年里，中国参加了可持续发展理念形成和发展中具有里程碑意义的历次国际大会，将节约资源、保护环境确立为基本国策，并在 1996 年将可持续发展战略正式确立为国家基本战略。此后，中国政府针对"可持续发展"的目标提出并采取了一系列发展理念和政治措施。

近年来，"绿色经济"与"绿色发展"也越来越受到学术界和政府的关注。中国环境与发展国际合作委员会（CCICED）就围绕该议题设立了一系列课题组，包括"中国绿色经济发展机制与政策创新"课题组（2011）。

2012 年，绿色发展首次出现在党的十八大报道中，绿色发展已成为全国共识，这标志着中国共产党人对当今世界和当代中国发展的自觉认知和深刻把握。2015 年，党的十八届五中全会提出要牢固树立绿色发展理念，表明绿色发展将成为中国发展战略与发展政策的主流。绿色发展理念主要包含以下几个方面：

推进绿色富国。富国为强国之基，资源环境为富国之本。绿色发展理念鲜明地提出了绿色富国的重大命题，彰显了中国共产党对新时期富国之道的科学把握。绿色发展已成为我国走新型工业化道路、调整优化经济结构、转变经济发展方式的重要动力，成为推进中国走向富强的有力支撑。

推进绿色惠民。绿色发展理念以绿色惠民为基础价值取向，彰显了中国共产党对新时期惠民之道的深刻认识。保护生态环境就是保障民生，改善生态环境就是改善民生。坚持绿色发展、绿色惠民，为人民提供绿色和谐的生活环境，是关系到最广大人民的根本利益和中华民族发展的长远利益的大事，是我们党在新时期增进民生福祉的重大抉择。

推进绿色生产。绿色生产方式是绿色发展理念的基础支撑、主要载体。面对人与自然的突出矛盾和资源环境的瓶颈制约，要努力构建科技含量高、资源消耗低、环境污染少的产业结构，加快发展绿色产业，形成新的经济社会发展的增长点。

绿色发展理念，更新了关于生态与资源的传统认识，打破了简单把发展与保护对立起来的思维束缚，指明了实现发展和保护内在统一、相互促进和协调共生的方法论，带来的是发展理念和方式的深刻转变，也是执政理念和方式的深刻转变，为生态文明建设提供了根本遵循。

党的十八大以来，以习近平同志为核心的党中央，把握绿色发展的时代潮流，结合中国经济社会发展面临的资源环境约束瓶颈，对中国经济社会发展的绿色化进行了深入思考，强调绿色是中国经济发展底色，也是永续发展的必要条件（朱东波，2020）。党的十九大报告进一步丰富了绿色发展理念，提出建设"富强民主文明和谐美丽的社会主义现代化强国"的目标，树立"绿水青山就是金山银山"的理念，促进绿色发展，加快绿色生产和消费的建立，健全绿色低碳循环发展经济体系。"十四五"规划中明确指出，长江经济带要坚持生态优先、绿色发展和共抓大保护、不搞大开发，协同推动生态环境保护和经济发展，打造人与自然和谐共生的美丽中国样板。绿色成为中国特色社会主义新时代的鲜亮标志。中国的绿色发展理念、绿色发展方式和绿色发展智慧为建设美丽中国提供不竭动力，也为开创全球绿色发展新格局提供重要牵引力。

三、长江经济带绿色发展战略

实现经济发展和环境保护的内在统一、相互促进和协调共生，是实现绿色发展关键所在。绿色发展既是经济增长的绿色化、社会发展的绿色化和人民生活的绿色化，也是绿色的经济化，体现在"绿水青山就是金山银山"的"两山论"和"保护环境就是保护生产力，改善环境就是发展生产力"的"生产力论"。

（一）绿色产业的增长

绿色发展提倡绿色增长，反对以牺牲资源环境和社会福利为代价的经济增长，提倡绿色经济和绿色增长。经济繁荣稳定、人民生活富裕是长江经济带绿色发展的最基本标准。长江经济带绿色发展既要实现经济、收入、福利的稳定增长，更要体现出推进经济增长的路径，关注影响绿色增长的各类经济要素的成长和相互作用关系。

绿色增长模式本质上包含着对资源环境的尊重与保护，强调产业结构的优化与升级。利用绿色、环保、集约、低碳的先进模式与技术，提高传统产业的能源和资源利用效率，降低经济增长过程中的资源消耗和环境损失。同时，推动新兴绿色产业发展，为经济增长提供新的动力。构建结构优化、技术先进、附加值高、资源利用率高、环境污染少、吸纳就业能力强的现代产业体系，能够有效地实现产业结构绿色重组，为长江经济带绿色发展提供稳定的经济支撑。

（二）科技创新的驱动

创新是绿色发展的关键，也是经济增长的助推器。科技创新通过技术进步、科技成果产出、高新技术产业发展，扩展了绿色发展的能力，在长江经济带绿色发展中扮演着重要角色。在推进长江经济带绿色发展的过程中，需要依靠科技创新驱动，充分发挥包含产品技术、商业模式、体制机制创新在内的全面创新作用，打造创新型经济发展模式，通过创新形成促进经济高效、稳定增长的动力机制，摆脱经济对高能耗、高排放、高污染产业的依赖，促进绿色发展。

（三）生态环境的治理

长江经济带水资源虽然总体上比较丰富，但由于经济社会发展的需求，水资源的消耗量非常大。要推进长江流域水污染联防联治，建立水环境质量底线管理制度，坚守水环境质量底线，坚持点源、面源和流动源综合防治策略，抓好良好水体保护，加强严重污染水体治理，强化总磷污染控制，切实维护和改善长江水质。要把治江与治山、治林、治田有机结合起来，涵养水源，修复生态，协调解决水灾害防治、水生态环境保护问题。加快推进长江流域水生态文明建设，提高长江流域水资源和水环境承载能力。

第三节　长江经济带绿色发展历史

一、长江经济带的资源条件介绍

（一）地理环境

长江，发源于"世界屋脊"——青藏高原的唐古拉山脉各拉丹冬峰西南侧，是中华民族的母亲河。干流流经 11 个省（自治区、直辖市），全长 6300 余 km，比黄河长 800 余 km，长度居世界第三位。长江流域横跨中国 19 个省（自治区、直辖市），是世界第三大流域。整个流域呈多级阶梯性地形，流经山地、高原、盆地、丘陵和平原等，流域内有丰富的自然资源。

长江经济带横跨中国东、中、西三大区域，具有独特的资源、生态、环境优势和巨大的发展潜力。中华人民共和国成立以来，特别是改革开放以来，长江经济带已快速发展成为中国综合实力最强的区域之一。长江（长江经济带、长江流域）已成为名副其实的"黄金水道"。

（二）自然资源

长江流域自然资源丰富，生态地位突出，在保障国家生态安全方面发挥着重要作用。流域内森林覆盖率达到 41.3%，河湖、水库、湿地面积约占全国的 20%，物种资源丰富，珍稀濒危植物占全国总数的 39.7%，淡水鱼类占全国总数的 33%，是珍稀水生生物的天然宝库；蕴藏有极其丰富的水资源，多年平均水资源总量约 9958 亿 m^3，约占全国水资源总量的 35%，是我国水资源配置的战略水源地，在我国经济社会发展和生态环境保护中具有十分重要的战略地位[1]。

长江经济带建设依赖于长江流域资源，没有长江流域就没有长江经济带。良好的长江流域生态环境既是美丽中国的重要组成部分，也是长江经济带发展的关键基础支撑。

---

[1] 数据来源于《长江经济带生态环境保护规划》（环规财〔2017〕88 号）。

二、长江经济带绿色发展进程

（一）初步发展：中国近代、现代工业的发源地（1949 年以前）

长江流域以其温暖湿润的气候，沃野千里的多样地貌，丰富的水、土、矿产资源，横跨东、中、西三大板块的区位优势而成为中华民族繁衍与发展的重要地区之一，特别是宋代以后，成为中国经济的重心。

鸦片战争爆发以后，中国被迫开放通商口岸，西方工业品的倾销客观上刺激了中国近代资本主义产业的形成。由于优越的交通和地理条件，长江流域集聚了中国大部分外国资本。之后，"洋务运动"和"维新运动"引入西方科技，江南制造总局、上海机织局、汉阳铁厂、轮船招商局等先后设立。此外，还建立了缫丝、纺织、面粉、粮油加工等轻纺行业，其中大部分位于江苏、浙江和湖北，近代中国工业在长江流域播下了种子。1911 年辛亥革命后，长江下游以其地理位置和资源优势成为全国产业布局最集中的地区。长江三角洲最初是在上海的基础上形成的，是基于面粉、棉纺和丝绸等轻工业，以及江苏无锡、常州、镇江等众多中小城市形成的苏南近代化城市链。同时，生产力分布呈现从沿海河流向中西部地区扩张的趋势，特别是长江中游地区的汉口，产业发展迅速，经济地位不断提高。

抗日战争期间，长江下游工商业遭受严重破坏，一些沿海工矿企业、金融机构、高等院校和科研机构都转移到以重庆为中心的西南后方地区。1940年底，长江下游 243 个内陆移民工厂和矿山迁至重庆，11 个迁至四川，共计 254 个，占内迁厂矿数量的 57%。此外，还有 121 个工厂和矿山迁至湖南，其中大部分位于四川和贵州湘西等地区，迁至云南和贵州的共有 23 个。除了引进大量的机械设备，当时还非常注意挖掘本土资源优势，大力培养工业管理人才和科技人员，这些企业已成为西南三省现代工业的基础，也同时提高了西南地区城市化水平。在此阶段，重庆、成都、昆明、桂林和贵阳等长江中上游城市发展成为不同层次的区域性工业和金融中心。

（二）早期构想：国家工业化建设的重点地区（1949—1978 年）

中华人民共和国成立以后，中央政府高度重视长江流域的经济发展，特别是在"一五"和"二五"期间，兴建了一批钢铁工业，如武汉钢铁、马鞍山钢铁、重庆钢铁和上海钢铁,形成了沿江钢铁工业走廊的雏形,并在钢铁工业周围建立了一批机械、电子和轻纺工业,使长江中上游流域经济实力得到加强,下游产业基地也得到转型和发展。自1964年以来,国家开始大规模的"三线"建设,产业布局的中心已向西迁移。四川和湖北已成为建设的重点区域,如攀枝花钢铁的兴建,推动了金沙江、嘉陵江的整治和开发,促进了长江中上游的开发建设。大型工业企业的建设促进了十堰、攀枝花、德阳、湘潭、株洲、岳阳、怀化等新兴城市的快速发展,使之成为长江中上游新的增长极,与下游地区经济发展的差距也在缩小。

20世纪50年代初,长江水利委员会在党中央和国务院的领导下,拉开了长江流域综合规划的序幕,长江防洪是流域规划的首要任务,长江水利委员会主任林一山提出了控制长江防洪的"三个阶段性计划"。与此同时,1956年初,苏联专家提出通过建一批巨大的高坝大库来解决长江防洪和水能利用问题。在听取报告并了解情况后,周恩来总理明确表示以三峡工程为主体规划。之后在比较干支流重点枢纽综合经济效益的基础上,通过全面分析论证,证明只有以三峡水库为中心,中下游支流水库和平原湖泊区分蓄洪工程相配合,才能解决长江中下游防洪问题,从而基本确定了以三峡工程为主体的长江流域综合规划。

1958年3月,周恩来总理在中央政治局成都工作会议上做了《关于三峡水利枢纽和长江流域规划的报告》。根据周恩来总理的报告和政治局《中共中央关于三峡水利枢纽和长江流域规划的意见》的精神,长江流域规划办公室对已完成的工作进行了修订补充,于1959年编制完成《长江流域综合利用规划要点报告》。在复杂流域系统中,该报告抓住了长江中下游防洪的首要任务和水资源综合利用的关键问题,注重协调干支流与其他各种关系,提出了长江流域综合治理与开发利用的总体布局方案。

(三)启动开发:沿江大发展和长江经济带的提出(1978—2005年)

改革开放后,党和国家的工作重心转向经济建设,工业投资重心东移,加大了对长江下游地区发展的支持。长江沿江地区成为新兴产业的重点布局区域,如上海宝山钢铁公司、扬子石化与仪征化纤厂等的建设,进一步加强了沿江工业体系。苏南乡镇工业的兴起,推动了农村工业化、城镇化发展,使长江三角洲地区社会经济面貌发生了新的变化，也加大了与中上游地区农村经济的差距。1984年，陆大道提出沿江—沿海"T"字形发展战略，其中"长江沿岸产业带"是"T"字形战略中的一条一级发展轴，被认为具有巨大的发展潜力。"T"字形经济空间布局战略被1987年《全国国土总体规划纲要》采用。此后，长江经济带一直被作为我国国土开发的重要轴线。

长江经济带开放开发的正式启动同样是伴随着改革开放的纵深推进而逐步展开的，最为关键的节点事件是上海浦东新区的开发和三峡工程的启动，国家再次提出要重点发展"长江三角洲及长江沿江地区经济"。1992年4月，全国人大七届五次会议通过《关于兴建长江三峡工程的决议》，决定将兴建三峡工程列入国民经济和社会发展十年规划。1992年6月，国务院召开长江三角洲及长江沿江地区经济发展规划座谈会。1992年10月，中央决定以上海浦东为龙头，开放芜湖、九江、黄石、武汉、岳阳、重庆6个沿江城市和三峡库区，实行沿江开放城市和地区的经济政策。1992年10月，党的十四大报告指出："以上海浦东开发为龙头，进一步开放长江沿岸城市，尽快把上海建成国际经济、金融、贸易中心城市之一，带动长江三角洲和整个长江流域地区的新飞跃。"1996年3月，全国人大八届四次会议通过的《中华人民共和国国民经济和社会发展"九五"计划和2010年远景目标纲要》明确指出："以浦东开放开发、三峡建设为契机，依托沿江大中城市，逐步形成一条横贯东西、连接南北的综合型经济带。"长江经济带得以再次确立国家战略地位并正式启动实质性建设。然而，受沿岸省（直辖市）分割的行政体制和亟待完善的交通基础设施等客观条件制约，长江经济带未能发展为一条横贯东西、连接南北的协调经济带。

（四）战略提出：全流域的经济带规划与建设（2005年以后）

进入21世纪后，长江经济带的发展步入了快车道，重化工业的发展得到进一步加强，基础设施建设取得了巨大成就，工业产品的国际竞争力得到了大幅提升。从主要工业品产量、货运量、港口吞吐量、人口集聚等主要规模指标来看，长江经济带已远远超出莱茵河等世界大型流域，成为世界上最繁忙的内陆水道和最大的工业集聚产业带。2005年，交通运输部牵头上海、江苏、安徽、江西、湖北、湖南、重庆、四川和云南等7省2直辖市签署了《长江经济带合作协议》，确定了以上海和重庆为核心的长江经济带首尾联动的发展战略。2011年，长江干流已建成20多条跨江通道，389个万吨以上泊位，以及南通、台州、镇江和南京等11个长江口岸，并已成为亿吨级的大港口。长江经济带经济实力的提升、交通设施的完善以及干支流航运量的不断增长，为国家实施依托黄金水道推进长江经济带战略奠定了坚实的基础。同时，长江下游地区也面临着生态环境破坏和水土资源短缺的问题，使得整个长江流域的可持续发展问题被提上日程。

2010年，国务院颁布实施《全国主体功能区规划》，明确了我国国土空间开发的三大战略格局。在"两横三纵"为主体的城市化战略格局中，沿长江通道是我国国土空间一级开发轴线；2012年国务院批复长江水利委员会牵头编制《长江流域综合规划（2012—2030年）》。但是，由于多部门之间缺乏协调，这些规划基本"流于形式"。2013年，党中央国务院提出了长江经济带发展构想，并于2014年9月由国务院颁布了《关于依托黄金水道推动长江经济带发展的指导意见》和《长江经济带综合立体交通走廊规划（2014—2020年）》，首次提出覆盖全流域的经济带规划与建设意见。建设长江经济带是新时期中国区域协调发展和对内对外开放相结合、推动发展向中高端水平迈进的重大战略举措，既可以促进经济由东向西梯度推进，直接带动近1/5的国土近6亿人的发展新动力，又可以形成与丝绸之路经济带的战略互动，打造新的经济支撑和具有全球影响力的开放合作新平台。

2016年1月，习近平总书记在重庆召开推动长江经济带发展座谈会，强调要"共抓大保护、不搞大开发"后，2016年9月《长江经济带发展规划纲要》正式发布，长江经济带步入了国家发展战略。2018年4月，习近平在深入推动长江经济带发展座谈会上的讲话开宗明义："推动长江经济带发展，这是党中央做出的重大决策，是关系发展全局的重大战略，对实现'两个一百年'奋斗目标、实现中国梦具有重要意义。"2020年11月，习近平总书记在全面推动长江经济带发展座谈会上强调要坚定不移贯彻新发展理念，使长江经济带成为我国生态优先绿色发展主战场、引领经济高质量发展主力军。

（五）未来展望：最富活力、最具竞争力的生态文明示范带

"共抓大保护、不搞大开发"的战略部署，进一步加强了长江经济带对中国崛起的极其重要的战略地位，更加凸显其发展潜力和重要价值。凭借绝佳的区位优势、雄厚的经济基础、完善的城市体系、强大的创新能力、丰裕的资源禀赋、健全的生态功能、良好的人居环境，长江经济带有望成为我国最富活力、最富国际竞争力的生态文明示范带之一。

第四节　长江经济带绿色发展战略意义

长江经济带是典型的流域经济，涉及水、路、港、岸、产、城和生物、湿地、环境等多个方面，是我国人口集聚程度高、产业规模大、城市体系非常完整的巨型流域经济带之一，是中国承上启下、承东启西的核心经济带，承担着促进中国崛起、实现中华民族伟大复兴的历史重任，发挥着保障全国总体生态功能格局安全稳定的全局性作用。2014 年 9 月，国务院颁布《关于依托黄金水道推动长江经济带发展的指导意见》，标志着长江经济带作为一个整体正式上升为国家战略。正确处理生态环境保护与经济社会协调发展，实现长江经济带的绿色可持续发展，对于全国各地生态文明建设具有示范作用。

一、破解生态环境瓶颈制约的必由之路

长江经济带具有优越的区位条件、雄厚的经济基础、完善的城市体系、强大的创新能力、优异的资源禀赋，是我国"T"形生产力布局主轴线的核心组成部分，在中国经济社会发展中具有极其重要的战略地位。然而，长江经济带的粗放发展导致资源环境约束日益趋紧，区域性、累积性、复合性环境问题愈加突出。产业结构重型化特点突出，重化工产业沿江高度密集布局，长江沿江省、市化工产量约占全国的 46%。资源消耗和污染排放强度高，长江经济带大部分区域能耗水耗和污染排放强度都高于全国平均水平。从工业用水角度来看，2015 年，中国 62% 的工业用水都是被长江经济带消耗和使用的，原因在于大部分化工、造纸等对水资源依赖性非常强的企业都分布在水资源丰富的长江沿岸地区，其单位 GDP 用水量远超国内平均水平（王振，2016）。

环境问题长期积累，导致长江经济带环境风险隐患突出，将直接影响沿江

重大生产力布局，环境问题和风险反过来又影响经济安全。我们必须改变传统的"高投入、高消耗、低效率"的发展模式，实施"低投入、低消耗、高效率"的绿色发展模式，处理好经济、资源、环境之间的关系，不断提高经济、社会和环境的协调性，增强经济社会的可持续发展能力。

二、以创新驱动促进产业转型升级的必然选择

长江经济带是世界上最大的内河产业带和制造业基地，为我国经济发展做出了巨大贡献。推进长江经济带绿色发展，必须优化产业结构，加快产业转型升级，大力发展绿色产业，打造在全国具有重大影响的绿色经济示范带。节能环保、先进装备制造、新材料、新能源、生物医药、信息技术等战略性新兴产业具有知识技术密集、物质资源消耗少、成长潜力大、综合效益好的特点，符合绿色发展的理念，已经成为我国新的增长点，也必将成为长江经济带新的经济增长领域。另外，在全球应对气候变化的大背景下，许多国家出台了发展绿色经济的重大举措，使得绿色经济迅速成为影响世界经济发展进程的重要潮流。在经济全球化的发展过程中，一些发达国家在资源环境方面要求末端产品符合环保要求，这对我国的出口贸易产生了非常严重的影响。长江经济带是具有全球影响力的内河经济带，也是沿海沿江沿边全面推进的对内对外开放带，因此，在国际发展绿色化的大背景下，长江经济带必须通过绿色发展，增强自主创新能力，提高技术水平与国际接轨，提高长江经济带的国际竞争力和影响力。

三、保持全国生态功能格局安全稳定的客观要求

长江经济带是我国"两屏三带"为主体的生态安全战略格局的重要组成部分，是保障全国总体生态功能格局安全稳定的生态主轴。长江上游是"中华水塔"，是关系全局的敏感性生态功能区，是珍稀濒危动植物的家园和生物多样性的宝库；长江中下游是我国不可替代的战略性饮用水水源地和润泽数省的调水源头。

目前，长江经济带面临着越来越重的资源环境压力，生态形势严峻。长江全流域开发已总体上接近或超出资源环境承载上限，江湖关系改变，入湖

水量减少，通江湖泊消失；环境容量降低，营养盐和污染物长期随泥沙淤积，水库淤泥逐步成为流域生态的安全隐患；开发区和城市新区沿江大规模低效率无序蔓延，导致岸线资源过度利用，湿地加速萎缩，沿江沼泽加快消失，生态空间被大量挤占；"糖葫芦串"式水电开发对长江上游珍稀特有鱼类保护区形成了"合围"的态势，重要生态环境丧失或受到严重挤压，生物多样性下降。工业化、城镇化粗放推进与资源环境承载潜力之间的矛盾日益突出，长江经济带生态功能整体退化，严重威胁生态安全格局。

大力推进绿色发展，适时修复治理长江生态环境，维护长江生态功能和格局稳定，确保全流域生态安全，是实施整体性保护、压倒性保护的根本和核心，是不能突破的底线。

四、增进人民福祉的有效路径

长江经济带是我国"两纵三横"为主体的城市化战略格局的重要组成部分，集中了长江三角洲城市群、长江中游城市群、成渝城市群等世界级城市群，全流域总人口近6亿，人口密度远超全国平均水平，是全球人口最密集的流域之一。切实改善长江生态环境，事关数亿人的生存与健康。

良好生态环境是最公平的公共产品，是最普惠的民生福祉，是民心所向。长江经济带资源环境承载问题突出，必须将绿色发展理念全面融入城乡发展之中，增强经济、基础设施、公共服务和资源环境的承载能力。随着人民群众迈向小康，对美好生活向往的内涵更加丰富，对与生命健康息息相关的环境问题越来越关切，期盼更多的蓝天白云、绿水青山，渴望更清新的空气、更清洁的水源，严格限制发展高耗能高耗水服务业、大力治理城乡环境、倡导绿色消费理念、鼓励绿色出行等都是推进长江经济带绿色发展的重要途径。

推进长江经济带绿色发展，优化生态环境、解决生态问题，能让人民群众生活得更加幸福、更有尊严，以实实在在的行动为人民谋福祉。

五、重大政治价值的体现

生态问题从来都不是孤零零的自然环境问题，而是与执政理念、执政使命、执政宗旨以及民生息息相关的重大政治问题。生态政治化和政治生态化在现代社会越来越明显地表现出来。即使在古代，人们也一直将"风调雨顺"与"国泰民安"紧密联系起来，并且将风调雨顺作为国泰民安的重要前提条件和坚固基础。长江的生态环境是进一步优化还是不断退化，会给政治安全和政治稳定带来直接影响。因此，将长江的生态环境上升到重大政治问题的高度，是由中国共产党执政为民的使命宗旨决定的。当生态矛盾越来越尖锐，人民对于生态权益和生态安全的要求越来越强烈的时候，从讲政治的高度推进新时代长江经济带绿色发展就体现了执政党的重大政治责任和政治使命。

六、生态与文明互渗，具有重大文化价值

生态文明本质上是人类文明发展到新阶段的一种形态，是人类遵循人与自然和谐共生、人与社会和谐发展这一客观规律而取得的物质成果与精神文化成果的总和。生态文化是推动生态文明发展的强大软实力，挖掘、传承和弘扬长江生态文化对于推进新时代长江经济带绿色发展具有十分重大的意义。通观中华文明漫长的发展史，从巴山蜀水到江南水乡，长江流域物华天宝、人杰地灵，陶冶历代思想精英，涌现出无数风流人物。中国古代的"道法自然"和"上善若水"等生态思想，都闪耀着追求人与自然和谐共生的生态智慧，都体现了鲜明的生态文化。推进新时代长江经济带绿色发展必将进一步促进生态文化的繁荣兴盛，进一步提升长江流域的生态文化软实力。

第五节　长江经济带绿色发展政策体系

推动长江经济带产业绿色发展，一个重要举措就是构建层次分明、优势突出、生态高效的现代产业体系。实现这一目标，离不开良好的市场环境和政策环境。目前，从整体规划到环境保护再到绿色发展，关于长江经济带发展的政策越来越完善。

一、整体发展规划

（一）《国务院关于印发全国主体功能区规划的通知》

2011 年 6 月 8 日，《全国主体功能区规划》正式发布。本规划将我国国

土空间分为以下主体功能区：按开发方式，分为优化开发区域、重点开发区域、限制开发区域和禁止开发区域；按开发内容，分为城市化地区、农产品主产区和重点生态功能区；按层级，分为国家和省级两个层面。开发原则：优化结构、保护自然、集约开发、协调开发和陆海统筹。根据党的十七大关于到2020年基本形成主体功能区布局的总体要求，推进形成主体功能区的主要目标是：空间开发格局清晰，空间结构得到优化，空间利用效率提高，区域发展协调性增强，可持续发展能力提升。

实施主体功能区战略、形成主体功能区布局是优化国土空间格局的战略重点，也是构筑空间开发有序发展格局的重要依据（樊杰，2013）。2015 年，长江经济带中国家级主体功能区内聚落生态系统面积共有 4.89 万 km²，其中，优化开发区、重点开发区、农产品主产区和重点生态功能区内的聚落生态系统面积分别为 1.02 万 km²、1.32 万 km²、2.31 万 km² 和 0.23 万 km²，分别占该类主体功能区面积的 25.25%、6.55%、3.70% 和 0.40%，总体上体现了长江经济带国土开发按照不同主体功能布局的梯级特征（吴丹等，2018）。2017 年 10 月 12 日中共中央、国务院印发的《关于完善主体功能区战略和制度的若干意见》进一步指出，推进主体功能区建设是党中央、国务院做出的重大战略部署，是我国经济发展和生态环境保护的大战略，完善主体功能区战略和制度，关键要在严格执行主体功能区规划基础上，将国家和省级层面主体功能区战略格局在市、县层面落地。因此，在长江经济带实施主体功能区，有利于优化长江经济带空间结构，提高资源利用效率。

（二）《长江流域综合规划（2012—2030 年）》

《长江流域综合规划》（国务院国函〔2012〕220 号文批复）以完善流域防洪减灾措施、合理配置和高效利用水资源、加强水资源与水生态保护、强化流域综合管理等为目标。该规划明确：到 2020 年，长江流域重点城市和防洪保护区在遇标准以内洪水时基本不发生灾害，在遇超标准洪水时最大限度地减少人员伤亡和财产损失，山洪灾害防御能力显著提高；城乡供水和农业灌溉能力明显增强，城乡居民生活用水得到全面保障，水能资源开发利用程度稳步提高，航运体系不断完善；水生态环境恶化趋势得到有效遏制，饮用水水源地水质全面达标，水土流失得到控制；最严格水资源管理制度基本建立，涉水事务管理全面加强。到 2030 年，节水型社会基本建成，流域综合管理现代化基本实现，一系列效果将进一步得到增强。

可见，2020 年以前，长江流域将处于强化治理开发、促进生态环境保护的阶段。2020—2030 年，长江流域将处于治理开发与保护并重、更加侧重保护的阶段。

（三）《国务院关于依托黄金水道推动长江经济带发展的指导意见》

该指导意见于 2014 年 9 月颁布，将长江经济带定位于具有全球影响力的内河经济带、东中西互动合作的协调发展带、沿海沿江沿边全面推进的对内对外开放带、生态文明建设的先行示范带，并提出以下措施：

提升长江黄金水道功能：充分发挥长江运能大、成本低、能耗少等优势，加快推进长江干线航道系统治理，整治疏浚下游航道，有效缓解中上游瓶颈，改善支流通航条件，优化港口功能布局，加强集疏运体系建设，发展江海联运和干支直达运输，打造畅通、高效、平安、绿色的黄金水道。

建设综合立体交通走廊：依托长江黄金水道，统筹铁路、公路、航空、管道建设，加强各种运输方式的衔接和综合交通枢纽建设，加快多式联运发展，建成安全便捷、绿色低碳的综合立体交通走廊，增强对长江经济带发展的战略支撑力。

创新驱动促进产业转型升级：顺应全球新一轮科技革命和产业变革趋势，推动沿江产业由要素驱动向创新驱动转变，大力发展战略性新兴产业，加快改造提升传统产业，大幅提高服务业比重，引导产业合理布局和有序转移，培育形成具有国际水平的产业集群，增强长江经济带产业竞争力。

全面推进新型城镇化：按照沿江集聚、组团发展、互动协作、因地制宜的思路，推进以人为核心的新型城镇化，优化城镇化布局和形态，增强城市可持续发展能力，创新城镇化发展体制机制，全面提高长江经济带城镇化质量。

培育全方位对外开放新优势：发挥长江三角洲地区对外开放引领作用，建设向西开放的国际大通道，加强与东南亚、南亚、中亚等国家的经济合作，构建高水平对外开放平台，形成与国际投资、贸易通行规则相衔接的制度体系，全面提升长江经济带开放型经济水平。

建设绿色生态廊道：顺应自然，保育生态，强化长江水资源保护和合理利用，加大重点生态功能区保护力度，加强流域生态系统修复和环境综合治理，稳步提高长江流域水质，显著改善长江生态环境。

创新区域协调发展体制机制：打破行政区划界限和壁垒，加强规划统筹和衔接，形成市场体系统一开放、基础设施共建共享、生态环境联防联治、流域管理统筹协调的区域协调发展新机制。

（四）《全国水土保持规划（2015—2030 年）》

2015 年经李克强总理签批，国务院印发《关于全国水土保持规划（2015—2030 年）的批复》，原则同意《全国水土保持规划（2015—2030 年）》（以下简称《规划》）。《规划》要求，全国水土流失防治工作要树立尊重自然、顺应自然、保护自然的生态文明理念，坚持预防为主、保护优先，全面规划、因地制宜，注重自然恢复，突出综合治理，强化监督管理，创新体制机制，充分发挥水土保持的生态、经济和社会效益，实现水土资源可持续利用，为保护和改善生态环境、加快生态文明建设、推动经济社会持续健康发展提供重要支撑。

《规划》明确，用 15 年左右的时间，建成与我国经济社会发展相适应的水土流失综合防治体系，实现全面预防保护，林草植被得到全面保护与恢复，重点防治地区的水土流失得到全面治理。预计到 2020 年，全国新增水土流失治理面积 32 万 km^2，年均减少土壤流失量 8 亿吨；到 2030 年，全国新增水土流失治理面积 94 万 km^2，年均减少土壤流失量 15 亿吨。

《规划》综合分析了水土流失防治现状和趋势，以全国水土保持区划为基础，以保护和合理利用水土资源为主线，以国家主体功能区规划为重要依据，提出了全国水土保持工作的总体布局和主要任务：一是全面实施预防保护，促进自然修复，扩大保护林草植被覆盖，强化生产建设活动和项目水土保持管理，全面预防水土流失，重点突出重要水源地、重要江河源头区、水蚀风蚀交错区水土流失预防。二是在水土流失地区，开展以小流域为单元的山水田林路综合治理，加强坡耕地、侵蚀沟及崩岗的综合整治，重点突出西北黄土高原区、东北黑土区、西南岩溶区等水土流失相对严重地区，坡耕地相对集中区域，以及侵蚀沟相对密集区域的水土流失治理。三是建立健全综合监管体系，强化水土保持监督管理，完善水土保持监测体系，推进信息化建设，建立和完善社会化服务体系。

（五）《长江经济带发展规划纲要》

《长江经济带发展规划纲要》由中共中央政治局于 2016 年 3 月 25 日审议通过，纲要从规划背景、总体要求、大力保护长江生态环境、加快构建综合立体交通走廊、创新驱动产业转型升级、积极推进新型城镇化、努力构建全方位开放新格局、创新区域协调发展体制机制、保障措施等方面描绘了长江经济带发展的宏伟蓝图，是实施长江经济带发展战略的基本遵循。

《长江经济带发展规划纲要》确立了长江经济带"一轴、两翼、三极、多点"的发展新格局。

"一轴"是指以长江黄金水道为依托，发挥上海、武汉、重庆的核心作用，以沿江主要城镇为节点，构建沿江绿色发展轴。突出生态环境保护，统筹推进综合立体交通走廊建设、产业和城镇布局优化、对内对外开放合作，引导人口经济要素向资源环境承载能力较强的地区集聚，推动经济由沿海溯江而上梯度发展，实现上中下游协调发展。

"两翼"是指发挥长江主轴线的辐射带动作用，向南北两侧腹地延伸拓展，提升南北两翼支撑力。南翼以沪瑞运输通道为依托，北翼以沪蓉运输通道为依托，促进交通互联互通，加强长江重要支流保护，增强省会城市、重要节点城市人口和产业集聚能力，夯实长江经济带的发展基础。

"三极"是指以长江三角洲城市群、长江中游城市群、成渝城市群为主体，发挥辐射带动作用，打造长江经济带三大增长极。长江三角洲城市群：充分发挥上海国际大都市龙头作用，提升南京、杭州、合肥都市区国际化水平，以建设世界级城市群为目标，在科技进步、制度创新、产业升级、绿色发展等方面发挥引领作用，加快形成国际竞争新优势。长江中游城市群：增强武汉、长沙、南昌中心城市功能，促进三大城市之间的资源优势互补、产业分工协作、城市互动合作，加强湖泊、湿地和耕地保护，提升城市群综合竞争力和对外开放水平。成渝城市群：提升重庆、成都中心城市功能和国际化水平，发挥双引擎带动和支撑作用，推进资源整合与一体发展，推进经济发展与生态环境相协调。

"多点"是指发挥三大城市群以外地级城市的支撑作用，以资源环境承载力为基础，不断完善城市功能，发展优势产业，建设特色城市，加强与中心城市的经济联系与互动，带动地区经济发展。

（六）《中华人民共和国长江保护法》

2018 年 12 月 10 日，全国人大环资委组织召开了长江保护法立法座谈会，提交了《中华人民共和国长江保护法》（建议稿）。2020 年 12 月 26 日，中国第一部流域法律——《中华人民共和国长江保护法》经中华人民共和国第十三届全国人民代表大会常务委员会第二十四次会议审议通过，自 2021 年 3 月 1 日起施行。该法在第一条就明确：为了加强长江流域生态环境保护和修复，促进资源合理高效利用，保障生态安全，实现人与自然和谐共生，中华民族永续发展，制定本法。

二、生态环境综合治理与保护相关规划

（一）《关于加强长江黄金水道环境污染防控治理的指导意见》

2016 年 2 月 23 日，国家发展改革委、环境保护部联合印发《关于加强长江黄金水道环境污染防控治理的指导意见》（发改环资〔2016〕370 号），将修复长江生态环境摆在压倒性位置，以改善水环境质量为核心，强化空间管控，优化产业结构，加强源头治理，注重风险防范，全面推进长江水污染防治和生态保护与修复。到 2020 年，长江经济带水环境质量持续改善，水质优良（达到或优于Ⅲ类）比重总体稳定，保持在 75% 以上。干流水质稳定，保持在优良水平；饮水安全保障水平持续提升，地级及以上城市集中式饮用水源水质达到或优于Ⅲ类比重总体高于 97%；主要污染物排放总量大幅削减；三峡库区水质进一步改善；太湖等主要湖泊富营养化得到控制。

该意见主要从以下几个方面入手：切实加强水环境质量管理、推动沿江产业调整优化、深化重点领域污染防治、抓好重点区域污染防治、加强突发环境事件风险防控、实施生态保护与修复、充分发挥市场机制作用和构建长江黄金水道污染防控保障体系。

在优化沿江产业空间布局上，落实主体功能区战略，实施差别化的区域产业政策。科学划定岸线功能分区边界，严格分区管理和用途管制。在抓好

重点区域污染防治上，有效减轻太湖、巢湖、滇池富营养化水平，深入实施太湖流域水环境综合治理总体方案。严格控制占全流域水污染物排放总量一半的上海、南京、武汉、宜昌、重庆、攀枝花等重点城市污染物排放量。上海重点推进长江口综合整治。中下游重点进行生态清洁小流域综合治理及退田还草还湖还湿工程。在充分发挥市场机制作用上，建立长江经济带生态保护补偿机制，健全多渠道投融资机制和推行环境污染第三方治理。

（二）《长江岸线保护和开发利用总体规划》

2016年9月，水利部、国土资源部正式印发由长江水利委员会牵头编制完成的《长江岸线保护和开发利用总体规划》（以下简称《岸线规划》）。《岸线规划》全面分析了长江岸线保护和开发利用存在的主要问题及经济社会发展对岸线开发利用的要求；按照岸线保护和开发利用需求，划分了岸线保护区、保留区、控制利用区及开发利用区等四类功能区，并对各功能区提出了相应的管理要求；开展了岸线资源有偿使用专题研究；提出了保障措施。

《岸线规划》将岸线划分为岸线保护区、保留区、控制利用区和开发利用区四类。

岸线保护区是指岸线开发利用可能对防洪安全、河势稳定、供水安全、生态环境、重要枢纽工程安全等有明显不利影响的岸段。

岸线保留区是指暂不具备开发利用条件，或有生态环境保护要求，或为满足生活生态岸线开发需要，或暂无开发利用需求的岸段。

岸线控制利用区是指岸线开发利用程度较高，或开发利用对防洪安全、河势稳定、供水安全、生态环境可能造成一定影响，需要控制其开发利用强度或开发利用方式的岸段。

岸线开发利用区是指河势基本稳定、岸线利用条件较好，岸线开发利用对防洪安全、河势稳定、供水安全以及生态环境影响较小的岸段。

岸线功能区的划分统筹协调生态环境保护、经济社会发展、防洪、河势、供水、航运等方面的要求，科学划定岸线功能分区，严格分区管理和用途管制，加强了对自然保护区、风景名胜区、重要湿地、水产种质资源保护区等生态敏感区的保护。

规划范围内共划分岸线保护区516个，长度为1964.2km，占岸线总长度的 11.3%；岸线保留区 1034 个，长度为 9306.3km，占岸线总长度的 53.5%；岸线控制利用区 817 个，长度为 4642.8km，占岸线总长度的 26.7%；岸线开发利用区 232 个，长度为 1480.4km，占岸线总长度的 8.5%。其中，岸线保护区和保留区长度占比合计约 64.8%，充分体现了"保护优先，绿色发展"理念。

（三）《长江经济带沿江取水口、排污口和应急水源布局规划》

2016 年 9 月，水利部正式印发由长江水利委员会牵头组织编制完成的《长江经济带沿江取水口、排污口和应急水源布局规划》。该规划提出了长江经济带沿江取水口、排污口和应急水源布局总的指导意见，是长江总体保护的指导性管理规划，涉及规划编制的背景、主要任务、规划目标、具体措施等内容。

从战略定位看，本规划为宏观性、指导性规划，主要是针对长江经济带沿江取水口、排污口布局不合理，应急供水安全保障能力不足等问题，提出取水口、排污口优化调整和布局意见，提出突发水污染事件时保障重要城市供水安全的应急水源布局规划意见，以及加强管理能力建设的规划意见。并与长江水资源开发利用红线、用水效率红线协调，切实保护和利用好长江水资源。

该规划的目标是：到 2020 年，实现取水口、入河排污口和应急水源布局基本合理，重要江河湖泊水功能区水质明显改善，基本形成城市供水安全保障体系。将水量、水质无法保证的规模以下生活取水统一纳入城市供水体系；关闭沿江环太湖地区规模以下的生活取水口，实现集约化统一供水；关闭或整治禁止排污区内和其他重要江河湖泊水功能区的入河排污口，关闭规模以下入河排污口，基本实现入河排污口达标排放并完成规范化建设；单一水源供水的地级以上城市基本完成应急备用水源建设，应急备用水源应具备不少于 7 天的供水能力；进一步加强取水口、入河排污口和应急水源管理，加强湿地保护，初步形成完善的水资源开发利用与保护监管体系。到 2030 年，实现取水口、入河排污口和饮用水水源地管理规范有序，形成城市供水及应急水源安全保障体系；形成完善的水资源开发利用与保护综合管控体系；完善涉水法律法规体系，完备跨区域和跨部门联合执法机制。

（四）《长江经济带生态环境保护规划》

2017 年 7 月 13 日，环保部、国家发展改革委、水利部联合印发《长江经济带生态环境保护规划》，以保护一江清水为主线，水资源、水生态、水环境三位一体统筹推进，兼顾城乡环境治理、大气污染防治和土壤污染防治等内容，严控环境风险，强化共抓大保护的联防联控机制建设。到 2020 年，生态环境明显改善，生态系统稳定性全面提升，河湖、湿地生态功能基本恢复，生态环境保护体制机制进一步完善。到 2030 年，干支流生态水量充足，水环境质量、空气质量和水生态质量全面改善，生态系统服务功能显著增强，生态环境更加美好。

该规划确立了 6 个方面的重点任务：确立水资源利用上线，妥善处理江河湖库关系；划定生态保护红线，实施生态保护与修复；坚守环境质量底线，推进流域水污染统防统治；全面推进环境污染治理，建设宜居城乡环境；强化突发环境事件预防应对，严格管控环境风险；创新大保护的生态环保机制政策，推动区域协同联动。

针对上海等下游地区，规划指出其生态空间破碎化严重、环境容量偏紧、饮用水水源环境风险大等问题。要重点修复太湖等退化水生态系统，强化饮用水水源保护，严格控制城镇周边生态空间占用，深化河网地区水污染治理及长江三角洲城市群大气污染治理。在用水总量上，上海用水总量控制在 129.35 亿 m^3 以内，计划到 2030 年，用水总量控制在 133.52 亿 m^3 以内。限制上海钢铁行业规模，严格控制老石化基地工业用水总量；在生态保护红线和质量底线上，严守生态保护红线、加强生物多样性维护，坚守环境质量底线，推进流域水污染统防统治；在突发环境事件预防上，严格环境风险源头防控，加强环境应急协调联动，遏制重点领域重大环境风险；在区域协同生态保护上，依托上海国际金融服务中心，大力推进绿色金融创新，发展绿色金融产品，与上中下游地区共抓大保护。

（五）《财政部关于建立健全长江经济带生态补偿与保护长效机制的指导意见》

2018 年 2 月 13 日，财政部发布《关于建立健全长江经济带生态补偿与保护长效机制的指导意见》。

基本原则：生态优先，绿色发展。统筹兼顾，有序推进。明确权责，形成合力。奖补结合，注重绩效。

目标：通过统筹一般性转移支付和相关专项转移支付资金，建立激励引导机制，明显加大对长江经济带生态补偿和保护的财政资金投入力度。到 2020 年，长江流域保护和治理多元化投入机制更加完善，上下联动协同治理的工作格局更加健全，中央对地方、流域上下游间生态补偿效益更加凸显，为长江经济带生态文明建设和区域协调发展提供重要的财力支撑和制度保障。

中央财政加大政策支持：增加均衡性转移支付分配的生态权重，加大重点生态功能区转移支付对长江经济带的直接补偿，实施长江经济带生态保护修复奖励政策，加大专项对长江经济带的支持力度。地方财政抓好工作落实：统筹加大生态保护补偿投入力度，因地制宜突出资金安排重点，健全绩效管理激励约束机制，建立流域上下游间生态补偿机制，完善财力与生态保护责任相适应的省以下财政体制。

（六）《国务院办公厅关于加强长江水生生物保护工作的意见》

为加强长江水生生物保护工作，2018 年 9 月 24 日，国务院发布了《国务院办公厅关于加强长江水生生物保护工作的意见》（国办发〔2018〕95 号），提出到 2020 年，长江流域重点水域实现常年禁捕，水生生物保护区建设和监管能力显著提升，保护功能充分发挥，重要栖息地得到有效保护，关键生境修复取得实质性进展，水生生物资源恢复性增长，水域生态环境恶化和水生生物多样性下降趋势基本遏制。到 2035 年，长江流域生态环境明显改善，水生生物栖息生境得到全面保护，水生生物资源显著增长，水域生态功能有效恢复。为此，该意见还提出开展生态修复、拯救濒危物种、加强生境保护、完善生态补偿、加强执法监管、强化支撑保障和加强组织领导等主要发展任务。

（七）《长江流域重点水域禁捕和建立补偿制度实施方案》

2019 年 1 月 6 日，由农业农村部、财政部、人力资源社会保障部印发并实施《长江流域重点水域禁捕和建立补偿制度实施方案》（农长渔发〔2019〕1 号）。该方案明确提出，推进重点水域禁捕，科学划定禁捕、限捕区域，加快建立长江流域重点水域禁捕补偿制度，引导长江流域捕捞渔民加快退捕转产，率先在水生生物保护区实现全面禁捕，健全河流湖泊休养生息制度，在长江干流和重要支流等重点水域逐步实行合理期限内禁捕的禁渔期制度，到2020年长江流域重点水域实现常年禁捕。

根据长江流域水生生物保护区、长江干流和重要支流除保护区以外的水域、大型通江湖泊除保护区以外的水域、其他相关水域四种情况，分类分阶段推进禁捕工作。

长江水生生物保护区。2019年底以前，完成水生生物保护区渔民退捕，率先实行全面禁捕，今后水生生物保护区全面禁止生产性捕捞。

长江干流和重要支流。2020年底以前，完成长江干流和重要支流除保护区以外水域的渔民退捕，暂定实行10年禁捕，禁捕期结束后，在科学评估水生生物资源和水域生态环境状况以及经济社会发展需要的基础上，另行制定水生生物资源保护管理政策。

大型通江湖泊。大型通江湖泊（主要指鄱阳湖、洞庭湖等）除保护区以外的水域由有关省级人民政府确定禁捕管理办法，可因地制宜一湖一策差别管理，确定的禁捕区2020年底以前实行禁捕。

其他水域。长江流域其他水域的禁渔期和禁渔区制度，由有关地方政府制定并组织实施。

三、绿色产业发展的规划

（一）《五部委关于加强长江经济带工业绿色发展的指导意见》

2017年6月30日，工业和信息化部、国家发展改革委、科技部、财政部、环境保护部发布《关于加强长江经济带工业绿色发展的指导意见》。到2020年，长江经济带绿色制造水平明显提升，产业结构和布局更加合理，传统制造业能耗、水耗、污染物排放强度显著下降，清洁生产水平进一步提高，绿色制造体系初步建立。与2015年相比，规模以上企业单位工业增加值能耗下降18%，重点行业主要污染物排放强度下降20%，单位工业增加值用水量下降25%，重点行业水循环利用率明显提升。全面完成长江经济带危险化学品搬迁改造重点项目。一批关键绿色制造共性技术实现产业化应用，打造和培育 500 家绿色示范工厂、50 家绿色示范园区，推广 5000 种以上绿色产品，绿色制造产业产值达到 5 万亿元。

（二）《交通运输部关于推进长江经济带绿色航运发展的指导意见》

2017 年 8 月 4 日，交通运输部发布《关于推进长江经济带绿色航运发展的指导意见》（交水发〔2017〕114 号）。该指导意见包括总体要求、主要任务和保障措施三部分。总体要求阐述了指导思想、基本原则，提出了总体目标及生态保护、污染排放控制、资源能源利用、运输组织四方面的具体目标，到 2020 年初步建成航道网络有效衔接、港口布局科学合理、船舶装备节能环保、运输组织先进高效的长江经济带绿色航运体系，航运科学发展、生态发展、集约发展的良好态势基本形成。主要任务提出了 6 个方面、17 项任务要求，包括完善长江经济带绿色航运发展规划、建设生态友好的绿色航运基础设施、推广清洁低碳的绿色航运技术装备、创新节能高效的绿色航运组织体系、提升绿色航运治理能力、深入开展绿色航运发展专项行动。保障措施包括加强组织领导、加强政策支持、加强监督考核、加强宣传引导四个方面。推进绿色航运发展，关键是细化措施，统筹推进，狠抓落实。

该指导意见的出台，将有力提升长江经济带 11 省（直辖市）绿色航运发展水平，充分发挥航运在长江经济带综合立体交通走廊中的主骨架和主通道作用，并将在长江经济带生态文明建设中先行示范，引领全国绿色航运发展。

（三）《农业农村部关于支持长江经济带农业农村绿色发展的实施意见》

2018 年 9 月 11 日，农业农村部为推动长江经济带农业农村绿色发展，发布了《关于支持长江经济带农业农村绿色发展的实施意见》（农计发〔2018〕23 号），提出如下任务：

一是强化水生生物多样性保护。推进长江禁捕，拯救濒危物种，加强生态修复，完善生态补偿，加强资源监测。

二是深入推进化肥农药减量增效。推进化肥和农药减量增效，推进有机肥替代化肥。

三是促进农业废弃物资源化利用。加强畜禽粪污资源化利用，推进农作物秸秆资源化利用，推进农膜废弃物资源化利用，开展农业面源污染综合治理示范区建设，实施长江绿色生态廊道项目。在长江绿色生态廊道项目上，启动亚行贷款农业综合开发长江绿色生态廊道工程建设，对相关地区种植业、畜牧业和水产业生产体系进行改造升级，减少农业生产面源污染和水土流失，促进农业生产更加高效、高产和清洁。

（四）《交通运输部关于推进长江航运高质量发展的意见》

2019年7月1日，交通运输部发布《关于推进长江航运高质量发展的意见》（交水发〔2019〕87号），提出到2025年，基本建立发展绿色化、设施网络化、船舶标准化、服务品质化、治理现代化的长江航运高质量发展体系，长江航运绿色发展水平显著提高，设施装备明显改善，安全监管和救助能力进一步提升，创新能力显著增强，服务水平明显提高，在区域经济社会发展中的作用更加凸显。

到2035年，建成长江航运高质量发展体系，长江航运发展水平进入世界内河先进行列，在综合运输体系中的优势和作用充分发挥，为长江经济带提供坚实支撑。

该意见围绕交通强国目标和综合交通运输体系建设要求，坚持问题导向和目标导向，按照生态优先、绿色发展，安全第一、服务民生，改革引领、创新驱动，统筹兼顾、协同高效的原则，立足当前，着眼长远，提出了5个方面20项重点任务。

其中，在航运绿色发展方面，针对港口船舶绿色发展水平不高、港口岸线占而不用、多占少用等问题，该意见提出了加强港口和船舶污染防治、推广应用新能源和清洁能源、加强资源集约利用和生态保护、优化运输结构和组织方式4个方面的重点任务和发展目标。在船舶污染防治方面，针对400总吨以下货运船舶和600载重吨以下单壳油船环境污染风险较大，而现有技术规范又没有明确要求的问题，该意见提出了"研究将400总吨以下新建货运船舶具备污染物收集储存设施、600载重吨以下新建油船具备双壳等纳入内河船舶法定检验技术规则"的要求，并提出了"逐步推行以400总吨及以下运输船舶'船上储存交岸处置'为主的排放治理模式"。

第二章　长江经济带生态环境保护与绿色发展现状

　　"长江经济带发展"是中国正在实施的三大战略之一，它正式纳入国家发展战略实践始于 20 世纪 90 年代。随着浦东开发、三峡工程建设等重大决策的相继实施，国家提出"发展长江三角洲及长江沿江地区经济"的战略构想。2010 年发布的《全国主体功能区规划——构建高效、协调、可持续的国土空间开发格局》为长江经济带纳入国家发展战略提供了契机。2014 年 11 月，中央经济工作会议把长江经济带发展确立为国家三大战略之一。2016 年，习近平总书记在推动长江经济带建设座谈会上明确提出"推动长江经济带发展，必须坚持生态优先、绿色发展的战略定位"。2018 年，习近平来到长江沿岸湖北、湖南两省，实地考察调研长江生态环境修复工作，指出必须走生态优先、绿色发展之路，使绿水青山产生巨大生态效益、经济效益、社会效益，从而推动长江经济带发展。2020 年 11 月，习近平在江苏考察结束后专门召开全面推动长江经济带发展座谈会，指出长江经济带生态地位突出，发展潜力巨大，应该在践行新发展理念、构建新发展格局、推动高质量发展中发挥重要作用。随着长江经济带战略地位的提升，各省（直辖市）逐步转变粗放式经济发展方式，走绿色发展之路。

第一节　长江经济带经济社会发展概述

一、经济增长情况

　　长江经济带是我国经济最活跃的地区之一，下游地区（长江三角洲地区）更是我国最发达的地区之一。2020 年，其土地面积占全国的 21.54%，而人口和经济总值分别占全国的 43.04% 和 46.6%（表 2-1 和图 2-1）。

表 2-1　　　　　　　　2020 年长江经济带社会经济发展情况

省 （直辖市）	城市城区面积 （万 km²）	常住人口 （万人）	GDP （亿元）	人均 GDP （元）
上海市	0.63	2488	38700.58	155768
江苏省	10.59	8477	102718.98	121231
浙江省	10.47	6468	64613.34	100620
安徽省	13.94	6105	38680.63	63426
江西省	16.69	4519	25691.50	56871
湖北省	18.62	5745	43443.46	74440
湖南省	21.22	6645	41781.49	62900
重庆市	8.24	3209	25002.79	78170
四川省	48.13	8371	48598.76	58126
贵州省	17.62	3858	17826.56	46267
云南省	40.62	4722	24521.90	51975
长江经济带	206.77	60607.8	471580.00	/
全国	960	141212	1015986.2	72000
占比（%）	21.54	43.04	46.60	/

数据来源：《中国统计年鉴》（2021）。

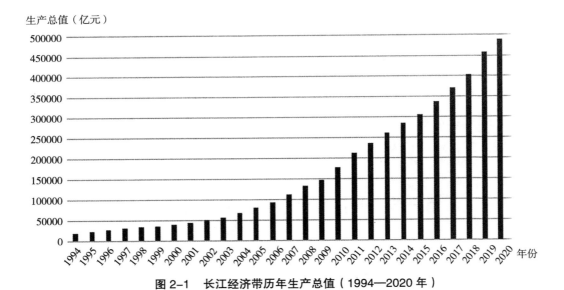

图 2-1　长江经济带历年生产总值（1994—2020 年）

数据来源：依据各年的《中国统计年鉴》数据整理而得。

二、产业发展水平

从图 2-2 和表 2-2 中可以看出，近几年长江经济带的经济发展态势较好，地区生产总值一直保持平稳上升的趋势。其中，第一产业、第二产业、第三产业整体上保持增长态势，但第一产业、第二产业在地区生产总值中的占比在逐年减少，第一产业占比由 2010 年 9% 下降到 2020 年 7%，第二产业占比从 2010 年 50% 下降到 2020 年的 39%，第三产业在地区生产总值中所占比重在逐年增加，由 2010 年的 41% 上升到 2020 年的 54%。近几年来，第三产业蓬勃发展的良好态势，凸显了长江经济带产业结构不断优化、产业结构之比更趋合理、大体上呈现出"三二一"的态势，这与全球经济发展规律相适应。

表 2-2　　　　　　　　　　长江经济带三大产业（2015—2020 年）

年份	生产总值（亿元）		
	第一产业绝对值	第二产业绝对值	第三产业绝对值
2015	25323.8	135301.3	144575.2
2016	27135.7	144574.6	165471.7
2017	26944.0	156817.0	187238.0
2018	27822.9	166486.2	208676.1
2019	30603.7	182341.8	244859.7
2020	34106.9	182709.4	254763.7

数据来源：《中国统计年鉴》（2016—2021）。

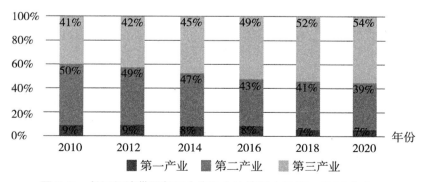

图 2-2　长江经济带历年三大产业占比情况（2010—2020 年）

数据来源：依据各年的《中国统计年鉴》数据整理而得。

三、投资与财政

伴随着长江经济带地区生产总值的增长，经济带内的社会固定资产投资额也在逐渐上升。分地区来看，在长江经济带的 11 个省（直辖市）中，江苏省的全社会固定资产投资额最大，2013—2018 年基本位居第一，除此之外，浙江省、四川省、湖北省的固定资产投资额排名都靠前。

图 2-3 反映的是长江经济带社会固定资产投资额的情况，从图中可以看出，2013 年到 2018 年之间社会固定资产投资额每年都在增加，2014 年比上年增加约 3.011 万亿元，增长幅度为 16.79%，也是这几年间增幅最大的一年；2018 年比 2017 年增加约 1.747 万亿元，增长幅度为 5.99%，是增幅最小的一年。

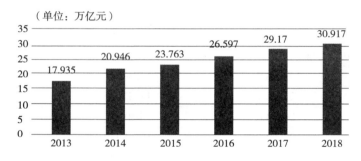

图 2-3　长江经济带社会固定资产投资额（2013—2018 年）

数据来源：依据各年的《中国统计年鉴》数据整理而得。

根据图 2-4 长江经济带历年财政收入情况来看，不管是地方税收收入、一般公共预算收入还是地方公共财政非税收收入，2013—2020 年都有了大幅增长。其中，地方税收收入增长幅度呈现出递减的趋势，由 2014 年 11.44% 的增幅下降到 2018 年的 10.93%；2020 年受疫情影响出现负增长。一般公共预算收入 2015 年的增幅最大，为 13.37%，之后便逐年递减，2018 年增幅略微上升，为 6.83%；地方公共财政非税收收入的增幅呈现出波动态势，2015 年为 30.30%，2018 年又呈现负增长态势，2019 年开始回归正增长。总之，长江经济带近几年的财政收入增长幅度表现"疲软"。

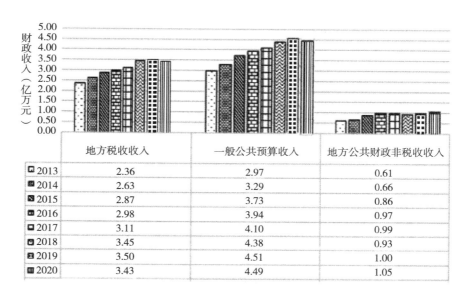

	地方税收收入	一般公共预算收入	地方公共财政非税收入
2013	2.36	2.97	0.61
2014	2.63	3.29	0.66
2015	2.87	3.73	0.86
2016	2.98	3.94	0.97
2017	3.11	4.10	0.99
2018	3.45	4.38	0.93
2019	3.50	4.51	1.00
2020	3.43	4.49	1.05

图 2-4　长江经济带历年财政收入情况（2013—2020 年）

数据来源：依据各年的《中国统计年鉴》数据整理而得。

四、人民收入

　　根据表 2-3 所反映的 2020 年长江经济带各地区人民收入情况来看，上海市作为长江经济带中生产总值排名靠前的地区之一，其城市人均可支配收入也是在经济带中排名第一，达到 76437.3 元，农村人均可支配收入达到 34911.3 元，也是经济带中各地区的农村人均可支配收入最高的；浙江省和江苏省的城市人均可支配收入、农村人均可支配收入位居第二和第三；其他地区的城市人均可支配收入差距不大，集中分布在 38000 元左右，除了贵州省和云南省的农村人均可支配收入较低外，其他地区的农村人均可支配收入在 16000 元左右。

表 2-3　　　　　长江经济带各地区人民收入情况（2020 年）

地区	城市人均可支配收入（元）	农村人均可支配收入（元）
上海市	76437.3	34911.3
江苏省	53101.7	24198.5
浙江省	62699.7	31930.5
安徽省	39442.1	16620.2

地区	城市人均可支配收入（元）	农村人均可支配收入（元）
江西省	38555.8	1698.8
湖北省	36705.7	16305.9
湖南省	41697.5	16584.6
重庆市	40006.2	16361.4
四川省	38253.1	15929.1
云南省	37499.5	12841.9
贵州省	36096.2	11642.3

数据来源：《中国统计年鉴》（2021）。

根据表 2-4 所反映的长江经济带各地区居民消费价格指数来看，居民消费价格指数波动较大，但波动幅度较小。以位居经济带中排名靠前的上海市来说，2008 年的居民消费价格指数为 105.8，经过十年的起起伏伏，2020 年的消费价格指数停留在 101.7，相比十几年前的数值，波动范围还是相对较小。江苏省如出一辙，虽然消费价格指数每年都在波动，但从 2008 年的 105.4 变化到 2020 年的 102.5，可以说变动幅度相对较小。

表 2-4　　长江经济带各地区历年居民消费价格指数（2008—2020 年）

	2008	2009	2010	2011	2012	2013	2014	2015	2016	2017	2018	2019	2020
上海	105.8	99.6	103.1	105.2	102.8	102.3	102.7	102.4	103.2	101.7	101.6	102.5	101.7
江苏	105.4	99.6	103.8	105.3	102.6	102.3	102.2	101.7	102.2	101.7	102.3	103.1	102.5
浙江	105	98.5	103.8	105.4	102.2	102.3	102.1	101.4	101.9	102.1	102.3	102.9	102.3
安徽	113.8	110.3	114.5	122.07	106.65	103.8	107	107.23	108.1	108.1	110.3	102.7	102.7
江西	117.5	128	111.1	119.19	110.53	110	110.1	109.26	108.9	108.2	110.5	102.9	102.6
湖北	107.3	105.5	111.4	121.11	109.67	110.6	110.8	109.18	109.7	109.4	111.5	103.1	102.7
湖南	108.1	108.9	109.1	117.6	109.24	108.1	109.2	107.36	108	108	110.2	102.9	102.3
四川	107.2	112.1	113.7	121.03	112.19	108.7	108.4	107.97	107.3	108.6	110.8	103.2	103.2
贵州	103.5	111.5	113.7	118.82	109.18	112.7	113.1	109.86	112.6	112.2	114.1	102.4	102.6
云南	104.9	111.9	112.3	121.54	113.7	111.7	107.7	110.86	106.8	106.8	108.7	102.5	103.6
重庆	142.4	112.7	114.1	121.69	111.95	112.2	111.1	110.62	110	108.6	110.3	102.7	102.3

数据来源：各年的《中国统计年鉴》。

五、对外经济

随着经济实力的腾飞，我国在外交舞台上大放光彩，对外开放的水平进一步提升，开放领域进一步扩大。长江经济带各地区的进出口总额每年都在增加，根据表 2-5 可以看出，进出口额从 2013 年的 16385.41 亿美元增加到 2020 年的 22210.1 亿美元。其中，出口额始终大于进口额，两者之间的差距基本维持在 4000 亿美元左右。2013—2019 年实际利用外资出现波动变化，总体呈增长趋势，从 2013 年的 795.62 亿美元增加到 2019 年的 1094.05 亿美元。

表 2-5　　长江经济带历年对外贸易与实际利用外资（2013—2020 年）　（单位：亿美元）

年份	进出口	进口	出口	实际利用外资
2013	16385.41	6514.35	9871.06	795.62
2014	17567.85	6849.71	10718.14	1082.66
2015	16690.52	6295.82	10394.70	1057.99
2016	15673.76	6102.95	9570.81	1032.31
2017	17919.34	7343.21	10576.13	858.50
2018	20286.36	8420.68	11865.68	980.80
2019	20326.65	8171.22	12155.43	1094.05
2020	22210.1	8750.6	13459.5	/

数据来源：各年的《中国统计年鉴》。

六、教育科技

在"科教兴国"战略和"科技是第一生产力"的号召下，各省（直辖市）陆续重视对人才的培养，加大对教育的资金投入。从表 2-6 所反映的长江经济带历年教育发展情况来看，各地区的教育水平都在进步。不管是普通高等学校、普通中学还是小学，专任教师数量都是在逐年上升的。普通中学的专任教师 2017 年达到 243.7 万人，而 2013 年普通中学的专任教师只有 236.65 万人，在短短的五年之间，增加了约 7.05 万人，但在 2018 年专任教师数出现了小幅度下滑，为 222.75 万人，可能与普通中学在校学生人数减少有关。普通高等学校的专任教师数相对来说最少，但也保持每年都增加的趋势。小学的专任教师增加较多，从 2013 年的 222.37 万人增加到 2020 年的 256.94 万人，增加了约 34.57 万人。关于在校学生数，普通高等学校的在校学生数是逐年递增的，从 2013 年的 1048.28 万人增加到 2020 年的 1396.27 万人，普通中学近几年的在校生人数呈递减趋势，相对于 2013 年，2020 年反而减少了 406.58 万人。小学的在校生人数由 2013 年的 3950.05 万人增加到 2020 年的 4371.16 万人，增加趋势比较明显。

表 2-6　　　　　　长江经济带历年教育发展情况（2013—2020 年）

		2013	2014	2015	2016	2017	2018	2019	2020
专任教师数（万人）	普通高等学校	63.13	64.56	66.54	67.83	68.94	70.52	76.35	109.63
	普通中学	236.65	237.76	238.12	240.14	243.7	222.75	229.73	278.97
	小学	222.37	224.77	227.38	231.96	238.09	243.8	250.69	256.94
在校学生数（万人）	普通高等学校	1048.28	1079.36	1114.48	1147.7	1173.51	1237.99	1288.58	1396.27
	普通中学	3545.26	3466.92	3408.28	3390.01	3432.04	2965.25	3065.58	3138.68
	小学	3950.05	3993.14	4079.14	4146.57	4201.43	4214.58	4336.63	4371.16

数据来源：各年的《中国统计年鉴》。

从表 2-7 长江经济带专利申请、专利授权数量来看，经济带各地区对专利的保护意识得到有效提高。2013 年专利申请数量约 124.78 万件，2020 年增加到 237.92 万件，8 年内增加了大约 113.14 万件。专利授权量 2013 年约 68.84 万件，2020 年增加到 164.71 万件，增加了大约 95.87 万件。从中我们可以分析出长江经济带不仅注重经济发展，也注重对科技的投入量。

表 2-7　　　　长江经济带历年专利申请、专利授权数量统计（2013—2020 年）

	指标	2013	2014	2015	2016	2017	2018	2019	2020
专利申请（件）	专利申请量	1247813	1175279	1358428	1672559	1753331	2027464	2335732	2379232
	发明	336096	392136	482359	598821	634206	718698	947129	659098
	实用新型	459574	445855	573541	730011	812525	988486	1108762	1423031
	外观设计	452143	337288	302528	343727	306597	320280	279481	297075

续表

指标		2013	2014	2015	2016	2017	2018	2019	2020
专利授权（件）	专利授权量	688364	645865	831592	812686	814900	1102533	1143604	1647084
	发明	60416	70362	120971	139859	146047	155569	159854	201552
	实用新型	360710	361765	446684	454874	460801	706007	759993	1159800
	外观设计	267238	213738	263937	217953	208052	240957	223757	285732

数据来源：各年的《中国统计年鉴》。

七、公共服务

经济带的公共基础设施也逐步得到完善。根据表 2-8 所反映的数据，我们可以看出，长江经济带各城市供水综合生产能力得到显著提升。这些城市中，江苏省和浙江省的供水综合生产能力提升最快，江苏省 2020 年每日供水综合生产能力达到 3490.4 万 m^3，比 2011 年增加 733.16 万 m^3，浙江省 2020 年供水综合生产力比 2011 年增加大约 514.52 万 m^3。

表 2-8　　　长江经济带城市供水综合生产能力（2011—2020 年）

（单位：万 m^3/d）

年份地区	2011	2012	2013	2014	2015	2016	2017	2018	2019	2020
上海市	1150	1145	1124	1137	1137	1152	1184	1250	1250	1221
江苏省	2757.24	2749.84	2902.56	2961.61	3104.12	3369.65	3445.18	3491.2	3472.51	3490.4
浙江省	1524.58	1537.79	1675.5	1720.46	1794.03	1833.52	1769.78	1831.2	1902.37	2039.1
安徽省	820.17	1029.37	1073.97	1074.84	1094.78	1111.57	906.28	896.6	997.68	1079.0
江西省	444.77	435.9	444.51	457.66	473.05	494.3	550.79	602.7	594.28	646.3
湖北省	1351.02	1327.98	1336.58	1354.3	1393.78	1467.43	1453.05	1426.1	1497.33	1597.3
湖南省	985.12	999.48	991	1031.79	1038.35	1014.24	1024.2	1017.9	1081.74	1154.8
重庆市	429.27	447.83	491.22	506.89	529.92	566.12	599.87	617	627.76	711
四川省	812.64	822.77	871.35	950.54	969.96	1056.64	1213.03	1101.8	1390.62	1669.3
云南省	323.6	353.1	350.07	356.95	381.42	394.76	415.19	424.9	443.99	460.8
贵州省	244.94	250.35	240.67	246.18	257.63	289.97	312.95	361.7	423.84	432.7

数据来源：各年的《中国统计年鉴》。

根据表 2-9 所反映的城市用水普及率情况来看，这几年用水普及率都有所提升。上海市早在 2010 年用水普及率就达到了 100%，江苏省、浙江省也不甘落后，前者 2019 年用水普及率上升到 100%，后者 2017 年达到 100%，两省 2020 年继续保持相同的普及率。在经济发展相对较慢的城市，如贵州省用水普及率 2020 年也达到了 98.90%。

表 2-9　　　　长江经济带城市用水普及率（2010—2020 年）

年份 地区	2010	2011	2012	2013	2014	2015	2016	2017	2018	2019	2020
上海市	100	100	100	100	100	100	100	100	100	100	100
江苏省	99.56	99.58	99.7	99.69	99.75	99.83	99.86	99.98	99.98	100	100
浙江省	99.79	99.84	99.88	99.97	99.93	99.95	99.97	100	100	100	100
安徽省	96.06	96.55	98.02	98.4	98.63	98.79	99.2	99.43	96.75	99.36	99.60
江西省	97.43	97.94	97.67	97.73	97.78	97.55	97.69	98.11	98.31	98.45	98.62
湖北省	97.59	98.25	98.24	98.19	98.75	98.83	99.12	99.27	99.37	99.16	99.56
湖南省	95.17	95.68	96.42	96.86	97.05	97.3	96.81	96.52	96.35	97.71	98.94
重庆市	94.05	93.41	93.84	96.25	96.78	96.87	97.13	98.05	98.28	97.89	94.69
四川省	90.8	91.83	92.04	91.76	91.12	93.05	93.07	94.91	95.70	95.89	98.28
云南省	96.5	95.09	94.32	97.92	97.85	97.33	96.66	96.71	96.60	97.08	98.10
贵州省	94.1	91.55	92.07	92.86	94.47	95.43	96.03	96.54	96.68	98.33	98.90

数据来源：各年的《中国统计年鉴》。

依据图 2-5 分析得出，长江经济带的道路照明灯一直呈现出稳定上升的态势，2014 年照明灯就已经突破 1000 万盏。但近几年照明灯盏数增加的幅度有所放缓，在 2020 年照明灯数量上升到 1395.15 万盏。

道路照明灯盏数（万盏）

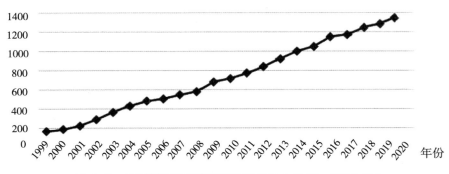

图 2-5　长江经济带城市道路照明灯数（1999—2020 年）

数据来源：依据《中国统计年鉴》数据整理。

根据表 2-10 长江经济带市政建设情况，我们可以看出，水厂综合生产力从 2013 年每日 11501.43 万吨增加到 2020 年每日 14501.7 万吨，增加了 3000.27 万吨。排水管道长度由 2013 年 21.94 万 km 增加到 2020 年的 36.04 万 km，并且近几年铺设管道的增长幅度也由增加到减少，2018 年增速为 8.08%，到 2020 年增速则下降为 5.20%。2013 年公共汽（电）车总数为 17.30 万辆，2020 年增加了大约 6.86 万辆，达到 24.16 万辆。铺装道路总长度也在不断增长，2020 年为 20.65 万 km，增幅达到 10.61%。

表 2-10　　　　　　　　　　长江经济带市政建设情况（2013—2020 年）

市政建设	2013	2014	2015	2016	2017	2018	2019	2020
水厂综合生产力（万吨／日）	11501.43	11798.22	12174.04	12750.2	12874.32	13021.1	13682.1	14501.7
排水管道长度（万 km）	21.94	24.01	25.06	27.16	29.59	31.98	34.26	36.04
公共汽（电）车总数（万辆）	17.30	18.02	18.87	20.07	21.78	22.73	23.62	24.16
铺装道路总长度（万 km）	13.46	14.27	14.79	15.87	16.41	17.63	18.67	20.65

数据来源：依据《中国统计年鉴》数据整理。

第二节　长江经济带生态环境保护现状

一、水生态环境的保护和挑战

（一）水资源情况

据 2020 年《长江流域及西南诸河水资源公报》，2020 年长江流域水资源总量为 12862.93 亿 m^3，比多年平均值偏多 29.2%。

长江流域 2020 年总用水量为 1957.56m^3，其中，农业用水量为 981.77 亿 m^3，占总用水量的 50.2%；工业用水量为 599.83 亿 m^3，占总用水量的 30.6%；生活用水量为 330.26 亿 m^3，占总用水量的 16.9%；生态环境补水量为 45.70 亿 m^3，占总用水量的 2.3%。

长江流域 2020 年人均综合用水量为 422m^3，万元国内生产总值（当年价）

用水量为 53.2m³，万元工业增加值（当年价）用水量为 52.9m³，农田灌溉亩均用水量为 399 m³，城镇人均生活用水量为 247L/d（含公共用水量），农村居民人均生活用水量为 105 L/d。

（二）水质达标情况

2020 年生态环境部发布的《2020 年中国生态环境状况公报》，对长江流域的评价是水质为优。监测的 510 个水质断面中，Ⅰ类占 8.2%，Ⅱ类占 67.8%，Ⅲ类占 20.6%，Ⅳ类占 2.9%，Ⅴ类占 0.4%，劣Ⅴ类占 0%，与 2019 年相比，Ⅰ类水质断面比重上升 4.9%，Ⅱ类上升 0.8%，Ⅲ类下降 0.8%，Ⅳ类下降 3.8%，Ⅴ类下降 0.6%，劣Ⅴ类下降 0.6%。干流水质为优，主要支流水质良好（表 2-11）。

表 2-11　　　　　　　　　　　2020 年长江流域水质状况

水体	断面数（个）	比重（%）						比 2019 年变化（%）					
		Ⅰ类	Ⅱ类	Ⅲ类	Ⅳ类	Ⅴ类	劣Ⅴ类	Ⅰ类	Ⅱ类	Ⅲ类	Ⅳ类	Ⅴ类	劣Ⅴ类
流域	510	8.2	67.8	20.6	2.9	0.4	0	4.9	0.8	−0.8	−3.8	−0.6	−0.6
干流	59	10.2	89.8	0	0	0	0	3.4	−1.7	−1.7	0	0	0
主要支流	451	8.0	65.0	23.3	3.3	0.4	0	5.1	1.2	−0.7	−4.3	−0.7	−0.7
省界断面	60	8.3	78.3	13.3	0	0	0	−3.4	11.7	0	−1.7	0	0

数据来源：《2020 年中国生态环境状况公报》。

（三）水土保护情况

1. 长江流域

根据水利部 2020 年全国水土流失动态监测成果，长江流域水土流失面积为 33.70 万 km²，占流域土地总面积的 18.81%。其中，水力侵蚀面积为 32.19 万 km²，占水土流失总面积的 95.51%；风力侵蚀面积为 1.51 万 km²，占水土流失总面积的 4.49%。与第一次全国水利普查（2013 年公布）相比，长江流域水土流失面积减少 4.76 万 km²，减幅为 12.38%（表 2-12）。

表 2-12 2020 年全国水土流失动态监测和第一次全国水利普查对比表

(单位：万 km²)

数据来源	水土流失面积	轻度	中度	强烈	极强烈	剧烈
第一次全国水利普查（2013 年公布）	38.46	18.67	10.55	5.25	2.84	1.15
2020 年全国水土流失动态监测	33.70	25.10	4.42	2.29	1.45	0.44

数据来源：《长江流域水土保持公告（2020 年）》。

2020 年，长江流域各省（自治区、直辖市）在习近平生态文明思想指引下，坚决贯彻党中央、国务院决策部署，依法开展水土保持监督管理，持续推进水土流失综合治理。扎实做好水土保持监测工作，流域水土保持工作取得了新成效。

2020 年，长江流域水土流失面积比 2018 年减少 0.97 万 km²，减幅为 2.80%。

2020 年，长江流域依法开展水土保持监督管理，共审批生产建设项目水土保持方案 3.30 万个，检查生产建设项目 4.18 万个，征收水土保持补偿费 27.31 亿元，查处水土流失违法案件 0.41 万起。0.81 万个生产建设项目开展了水土保持设施自主验收。

2020 年，长江流域持续推进水土流失综合治理，新增水土流失综合治理面积 1.76 万 km²。

2. 长江经济带

长江经济带土地总面积为 206.09 万 km²，水土流失面积为 40.10 万 km²，占土地总面积的 19.46%。其中，属长江流域的土地面积为 145.96 万 km²，水土流失面积为 29.39 万 km²，占土地面积的 20.14%；水力侵蚀面积为 29.34 万 km²，占水土流失总面积的 99.83%；风力侵蚀面积为 490km²，占水土流失总面积的 0.17%。长江流域的四川、湖北、贵州、云南、湖南、重庆、江西等省（直辖市）水土流失面积超过 2 万 km²（表 2-13）。

表2-13

长江经济带长江流域水土流失情况表

省（直辖市）	土地总面积（km²）	水土流失类型	小计	水土流失面积											占土地总面积（%）
				轻度		中度		强烈		极强烈		剧烈			
				面积	比重（%）	面积	比重（%）	面积	比重（%）	面积	比重（%）	面积	比重（%）		
合计	1459562	小计	293935	207507	70.60	39983	13.60	22181	7.55	17004	5.78	7260	2.47	20.14
		水蚀	293445	207018	70.55	39982	13.63	22181	7.56	17004	5.79	7260	2.47	20.11
		风蚀	490	489	99.80	1	0.20							0.03
云南	112388	水蚀	30743	18543	60.31	4919	16.00	2923	9.51	2757	8.97	1601	5.21	27.35
贵州	115266	水蚀	32049	18754	58.52	5848	18.25	3625	11.31	3016	9.41	806	2.51	27.80
四川	472536	小计	109435	75315	68.83	15578	14.23	8512	7.78	6985	6.83	3045	2.78	23.16
		水蚀	108945	74826	68.69	15577	14.30	8512	7.81	6985	6.41	3045	2.79	23.06
		风蚀	490	489	99.80	1	0.20							0.10
重庆	82370	水蚀	25801	18323	71.02	3634	14.08	2463	9.55	913	3.54	468	1.81	31.32
湖北	184344	水蚀	32211	23653	73.43	4207	13.06	2173	6.75	1600	4.97	578	1.79	17.47
湖南	206807	水蚀	29985	24763	82.59	2850	9.50	1273	4.25	871	2.90	228	0.76	14.50
江西	163231	水蚀	23818	20225	84.91	2034	8.54	840	3.53	542	2.28	177	0.74	14.59
安徽	66862	水蚀	8570	6913	80.67	796	9.29	320	3.73	247	2.88	294	3.43	12.80
江苏	36581	水蚀	906	719	79.36	70	7.73	32	3.53	57	6.29	28	3.09	2.48
浙江	12837	水蚀	414	296	71.51	47	11.35	20	4.83	16	3.86	35	8.45	3.23
上海	6340	水蚀	3	3	100.00									0.05

注：区域范围根据2016年国务院印发的《长江经济带发展规划纲要》，并按照长江流域边界线裁切确定。

（四）面临的挑战

随着经济快速发展，尽管长江流域废水排放量正在减少，但局部江段、部分支流及湖泊水库污染依旧严重，水资源和水生态保护形势依旧严峻。目前，长江流域水资源保护主要面临四大挑战：

1. 水质安全面临严峻挑战

首先，一些河流的污染情况严重。上海、南京、武汉、重庆、攀枝花等40个主要城市近岸水域有较大的污染风险，嘉陵江、岷江、沱江、汉江、湘江等水污染问题突出，一些河流受到重金属的污染。其次，湖泊富营养化问题依旧突出，滇池、巢湖和太湖仍处于中度富营养状态。再次，水源地水质安全保障不到位，投入不足，流域集中式饮用水水源不能满足年度水质全部合格要求。

2. 生态安全面临较大威胁

长期不合理的生态环境开发利用造成了巨大的"历史欠账"，水生态保护和修复任务艰巨。流域的开发利用对生态环境产生不利的影响，江湖自然连通性的降低和栖息环境的变化威胁着水生生物的多样性和完整性。

3. 流域水资源压力加大

长江流域经济社会的快速发展给水安全带来了巨大压力。一方面，流域经济发展布局的新变化，将进一步加大水资源保护的压力。目前，长江沿岸的石化、钢铁、有色金属和制药造纸企业密集，东部向中西部产业转移战略也给流域水环境带来了潜在风险。实施长江经济带战略必将对水生态环境保护提出更高要求。另一方面，长江沿岸水污染高风险产业布局密集，重大水污染事件的风险防范压力进一步加大。大量的调查显示，高风险水污染产业布局仍在长江流域集聚，化学园区和沿江危险码头布局密集，水污染事件、自然灾害造成的二次水污染以及水生态破坏问题不容忽视。

4. 水资源保护管理能力亟待加强

长江水资源保护管理体制机制仍然不健全，监测和监控能力不足，这与长江经济带对水资源的保护要求仍有较大差距。一是流域水资源保护监管体系不健全；二是跨部门、跨区域的协调机制有待建立，公众参与机制仍有待完善，生态补偿机制急需推进；三是河流排污口监测设施建设落后，检测能力不足，监督乏力。

二、突发环境事件的管理

由于资源丰富、运输便捷、产业基础好，长江经济带工业企业数量大、门类多、分布相对集中，特别是长江沿线布局大量重化工业，根据2010年环境保护部开展的针对石油加工和炼焦业、化学原料及化学制品制造业、医药制造业三大行业风险及化学品检查结果，分布在长江经济带的三大行业企业达到12143家，这些行业企业的生产、转运、存储过程中涉及大量的污染物和危险化学品（图2-6）。生产安全、交通事故等原因极易引起次生、衍生突发环境事件。化工园区、工业集聚区众多，叠加性、累积性环境风险高。

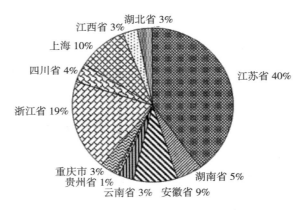

图2-6 长江流域涉危险化学品企业的地区分布情况

突发环境事件频发，危及公共安全。2011—2014年，全国接近一半的突发环境事件发生在长江经济带11个省（直辖市），浙江和江苏两省的突发环境事件数量约占整个长江经济带的40%（图2-7）。生产安全、交通事故是突发环境事件的主要诱因，大部分的事件涉及危险化学品。由于大量的高风险企业沿江、沿河分布，许多排污口与取水口交错，危化品水运、陆运数量大且运输线路缺乏科学规划，发生突发环境事件极易造成饮用水水源地污染或跨界水环境污染。部分地区工业企业、人口密度大，有毒有害气体泄漏对人体健康威胁大。

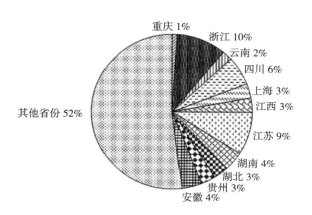

图 2-7　2011—2014 年长江经济带突发环境事件分布情况

2017 年 6 月，工业和信息化部等五部委出台的《关于加强长江经济带工业绿色发展的指导意见》提出，实施长江经济带产业发展市场准入负面清单，明确禁止和限制发展的行业、生产工艺、产品目录。严格控制沿江石油加工、化学原料和化学制品制造、医药制造、化学纤维制造、有色金属、印染、造纸等项目环境风险。严格沿江工业园区项目环境准入，严控重化工企业环境风险。

各省积极开展长江干流县级以上集中式饮用水水源和沿江沿岸化工园区突发环境事件应急预案备案；对沿江工业园搬、转、关；航运市场将按照绿色航运的要求，着力推进饮用水水源地保护、岸电设施建设、公共锚地建设、洗舱站等船舶污染物接收设施建设、非法码头整治 5 项重难点工作。

对比 2011—2014 年的长江经济带突发环境事件次数可以发现，2015—2020 年，长江经济带的突发环境事件占比有所下降（图 2-8）。其中，江苏、浙江下降最为明显，占比分别减少到 4% 和 5%。湖北与四川由于地质状况等环境因素，突发环境事件发生次数相对较多，占比都为 7%。上海和云南发生次数较少，占比均为 1%。

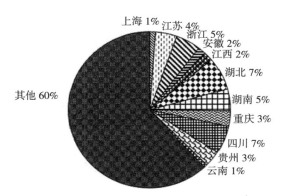

图 2-8　2015—2020 年长江经济带突发环境事件次数分布情况

表 2-14 显示了近几年长江经济带各省突发环境事件数量变动情况。上海、江苏、浙江、重庆、贵州和云南六省的突发环境事件数量整体保持下降趋势。上海和云南 2019 年均未出现突发环境事件。贵州出现次数相对稳定，2018 年、2019 年均为 8 次。湖北和四川则出现小幅度上升，湖北由 2015 年 10 次上升到 2019 年 19 次，四川则从 14 次变化为 25 次。出现变动原因可能包括地质等环境因素。

表 2-14　　　　　　　　　长江经济带 2015—2020 年突发事件次数分布　　　　　　（单位：次）

年份 省份	2015	2016	2017	2018	2019	2020
上海市	10	3	0	1	0	0
江苏省	27	13	8	5	9	12
浙江省	22	16	13	11	10	10
安徽省	8	3	4	4	6	10
江西省	7	7	6	4	8	5
湖北省	10	37	18	17	19	9
湖南省	16	8	15	16	25	7
重庆市	9	11	12	7	3	8
四川省	14	20	16	20	25	17
贵州省	9	12	11	8	8	11
云南省	4	1	4	0	0	3

三、城市绿化建设

从表 2-15 可以看出，城市绿地面积近几年来不断扩大，2013 年城市绿地面积为 9727km^2，城市公园绿地面积为 2029km^2。到 2020 年，前者增加至 13425km^2，后者增加至 3077km^2。2020 年城市公园个数比 2013 年多 2984 个，比 2019 年多 476 个。城市建成区绿化覆盖率 2016 年突破 40%，达到 40.13%，2020 年绿化覆盖率上涨为 41.9%。城市人均拥有道路面积在 2020 年增加到 18.43m^2，城市人均公园绿地面积在 2020 年达到 13.99m^2，两项指标在近几年都出现了稳定增长的趋势。通过绿化建设的这些数据分析可以得出，长江经济带在贯彻发展绿色经济、走可持续发展道路的过程中，取得了显著的成效，绿色发展也造福于百姓。

表 2-15　　　　　长江经济带绿化建设情况（2013—2020 年）

	2013	2014	2015	2016	2017	2018	2019	2020
城市绿地面积（km^2）	9727	10047	10462	11083	11637	12197	12810	13425
城市公园绿地面积（km^2）	2029	2152	2279	2456	2599	2746	2872	3077
城市公园个数	4694	4866	5301	5817	6189	6606	7202	7678
城市公园面积（km^2）	1081	1156	1274	1415	1526	1631	1756	1887
城市建成区绿化覆盖率（%）	39.46	39.48	39.67	40.13	40.51	40.71	41.15	41.9
城市人均拥有道路面积（m2）	14.18	15.03	15.07	15.56	15.28	16.35	17.11	18.43
城市人均公园绿地面积（m2）	11.93	12.24	12.38	12.83	12.96	13.29	13.61	13.99
每万人城市人口拥有公共厕所数（座）	2.66	2.64	2.63	2.65	2.88	2.89	3.01	3.12

注：数据依据《中国统计年鉴》整理而得。城市建成区绿化覆盖率、城市人均拥有道路面积、城市人均公园绿地面积的数据为上海市、江苏省在内的 11 个省（直辖市）相应指标的平均值。

四、污染治理的投入

根据 2018 年 6 月 19 日公布的《长江经济带生态保护审计结果》，2017 年化学需氧量、氨氮、二氧化硫和氮氧化物等主要污染物排放总量比 2016 年分别削减了 2.97%、4.00%、9.24% 和 3.97%；国家地表水环境质量监测考核断面的水质优良率为 73.9%，比 2016 年提高了 0.6%。

从表 2-16 中我们可以清晰地看出，废水排放量 2013—2015 年呈递增状态，从 2016 年开始逐年下降，从 2016 年的 314.02 亿吨下降到 2017 年的 310.38 亿吨，而工业废水排放量并未随着工业水平的增长而增多，相反，随着绿色发展理念的深入贯彻，工业废水排放量从 2013 年的 90.93 亿吨下降到 2016 年的 72.11 亿吨，虽然下降速度缓慢，但也可以看出长江经济带为环境保护所做出的努力；废气排放总量相比于废水来说，下降速度特别明显。不论是二氧化硫排放还是烟尘排放，这几年一直保持下降趋势，二氧化硫排放量从 2013 年的 706.45 万吨减少到 2017 年的 321.97 万吨，其中工业二氧化硫排放也随之相应减少。烟尘排放量从 2013 年的 356.91 万吨下降到 2017 年的 227.49 万吨；"三废"中的工业固体废弃物这几年呈现波动下降的趋势，从 2013 年的 98053.60 万吨下降到 2016 年的 91405.10 万吨，2017 年产生量虽有上升，但不会改变固体废弃物逐渐减少的趋势。

2013 年长江经济带污染源治理投入额为 297.80 亿元，2017 年增加到 2191.93 亿元。

表 2-16　　　　　　长江经济带环境保护情况（2013—2017 年）

项目	2013	2014	2015	2016	2017
一、"三废"排放情况					
（一）废水排放及处理情况					
废水排放总量（亿吨）	301.09	307.84	318.86	314.02	310.38
工业废水排放量（亿吨）	90.93	87.24	88.88	72.11	\
（二）废气排放及处理情况					
废气中：二氧化硫排放量（万吨）	706.45	678.75	634.89	405.35	321.97
工业二氧化硫排放量（万吨）	582.12	553.48	499.38	297.77	\
烟尘排放量（万吨）	356.91	479.98	425.33	274.62	227.49
（三）工业固体废弃物产生量（万吨）	98053.60	94341.57	92075.02	91405.10	93705.41
工业固体废弃物综合利用量（万吨）	65737.83	64255.98	63534.82	58348.47	58619.28
工业固体废弃物综合用率（%）	67.04	68.11	69.00	63.84	62.56
二、污染源治理情况					
污染源治理资金总额（亿元）	297.80	278.64	266.72	3222.47	2191.93

数据来源：依据《中国统计年鉴》数据整理而得。其他年份数据统计年鉴未公布，仅统计至 2017 年。

第三节　长江经济带绿色发展状况

一、绿色发展的现状

（一）生态环境保护工作取得积极进展

生态环境质量有所改善。天然林保护工程实施以来，截至 2017 年，营造林达 10.1948 万 km^2，长江防护林工程完成营造林任务 5.0497 万 km^2，完成退耕还林面积 5.7279 万 km^2，综合治理石漠化面积达到 3.5733 万 km^2，累计治理水土流失面积 47.29 万 km^2。"十二五"期间，地表水国控断面优于 Ⅲ 类水质比重提高 23%，劣 Ⅴ 类比重下降 7.5%，水功能区达标率提高到 81.3%。二氧化硫平均浓度下降 34.4%，二氧化氮浓度保持稳定。与 2013 年相比，长江三角洲地区 25 个城市细颗粒物年均浓度从 67μg/m³ 下降至 53μg/m³，可吸入颗粒物年均浓度从 88μg/m³ 下降至 75μg/m³。

治污工程加快推进。"十二五"期间，污水管网增加约 9.3 万 km，再生水利用设施增加约 80 万 m³/d，城镇污水处理能力增加约 2400 万 m³/d，污水处理率提高了 13% 左右。煤电脱硫机组和脱硝机组占总装机容量的比重分别提高 30% 和 85%，安装脱硝装置的水泥熟料生产线比重提高 82%，安装脱硫装置的烧结机和球团生产设备比重分别提高 55% 和 52%。化学需氧量和氨氮排放量分别削减 12.45% 和 12.62%，二氧化硫和氮氧化物分别削减 20.27% 和 21.11%。

生态环境管理制度不断完善。长江防护林体系建设和退耕还林还草等政策的实施，为母亲河永葆生机发挥了重要作用。最严格水资源管理制度考核、重点流域水污染防治规划考核和城市空气质量评价考核制度日益深化，初步形成生态环境保护硬约束。长江三角洲地区大气污染防治协作机制的建立，促进了区域空气质量逐步向好。新安江开展上下游水环境补偿，进行了跨区域补偿的有益探索。

（二）生态环境地位突出

长江经济带山水林田湖浑然一体，是我国重要的生态宝库。地跨热带、亚热带和暖温带，地貌类型复杂，生态系统类型多样，川西河谷森林生态系统、南方亚热带常绿阔叶林森林生态系统、长江中下游湿地生态系统等是具有全球重大意义的生物多样性优先保护区域。长江流域森林覆盖率达41.3%，河湖、水库、湿地面积约占全国的20%，物种资源丰富，珍稀濒危植物占全国总数的39.7%，淡水鱼类占全国总数的33%，不仅有中华鲟、江豚、扬子鳄和大熊猫、金丝猴等珍稀动物，还有银杉、水杉、珙桐等珍稀植物，是我国珍稀濒危野生动植物集中分布区域。

长江流域蕴藏极其丰富的水资源，是中华民族战略水源地。长江是中华民族的生命河，多年平均水资源总量约9958亿 m^3，约占全国水资源总量的35%。每年长江供水量超过2000亿 m^3，保障了沿江4亿人生活和生产用水需求，还通过南水北调惠泽华北、苏北、山东半岛等广大地区。扬州江都和丹江口水库分别是南水北调东线一期、中线一期工程取水源头区，规划多年平均调水量分别为89亿 m^3、95亿 m^3。

长江流域具有重要的水土保持、洪水调蓄功能，是生态安全屏障区。金沙江岷江上游及"三江并流"、丹江口库区、嘉陵江上游、武陵山、新安江和湘资沅上游等地区是国家水土流失重点预防区，金沙江下游、嘉陵江及沱江中下游、三峡库区、湘资沅中游、乌江赤水河上中游等地区是国家水土流失重点治理区，贵州等西南喀斯特地区是世界三大石漠化地区之一。

（三）绿色航运有序推进

2017年8月，交通运输部印发《关于推进长江经济带绿色航运发展的指导意见》，明确到2020年，初步建成航道网络有效衔接、港口布局科学合理、船舶装备节能环保、运输组织先进高效的长江经济带绿色航运体系。该指导意见实施后，以绿色航道、绿色港口、绿色船舶、绿色运输组织方式为抓手，绿色航运正有序推进，取得了三个方面的成效。

一是同时实施生态工程建设和航道整治。努力推进航道畅通，长江干线航道系统治理有序推进，同时，城市工程选址应主动避开生态敏感区，及时调整施工措施和时间，主动避开鱼类洄游和产卵等敏感时期。长江南京以下12.5m深水航道建设二期工程进展顺利，黄金水道功能不断提升。

二是努力推进枢纽互通，大力加强长江干线船舶污染防控。努力加强监管力度，预防和控制船舶污染；同时加快长江干线单壳液货船舶淘汰进程，加大生活污水船舶改造力度，严厉打击危险化学品运输的违法违规行为和非法洗舱作业。全球最大单体全自动码头洋山港四期于 2017 年 12 月 10 日正式开港；宁波—舟山港一体化改革全面完成，2017 年前 11 个月的货物吞吐量超过 2016 年全年水平；江苏南京以下区域港口一体化改革试点工作进展顺利，沪昆高铁贵昆段等一批重大工程建成运营，综合交通网络建设成效明显。

三是积极推进江海联通。上海国际航运中心建设全面提速，上海与浙江共同建设小洋山北侧江海联运码头取得实质进展，江海直达运输系统建设稳步推进；推进关检直通，关检合作"三个一"已全面推广至所有直属海关和检验检疫部门，上海国际贸易"单一窗口"3.0 版上线运行，区域通关一体化成效显著。

四是积极开展打击非法采砂、非法倾倒垃圾等各项专项整治行动。同时积极实施联席会议制度，共同加强长江采砂的合理规划、水资源的综合利用和有效保护，努力促进砂石弃土的综合利用水平。在治理非法码头方面，根据《关于进一步加强长江港口岸线管理的意见》，开展了针对长江干线港口深水岸线资源普查和岸线使用情况的监测评估，2017 年共拆除 959 个非法码头，其中 809 座完成了生态复绿，恢复了超过 100km 的生态岸线。

（四）发展绿色经济

发展绿色经济要践行尊重自然、顺应自然、保护自然的生态文明理念，兼顾生态、经济、社会三种效益。发展绿色经济、建设生态文明，主要包括以下六点内容：一是绿色经济涉及循环经济、低碳经济、绿色经济三大板块；二是发展绿色经济要依靠企业、农户与政府三大主体；三是要兼顾经济效益、社会效益、生态效益三大效益；四是绿色经济发展要有产业化、市场化、国际化三大支撑；五是绿色发展由技术、金融、文化"三轮驱动"；六是绿色发展要以生态、民生、经济为目标。绿色发展是生态问题、民生问题，也是经济问题，特别是绿色产业、绿色经济。要用"双手""双轮"来推动绿色消费和绿色营销，将绿色技术和绿色设计结合起来。"双手"是政府"有形之手"和市场"无形之手"，"双轮"是绿色技术和绿色金融的"双轮创新驱动"。坚持绿色发展，需要倡导人与自然和谐的绿色文化的引领。要有生态价值观、生态道德观，政府官员要有生态政绩观，百姓要有生态消费观（绿色消费）。总体而言，发展绿色经济需要绿色文化引领、绿色标准约束、绿色政策激励、绿色科技支撑、绿色产业推动以及绿色法律保障。

1. 加快向绿色产业转型

长江经济带沿江 11 省（直辖市）陆续放弃了过去粗放式发展老路，牢固树立绿水青山就是金山银山的理念，注重工作重点，努力打造出一个"强大的引擎"——创新，同时努力做好产业"加减法"，不断提高经济发展的"绿色含量"。11 省（直辖市）不断加强沿江沿湖产业布局管控，调整优化产业规划布局。目前，相关省份已对部分主导产业、首位产业进行了调整，石油化工、铜冶炼、钢铁等传统产业被新材料、新能源、装备制造等新兴产业取代。长江经济带工业绿色发展取得显著成效，沿江多省份出台规划，围绕改善区域生态环境质量要求，落实地方政府责任，加强工业布局优化和结构调整。

长江经济带有关省（直辖市）也积极通过实施战略性新兴产业倍增、传统产业转型升级和新经济动能培育三大项目，努力做强做优航空、新能源、新材料、电子信息和其他新兴产业，并努力培育大数据云计算、窄带物联网、智能制造等新业态、新模式。以江西省为例，2017 年全省智能制造项目已推广应用 6625 套智能设备，建设 481 个数字化车间以及一批国家级和省级智能制造试点示范项目。2019 年，江西省战略性新兴产业同比增长 11%，高于规模以上工业 2.2%；在新产品中，太阳能电池（光伏电池）增长 25.9%，新能源汽车增长 18.9%，智能手机同期增长 30.6%，煤炭、钢铁等落后产能加快淘汰，传统产业不断升级改造。

2. 创新性发展绿色金融

"十三五"时期，深化金融体制改革中一个很重要的方向是坚持绿色发展理念，建设绿色金融体系。有预测数据显示，"十三五"时期，中国绿色产业的年投资需求在 2 万亿元人民币以上，而财政资金只能满足 10% ~15% 的绿色投资需求，大量绿色投资必须来源于社会资本。因此，要引导商业银行完善绿色信贷机制，发挥金融市场支持绿色融资的功能。绿色金融工具包括绿色信贷、绿色保险、绿色证券、绿色基金、社会责任投资、环境证券化、碳金融等绿色金融产品。现在资本市场主要为石油、煤炭等化石能源服务，没能为可再生能源的发展提供足够支持。

长江经济带也是金融业最发达的区域。尤其是地处下游流域的长江三角洲地区，已成为引领我国金融业飞速发展的龙头。从各主要城市来看，作为核心的上海正凭借得天独厚的优势和基础条件积极打造国际金融中心。同属长江三角洲地区的南京是泛长江三角洲区域的金融中心，其金融竞争力指数已跃居全国第五，排名仅次于北京、上海、深圳和广州。此外，湖北和重庆也分别在建设长江中游和上游的金融中心。

改革创新绿色金融，要通过立法，强制性要求上市公司和发行债券的企业披露环境信息，披露环境信息是企业非常重要的社会责任。在绿色金融方面，还有一个很重要的方向是发展碳交易市场。碳交易能够减少工业化石能源的利用，减少二氧化碳排放，实现生态保护。例如，张家口崇礼区是2022年冬奥会的举办地之一，正在实行碳汇试点，当地农民种树就可以获得收益，有利于保护冬奥会举办地环境。污染治理既要靠政府，也要靠市场手段。碳市场是治理污染的有效市场手段，这是一种新概念（碳可以成为商品）、新市场（碳可以进行交易）、新契机（碳可以获得融资）。污染治理的两种市场手段一是以价格为基础的手段，如环境税；二是以数量为基础的手段，如排污许可证交易。推进绿色金融发展，一方面要靠市场化，另一方面还要靠法治化。今后在《证券法》《商业银行法》和《保险法》等法律修订时，应当加上绿色信贷、绿色证券和绿色保险制度的有关规定，从法治上来保障绿色发展。总之，要实现绿色发展，非常重要的是要大力发展绿色金融。绿色发展涉及技术创新、金融创新、文化引领等，应当多管齐下。

3. 强化环境保护

"共抓大保护"是打造美丽长江的重要内容，是实现绿色发展的必由之路。从水资源利用、水生态保护、环境污染治理、流域风险防控等各个方面提出更加细化、量化的目标任务，努力把长江经济带建成中国经济版图上的绿腰带、金腰带。例如，贵州全力构建长江上游生态屏障，推行省、市、县、乡、村五级河长制，为3000多条河流设置了2万多名河长。江西湖口县地处长江与鄱阳湖交汇处，环保压力大。近两年来，湖口县共清理违规建设项目近百个，总投资超过 26 亿元的十余个环境污染性项目遭到一票否决。江苏省全面投入黑臭水体整治。湖北、重庆等省（直辖市）启动专项行动，进一步加强工业园区环境保护管理和长江沿线化工企业及园区污染整治。沿江 11 省（直辖市）相继完成生态保护红线的划定工作，全面建立生态保护红线制度。

4. 坚持协商共赢

针对长江上中下游区域发展不平衡、区域合作机制尚不健全等问题，在"共"字上做好文章。2017 年 12 月 13 日，推动长江经济带发展领导小组办公室会议暨省际协商合作机制第二次会议在北京召开。会议指出，要重点抓好四个方面的工作：一是以持续改善长江水质为核心，加快推进水污染治理、水生态修复和水资源保护"三水共治"，切实保护和改善水环境，全面遏制、根本扭转生态环境恶化趋势。二是以推进集装箱江海联运为重点，形成与江海联运相适应的港口、集疏运、航运、船舶、通关等一体化系统，带动构建综合立体交通体系。三是以供给侧结构性改革为主线，推动经济发展质量变革、效率变革、动力变革，着力加快建设实体经济、科技创新、现代金融、人力资源协同发展的产业体系。四是构建"共抓大保护"长效机制。加快推进生态环境保护制度建设，选择有条件的地区开展绿色发展试点示范，充分调动各方面积极性形成共抓大保护合力。与此同时，长江经济带相关省份将"绿色 +"理念融入产业发展全过程，大力发展大健康、全域旅游、现代农业等绿色产业，做大做强中医药产业，培育绿色金融、文化创意等现代服务业，不断提升经济发展"绿色含量"。

5. 强化法治保障

2021 年 3 月 1 日，中国第一部流域法律《中华人民共和国长江保护法》正式实施，以立法推动管理体制改革，理顺长江流域治理机制，为长江经济带实现绿色发展提供了强有力的法治保障。加快建立健全长江经济带生态补偿与保护长效机制。强化宏观与系统的保护，逐步发挥山水林田湖草的综合生态效益，构建生态补偿、生态保护和高质量发展之间的良性互动关系，积极推动建立相邻省份及省内长江流域生态补偿与保护机制。

二、绿色发展存在的问题

（一）生态环境保护形势严峻

1.社会主义生态文明观严重缺失

一些人有错误的生态文明观，认为长江具有巨大的藏污纳垢空间容量和自我净化能力，因此，对污染治理并不重视，从而导致污染积少成多，逐渐形成目前许多地方积重难返的生态危机。同时，相关政府为了政绩，公然将长江当作一块公有地，出于利己的心态，放大了对长江生态资源索取的权利，牺牲整体利益，由此上演了长江生态环境的"公地悲剧"。

长江经济带是我国一条巨型流域经济带，依托长江黄金水道连接上下游、东西部、左右岸，水生态环境是维续其赖以存在发展的重要基础，关系着产业的持续发展与居民的身心健康。然而，长江经济带水生态环境发展不容乐观，水污染严重，上游地区水土流失加剧，中下游地区湖泊、湿地生态功能退化。特别是沿江大型湖泊蓄水滞洪功能削弱，枯水期延长，水体富营养化导致水质下降，部分河段饱受重金属污染。沿江工业及生活废水排放点源污染、农业生产面源污染以及船舶运输流动源污染是主要污染来源。该地区总体仍处于工业化中期，沿江地区成为沿江省、市推进农业现代化与工业化城镇化的主战场，产业耗水总量与强度、产业废水排放总量与强度均处于高位水平，使得长江经济带特别是经济欠发达的中上游地区面临持续加大的水生态环境压力。

2.流域整体性保护不足，生态系统破碎化

生态系统服务功能呈退化趋势，上中下游地区资源、生态利益协调机制尚未建立，缺乏具有整体性、专业性和协调性的大区域合作平台。近二十多年来，长江经济带生态系统格局变化剧烈，城镇面积增加39.03%，部分大型城市城镇面积增加显著。农田、森林、草地、河湖、湿地等生态系统面积减少。岸线开发存在乱占滥用、占而不用、多占少用、粗放利用等问题。中下游湖泊、湿地萎缩，洞庭湖、鄱阳湖面积减少，枯水期提前。长江水生生物多样性指数持续下降，多种珍稀物种濒临灭绝，中华鲟、达氏鲟（长江鲟）、胭脂鱼、"四大家鱼"等鱼卵和鱼苗大幅减少，长江上游受威胁鱼类种类占全国总数

的 40%，白鱀豚已功能性灭绝，江豚面临极危态势。

3. 污染物排放量大，风险隐患多，饮用水安全保障压力大

长江经济带污染排放总量大、强度高，废水排放总量占全国的 40% 以上，单位面积化学需氧量、氨氮、二氧化硫、氮氧化物、挥发性有机物排放强度是全国平均水平的 1.5~2.0 倍。重化工企业密布长江，流域内 30% 的环境风险企业位于饮用水水源地周边 5 km 范围内，各类危、重污染源生产储运集中区与主要饮用水水源交替配置。部分取水口、排污口布局不合理，12 个地级及以上城市尚未建设饮用水应急水源，297 个地级及以上城市集中式饮用水水源中，有 20 个水源水质达不到Ⅲ类标准，38 个未完成一级保护区整治，水源保护区内仍有排污口 52 个，48.4% 的水源环境风险防控与应急能力不足。

4. 部分区域发展与保护矛盾突出，环境污染形势严峻

秦巴山区、武陵山区等 8 个集中连片特困地区位于国家重点生态功能区，也是矿产和水资源集中分布区，资源开发和生态环境保护矛盾突出。磷矿采选与磷化工产业快速发展导致总磷成为长江首要超标污染因子。全国近一半的重金属重点防控区位于长江经济带，湘江流域等地区重金属污染问题仍未得到根本解决。长江三角洲、长江中游、成渝城市群等地区集中连片污染问题突出。部分支流水质较差，湖库富营养化未得到有效控制，城镇和农村集中居住区水体黑臭现象普遍存在。长江经济带大部分地区长期受到酸沉降影响，仍属我国酸雨污染较严重的区域。大气污染严重，成渝城市群与湘鄂两省所有城市空气质量均未达标，长江三角洲地区仅舟山、池州两个城市达标。工矿企业建设、生产以及农业生产等造成的土壤污染问题较为突出。

（二）生态环境压力持续加大

1. 区域发展不平衡，传统的粗放型发展方式仍在持续

长江沿线是我国重要的人口密集区和产业承载区，生态修复和环境保护迫在眉睫。长江经济带横跨我国地理三大阶梯，资源、环境、交通、产业基础等发展条件差异较大，地区间发展差距明显，但沿江工业发展各自为政，依托长江黄金水道集中发展能源、化工、冶金等重工业，上中下游产业同构现象愈发突出，部分企业产能过剩，一些污染型企业向中上游地区转移。依靠土地占用、高耗水高耗能等增量扩张的发展模式仍然占主导地位，一些大

城市人口增长过快，资源环境超载问题突出，长江经济带传统产业产能过剩矛盾依然严峻，转型发展任务艰巨。

2. 危险化学品运输量持续攀升，航运交通事故引发环境污染风险增加

涉危险化学品码头和船舶数量多、分布广，仅重庆至安徽段危险化学品码头就接近 300 个。危险化学品生产和运输点多线长，部分船舶老旧、运输路线不合理、应急救援处置能力薄弱等问题突出。长江干线港口危险化学品年吞吐量已达 1.7 亿吨，种类超过 250 种，运输量仍将以年均近 10% 的速度增长，危险化学品泄漏风险持续加大。

3. 水生态环境状况形势严峻

长江流域每年接纳的废水量占全国的三分之一，部分支流水质较差，湖库富营养化未得到有效控制。中下游湖泊、湿地功能退化，江湖关系紧张，洞庭湖、鄱阳湖枯水期延长。长江水生生物多样性指数持续下降，多种珍稀物种濒临灭绝。

4. 绿色行为方式、绿色生活方式、绿色消费方式没有养成

人们的非绿色行为方式、日常生活方式、消费方式都会影响到长江生态环境的发展。由于绿色可持续发展理念的非普遍化，导致大量化工企业和工业园区以自身利益为出发点，大量聚集在长江沿岸建设工厂，数十万机动船行驶或者停泊在江水中，偷排、偷采现象屡禁不止，大大增加了水污染的风险。除此之外，公民绿色消费理念的缺失，使得非绿色消费行为频繁出现，不能从根本上实现长江经济带自然资源的循环，无法深入践行持续发展理念。

（三）产业布局不尽合理，资源环境负载重

1. 产业布局各自为政

中央建设长江经济带，主要是为了更有效地发挥长江这一黄金水道的作用，通过挖掘中上游广阔腹地蕴含的巨大内需潜力，促进经济增长空间从沿海向沿江内陆拓展，形成上中下游优势互补、协作互动格局，缩小东中西部发展差距。然而，沿江各省（直辖市）基于自身的利益考虑，各自为政进行产业规划和布局，导致了严重的低水平重复建设和资源浪费，其中突出表现为上中游与下游的产业链未能实现分工、对接，下游地区的发展缺乏资源支

撑，上中游地区的发展缺乏资金、技术的支持。

2. 产业布局过度集中和雷同导致主要污染物排放总量超过环境承载能力

产业结构同质化是影响长江经济带一体化建设的重要原因。比如，在长江经济带最发达的上海、江苏和浙江比重最大的 12 个制造业部门中，浙江与江苏有 11 个产业相同，浙江与上海有 10 个产业相同，上海与浙江、江苏各有 10 个产业相同。另外，沿江各省（直辖市）内部产业结构趋同现象也很明显，例如，江苏沿江 8 市就有 20 多个化工园区，其中的 60% 分布在沿江两岸。这种严重的产业结构同质化，使得各地区的比较优势和特色难以发挥，削弱了区域内分工协作能力，不利于长江经济带的一体化进程。

（四）创新能力较弱，产业绿色转型压力大

1. 经济下行弱化企业节能减排意愿，企业污染治理投资不足

2017 年长江经济带 11 个省（直辖市）的地区生产总值超过全国经济总量的 45%，承担了我国经济稳步发展的重要任务。随着经济总量的逐步上升，长江经济带的资源环境压力也逐渐增大。长江流域尤其是中部地区，布局了大量的重工业企业，大量污染物的排入，导致流域的生态功能退化，湖泊逐渐萎缩，水体富营养化问题突出，严重制约了长江经济带的发展。同时，在全国环境保护力度逐渐增大的背景下，长江流域部分污染企业正逐步从大中城市转移到县域，尤其是县域交界地带。因此，长江经济带县域的绿色发展，需要创新治理手段和转变发展观念，需要将当前生态环境的压力利用创新驱动转化为转型发展的关键动力，利用创新驱动的引领作用和动力转换作用，实现长江经济带县域的经济结构调整、产业升级转型，进而夯实长江流域生态本底，实现长江经济带生态与经济的协调发展。

国际经验表明，当污染治理投资占国民生产总值的比重达到 1%~1.5% 时才能基本控制环境恶化趋势，提高到 2%~3% 时才能改善环境治理。近年来，随着污染排放形势加剧和绿色发展理念提升，国家对环保的重视程度也越来越高。"十二五"和"十三五"期间国家进一步加大环境保护投资，投资逐年上升，但环保投资占国民生产总值的比重呈现波动变化趋势。根据国家统计局指标，我国环境保护投资是狭义的环境保护投资，即用环境污染治理投

资代替了环境保护投资，主要是指在工业污染源治理和城镇环境基础设施建设的资金投入中，用于形成固定资产的资金。包括工业新老污染源治理工程投资、当年完成环保验收项目环保投资，以及城镇环境基础设施建设所投入的资金。根据环境专业知识服务系统统计数据，长江经济带 11 省（直辖市）2005—2017 年环境保护投资总额与 GDP 比例详见图 2-9。

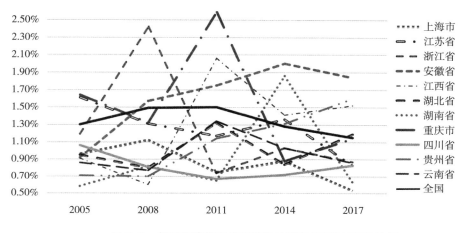

图 2-9　长江经济带各省环境保护投资总额与 GDP 比例

由图可见，长江经济带环境保护投资在 GDP 中的占比东、中、西部的差异并不明显，但在区域内部存在着明显差异，如东部的上海市环境保护投资占 GDP 的比重在整个长江经济带位于低值，在 2005—2017 年间很多年份达不到 1%，上海经济总量虽然高速发展，但相对的环境保护投资的力度并没有同步加强。而浙江省的环境保护投资比重相对来讲波动幅度大，个别年份突破 2%，但也有年份只有 0.74%，并未与经济发展速度一致；中部地区总体来看，江西和安徽环境保护投资力度整体大于湖北、湖南，而且波动幅度大。湖北省该比重相对稳定，一直为 1% 左右，但是投资力度不够大；西部地区，重庆市的环保投资比重相对较高且稳定，其他三省四川、贵州、云南的比重较低，其中贵州环保投资比重有稳步上升的趋势。显然，各省环境保护投资力度相对不足，对于加大环保投资力度，改善环境质量还有较大的提升空间。

根据国家统计局 2017 年统计，表 2-17 汇总了长江经济带环境保护投资情况。

表 2-17　　　　　　　　　　长江经济带环境保护投资情况（2017 年）

地区	城市环境基础设施投资（亿元）	工业污染源直接治理投资（亿元）	当年完成环保验收项目环保投资（亿元）	环境污染治理投资总额（亿元）	环境污染治理投资占 GDP 比重（%）
上海市	97.5	44.8	18.1	160.4	0.53
江苏省	363.6	44.8	307	715.4	0.83
浙江省	284.1	36.9	131.9	452.9	0.87
安徽省	369.3	25.9	109.8	505	1.84
江西省	239.3	10.6	65.7	315.6	1.52
湖北省	304.5	17.5	112.6	434.6	1.19
湖南省	161.5	8.6	49.2	219.3	0.63
重庆市	143.4	6.1	72.7	222.2	1.14
四川省	220.3	12.7	75.2	308.2	0.83
贵州省	86	5.3	125.4	216.7	1.6
云南省	101.1	6	35.5	142.6	0.86
长江经济带	2370.6	219.2	1103.1	3692.9	1.00
全国	6085.7	681.5	2771.7	9539	1.15

由表 2-17 可知，全国环境保护投资占 GDP 的比重仅为 1.15%。长江经济带环境保护投资总体上占 GDP 比重为 1.00%，比全国平均水平低 0.15 个百分点。其中东部地区除安徽省外，都不足 1%，低于全国与长江经济带的平均水平；安徽省环境保护投资占 GDP 比重超过全国平均水平和长江经济带平均水平，大于国际惯例 1.5%。中部地区除湖南省占比仅有 0.63% 之外，其他都超过 1%，环境恶化趋势基本可控。西部地区贵州环保投入占 GDP 比重超过平均水平，四川和云南投入比较低。

2. 重化工业占主导，绿色产业转型压力大

（1）工业废水随意排放，长江水污染问题日益严重

长江经济带分布着众多重化工园区和企业，大量的工业废水未经处理就直接排入长江，导致长江水污染情况日趋严重。相关数据显示，目前长江已形成近 600km 的岸边污染带，有毒污染物 300 余种。长江干流中约 60% 的水体都受到不同程度的污染，多种重金属如铬、汞、镉等严重超标，长江经济带的河水、湖水中蓝藻、绿藻等现象日趋严重。在工业和人口都比较密集的长江中下

游，沿岸水质基本都在Ⅲ类和Ⅳ类之间。目前长江江苏段水质已降为Ⅲ类，沿江 8 个城市污水排放量约占江苏全省总量的 80%，沿江的 103 条支流约有 130 个排污口。

（2）工业废气大量排放，导致大气污染不断加剧

长江经济带聚集了大量重化工企业，以镇江、常州、无锡和苏州江段为例，在不足 200km 的江段内，化工企业多达 100 余家。这些高污染的化工企业在生产过程中会排放大量工业废气，如 CO_2、SO_2、NO_x、烟尘，以及生产性粉尘等。大气污染问题日趋严重，长江三角洲和成都平原地区已成为我国雾霾天数最高的地区之一。

（3）工业固体废弃物大量产生，加剧了长江经济带的环境污染程度

长期以来，密集分布在长江经济带的数十万家重化工企业还产生了大量的固体废弃物，这些固体废弃物常年堆积在长江沿岸。未经处理的固体废弃物会随天然降水或地表径流进入河流、湖泊，其中的有害物质会严重污染水体。同时，固体废弃物中的干物质或轻物质随风飘散，会对空气造成大面积污染。

第三章 长江经济带发展生态环境约束

生态兴则文明兴，生态衰则文明衰。美丽长江关乎国家富强、民族复兴，关乎中华民族永续发展和世界人类文明传承。针对长江经济带的发展，应坚持理念先进、生态优先、绿色发展，把生态环境保护摆上优先地位，涉及长江的一切经济活动都要以不破坏生态环境为前提，共抓大保护，不搞大开发。要明确思路，建立硬约束，长江生态环境只能优化，不能恶化，坚持在发展中保护、在保护中发展，守住长江生态环保底线。

第一节 主体功能区规划空间管控

一、全国主体功能区规划

《全国主体功能区规划》是推进形成主体功能区的基本依据，是科学开发国土空间的行动纲领和远景蓝图，是国土空间开发的战略性、基础性和约束性规划。

（一）主体功能区的划分

《全国主体功能区规划》将我国国土空间分为以下主体功能区：按开发方式，分为优化开发区域、重点开发区域、限制开发区域和禁止开发区域；按开发内容，分为城市化地区、农产品主产区和重点生态功能区；按层级，分为国家和省级两个层面。

优化开发区域、重点开发区域、限制开发区域和禁止开发区域，是基于不同区域的资源环境承载能力、现有开发强度和未来发展潜力，以是否适宜或如何进行大规模高强度工业化城镇化开发为基准划分的。

　　城市化地区、农产品主产区和重点生态功能区，是以提供主体产品的类型为基准划分的。城市化地区是以提供工业品和服务产品为主体功能的地区，也提供农产品和生态产品；农产品主产区是以提供农产品为主体功能的地区，也提供生态产品、服务产品和部分工业品；重点生态功能区是以提供生态产品为主体功能的地区，也提供一定的农产品、服务产品和工业品。

　　优化开发区域是经济比较发达、人口比较密集、开发强度较高、资源环境问题更加突出，从而应该优化进行工业化城镇化开发的城市化地区。

　　重点开发区域是有一定经济基础、资源环境承载能力较强、发展潜力较大、集聚人口和经济的条件较好，从而应该重点进行工业化城镇化开发的城市化地区。优化开发和重点开发区域都属于城市化地区，开发内容总体上相同，开发强度和开发方式不同。

　　限制开发区域分为两类：一类是农产品主产区，即耕地较多、农业发展条件较好，尽管也适宜工业化城镇化开发，但从保障国家农产品安全以及中华民族永续发展的需要出发，必须把增强农业综合生产能力作为发展的首要任务，从而应该限制进行大规模高强度工业化城镇化开发的地区；一类是重点生态功能区，即生态系统脆弱或生态功能重要，资源环境承载能力较低，不具备大规模高强度工业化城镇化开发的条件，必须把增强生态产品生产能力作为首要任务，从而应该限制进行大规模高强度工业化城镇化开发的地区。

　　禁止开发区域是依法设立的各级各类自然文化资源保护区域，以及其他禁止进行工业化城镇化开发、需要特殊保护的重点生态功能区。国家层面禁止开发区域，包括国家级自然保护区、世界文化自然遗产、国家级风景名胜区、国家森林公园和国家地质公园。省级层面的禁止开发区域，包括省级及以下各级各类自然文化资源保护区域、重要水源地以及其他省级人民政府根据需要确定的禁止开发区域。

　　各类主体功能区，在全国经济社会发展中具有同等重要的地位，只是主体功能不同，开发方式不同，保护内容不同，发展首要任务不同，国家支持重点不同。对城市化地区主要支持其集聚人口和经济，对农产品主产区主要支持其增强农业综合生产能力，对重点生态功能区主要支持其保护和修复生态环境。

（二）国土空间的"三大战略格局"

国家层面的主体功能区是全国"两横三纵"城市化战略格局、"七区二十三带"农业战略格局、"两屏三带"生态安全战略格局的主要支撑。到2020年，"两横三纵"为主体的城市化战略格局基本形成，全国主要城市化地区集中全国大部分人口和经济总量；"七区二十三带"为主体的农业战略格局基本形成，农产品供给安全得到切实保障；"两屏三带"为主体的生态安全战略格局基本形成，生态安全得到有效保障；海洋主体功能区战略格局基本形成，海洋资源开发、海洋经济发展和海洋环境保护取得明显成效。

1."两横三纵"为主体的城市化战略格局

构建以陆桥通道、沿长江通道为两条横轴，以沿海、京哈京广、包昆通道为三条纵轴，以国家优化开发和重点开发的城市化地区为主要支撑，以轴线上其他城市化地区为重要组成的城市化战略格局。推进环渤海、长江三角洲、珠江三角洲地区的优化开发，形成3个特大城市群；推进哈长、江淮、海峡西岸、中原、长江中游、北部湾、成渝、关中—天水等地区的重点开发，形成若干新的大城市群和区域性的城市群。

2."七区二十三带"为主体的农业战略格局

构建以东北平原、黄淮海平原、长江流域、汾渭平原、河套灌区、华南和甘肃新疆等农产品主产区为主体，以基本农田为基础，以其他农业地区为重要组成的农业战略格局。东北平原农产品主产区，要建设优质水稻、专用玉米、大豆和畜产品产业带；黄淮海平原农产品主产区，要建设优质专用小麦、优质棉花、专用玉米、大豆和畜产品产业带；长江流域农产品主产区，要建设优质水稻、优质专用小麦、优质棉花、油菜、畜产品和水产品产业带；汾渭平原农产品主产区，要建设优质专用小麦和专用玉米产业带；河套灌区农产品主产区，要建设优质专用小麦产业带；华南农产品主产区，要建设优质水稻、甘蔗和水产品产业带；甘肃新疆农产品主产区，要建设优质专用小麦和优质棉花产业带。

3."两屏三带"为主体的生态安全战略格局

构建以青藏高原生态屏障、黄土高原—川滇生态屏障、东北森林带、北方防沙带和南方丘陵山地带以及大江大河重要水系为骨架，以其他国家重点生态功能区为重要支撑，以点状分布的国家禁止开发区域为重要组成的生态安全战略格局。青藏高原生态屏障，要重点保护好多样、独特的生态系统，发挥涵养大江大河水源和调节气候的作用；黄土高原—川滇生态屏障，要重点加强水土流失防治和天然植被保护，发挥保障长江、黄河中下游地区生态安全的作用；东北森林带，要重点保护好森林资源和生物多样性，发挥东北平原生态安全屏障的作用；北方防沙带，要重点加强防护林建设、草原保护和防风固沙，对暂不具备治理条件的沙化土地实行封禁保护，发挥"三北"地区生态安全屏障的作用；南方丘陵山地带，要重点加强植被修复和水土流失防治，发挥华南和西南地区生态安全屏障的作用。

二、长江经济带主体功能空间规划

《长江经济带发展规划纲要》将长江经济带的空间布局确立为"一轴、两翼、三极、多点"的格局。"一轴"是以长江黄金水道为依托，发挥上海、武汉、重庆的核心作用，构建沿江绿色发展轴。推动经济由沿海溯江而上梯度发展。"两翼"分别指沪瑞和沪蓉南北两大运输通道，这是长江经济带的发展基础。通过促进交通的互联互通，增强南北两侧腹地重要节点城市人口和产业集聚能力。"三极"指的是长江三角洲、长江中游和成渝三个城市群，充分发挥中心城市的辐射作用，打造长江经济带的三大增长极。"多点"是指发挥三大城市群以外地级城市的支撑作用，加强与中心城市的经济联系与互动，带动地区经济发展。这里着重对长江经济带的"三极"进行阐释。

（一）长江三角洲地区

按照《全国主体功能区规划》，长江三角洲地区属于国家层面的优化开发区域，该区域位于全国"两横三纵"城市化战略格局中沿海通道纵轴和沿长江通道横轴的交会处，包括上海市和江苏省、浙江省的部分地区。

该区域的功能定位是：长江流域对外开放的门户，我国参与经济全球化的主体区域，有全球影响力的先进制造业基地和现代服务业基地，世界级大城市群，全国科技创新与技术研发基地，全国经济发展的重要引擎，辐射带动长江流域发展的龙头，我国人口集聚最多、创新能力最强、综合实力最强的三大区域之一。

（1）优化提升上海核心城市的功能，建设国际经济、金融、贸易、航运中心和国际大都市，加快发展现代服务业和先进制造业，强化创新能力和现代服务功能，率先形成服务经济为主的产业结构，增强辐射带动长江三角洲其他地区、长江流域和全国发展的能力。

（2）提升南京、杭州的长江三角洲两翼中心城市功能。增强南京金融、科教、商贸物流和旅游功能，发挥南京在长江中下游地区承东启西枢纽城市作用，建设全国重要的现代服务业中心、先进制造业基地和国家创新型城市，区域性的金融和教育文化中心。增强杭州科技、文化、商贸和旅游功能，建设国际休闲旅游城市，全国重要的文化创意中心、科技创新基地和现代服务业中心。

（3）优化提升沪宁（上海、南京）、沪杭（上海、杭州）发展带的整体水平，建设沪宁高新技术产业带。培育形成沿江、沿海、杭湖宁（杭州、湖州、南京）、杭绍甬舟（杭州、绍兴、宁波、舟山）发展带，积极发展高新技术产业和现代服务业，加强港口和产业的分工协作，控制城镇蔓延扩张。调整太湖周边地区产业布局，建设技术研发和旅游休闲基地。

（4）强化宁波、苏州、无锡综合服务和辐射带动能力。宁波建设成长江三角洲南翼的经济中心和国际港口城市，苏州建设成为高新技术产业基地、现代服务业基地和旅游胜地，无锡建设成为先进制造业基地、国家传感信息中心、商贸物流中心、服务外包和创意设计基地。

（5）增强常州、南通、扬州、镇江、泰州、湖州、嘉兴、绍兴、台州、舟山等节点城市的集聚能力，加强城市功能互补，提高整体竞争力。

（6）发展高附加值的特色农业、都市农业和外向型农业，完善农业生产、经营、流通等服务体系，建设现代化的农产品物流基地。

（7）加强沿江、太湖、杭州湾等地区污染治理，严格控制长江口、杭州湾陆源污染物排江排海和太湖地区污染物入湖，加强海洋、河口和山体生态修复，构建以长江、钱塘江、太湖、京杭大运河、宜溧山区、天目山—四明山以及沿海生态廊道为主体的生态格局。

（二）长江中游地区

国家将长江中游地区定位为国家层面重点开发区域——重点进行工业化城

镇化开发的城市化地区。该区域位于全国"两横三纵"城市化战略格局中沿长江通道横轴和京哈京广通道纵轴的交会处，包括湖北武汉城市圈、湖南环长株潭城市群、江西鄱阳湖生态经济区。

　　该区域的功能定位是：全国重要的高新技术产业、先进制造业和现代服务业基地，全国重要的综合交通枢纽，区域性科技创新基地，长江中游地区人口和经济密集区。

1. 武汉城市圈

该区域包括湖北省以武汉为中心的江汉平原部分地区，功能定位是：全国资源节约型和环境友好型社会建设的示范区，全国重要的综合交通枢纽、科技教育以及汽车、钢铁基地，区域性的信息产业、新材料、科技创新基地和物流中心。

　　（1）构建以武汉为核心，以长江沿线和沿京广线产业带为轴线，以周边其他城市为节点的空间开发格局。

　　（2）完善武汉中心城市功能，强化科技教育、商贸物流、先进制造和金融服务等功能，增强辐射带动能力，建设全国重要的科技教育中心、交通通信枢纽和区域性经济中心。

　　（3）培育黄石成为区域副中心城市，发展壮大黄冈、鄂州、孝感、咸宁、仙桃、潜江、天门等城市，增强要素集聚能力。

　　（4）优化农业区域布局，推进优势农产品产业带和特色农产品基地建设，发展农产品加工业，做大做强优势特色产业。

　　（5）加强长江、汉江和东湖、梁子湖、磁湖等重点水域的水资源保护，实施江湖连通生态修复工程，构建以长江、汉江和东湖为主体的水生态系统。

2. 环长株潭城市群

该区域包括湖南省以长沙、株洲、湘潭为中心的湖南东中部的部分地区，功能定位是：全国资源节约型和环境友好型社会建设的示范区，全国重要的综合交通枢纽以及交通运输设备、工程机械、节能环保装备制造、文化旅游和商贸物流基地，区域性的有色金属和生物医药、新材料、新能源、电子信息等战略性新兴产业基地。

　　（1）构建以长株潭为核心，以衡阳、岳阳、益阳、常德、娄底等重要节点城市为支撑，集约化、开放式、错位发展的空间开发格局。

（2）强化长株潭科技教育、文化创意、商贸物流等功能，推进传统产业的升级改造，增强产业集聚能力，辐射带动其他重要节点城市，建设全国重要的机车车辆、工程机械、新能源装备、文化产业基地，区域性的新材料、信息产业和有色金属基地。

（3）加强基础设施共建共享以及产业合作和城市功能对接，推进长株潭一体化进程。提升长株潭核心带动能力，壮大其他主要节点城市的经济实力和人口规模，促进环长株潭城市群功能互补和联动发展。

（4）稳定农产品供给，调整农业产业结构，发展都市型农业和特色农业，建成优质高效的现代农业生产体系。

（5）保护好位于长株潭三市结合部的生态"绿心"，加强洞庭湖保护和湘江污染治理，构建以洞庭湖、湘江为主体的水生态系统。

3. 鄱阳湖生态经济区

该区域包括江西省环鄱阳湖的部分，功能定位是：全国大湖流域综合开发示范区，长江中下游水生态安全保障区，国际生态经济合作重要平台，区域性的优质农产品、生态旅游、光电、新能源、生物、航空和铜产业基地。

（1）构建以鄱阳湖为"绿心"，以南昌为中心，以九江、景德镇、鹰潭、新余和抚州等城市为主要支撑，以环鄱阳湖交通走廊为通道的环状空间开发格局。

（2）强化南昌科技创新、文化和综合服务功能，推进形成"一小时经济圈"，建设区域性的先进制造业基地和商贸物流中心。

（3）强化九江临港产业和商贸、旅游功能，建成港口城市和旅游城市、区域性的物流枢纽，培育形成区域副中心。发展壮大景德镇、鹰潭、新余和抚州等城市的特色优势产业。

（4）巩固和加强粮食主产区地位，加强农业综合生产能力建设，重视农业生态环境保护，建成畜禽水产养殖主产区和生态农业示范区。

（5）以鄱阳湖水体和湿地为核心保护区，以沿湖岸线邻水区域为控制开发带，以赣江、抚河、信江、饶河、修河五大河流沿线和交通干线沿线为生态廊道，构建以水域、湿地、林地等为主体的生态格局。

（三）成渝地区

该区域位于全国"两横三纵"城市化战略格局中沿长江通道横轴和包昆通道纵轴的交会处，包括重庆经济区和成都经济区。

该区域的功能定位是：全国统筹城乡发展的示范区，全国重要的高新技术产业、先进制造业和现代服务业基地，科技教育、商贸物流、金融中心和综合交通枢纽，西南地区科技创新基地，西部地区重要的人口和经济密集区。

1. 重庆经济区

该区域包括重庆市西部以主城区为中心的部分地区，功能定位是：西部地区重要的经济中心，全国重要的金融中心、商贸物流中心和综合交通枢纽，以及高新技术产业、汽车摩托车、石油天然气化工和装备制造基地，内陆开放高地和出口商品加工基地。

（1）构建以重庆主城区为核心，以"一小时经济圈"地区为重点，以主要交通干线和长江为轴线的空间开发格局。

（2）强化重庆主城区的综合服务功能，提升先进制造和综合服务水平，建设全国重要的金融、科技创新、教育文化、商贸物流中心，增强辐射带动能力。

（3）培育壮大沿交通轴线和沿长江发展带，拓展发展空间，加强区域基础设施建设，强化产业分工协作和资源利用合作，改善人居环境，提高产业和人口承载能力，形成本区域新的增长点。

（4）加强农业基础设施建设，推进优势特色产业发展，发展农业循环经济，保护与合理开发三峡库区渔业资源。

（5）加强长江、嘉陵江流域水土流失防治和水污染治理，改善中梁山等山脉的生态环境，构建以长江、嘉陵江、乌江为主体，林地、浅丘、水面、湿地带状环绕、块状相间的生态系统。

2. 成都经济区

该区域包括四川省成都平原的部分地区，功能定位是：西部地区重要的经济中心，全国重要的综合交通枢纽，商贸物流中心和金融中心，以及先进制造业基地、科技创新产业化基地和农产品加工基地。

（1）构建以成都为核心，以成德绵乐（成都、德阳、绵阳、乐山）为主轴，以周边其他节点城市为支撑的空间开发格局。

（2）强化成都中心城市功能，提升综合服务能力，建设成为全国重要的综合交通通信枢纽和商贸物流、金融、文化教育中心。

（3）壮大成德绵乐发展带，增强电子信息、先进装备制造、生物医药、石化、农产品加工、新能源等产业的集聚功能，加强产业互补和城市功能对接，推进一体化进程。

（4）壮大其他节点城市人口和经济规模，增强先进制造业和现代服务业的集聚功能，加强产业互补和城市功能对接，形成本区域新的增长点。

（5）提高标准化农畜产品精深加工和现代农业物流水平，发展农业循环经济和农村新能源。

（6）加强岷江、沱江、涪江等水系的水土流失防治和水污染治理，强化龙泉山等山脉的生态保护与建设，构建以邛崃山脉—龙门山、龙泉山为屏障，以岷江、沱江、涪江为纽带的生态格局。

（四）江淮地区

该区域位于全国"两横三纵"城市化战略格局中沿长江通道横轴，包括安徽省合肥及沿江的部分地区，功能定位是：承接产业转移的示范区，全国重要的科研教育基地，能源原材料、先进制造业和科技创新基地，区域性的高新技术产业基地。

（1）构建以安庆、池州、铜陵、巢湖、芜湖、马鞍山沿江六市为发展轴，合肥、芜湖为双核，滁州、宣城为两翼的"一轴双核两翼"空间开发格局。

（2）提升合肥中心城市地位，完善综合服务功能，建设全国重要的科研教育基地、科技创新基地、先进制造业基地和综合交通枢纽。

（3）培育形成沿江发展带，壮大主要节点城市规模，推进芜湖、马鞍山一体化，建设皖江城市带承接产业转移示范区。

（4）加强农业基础设施建设，调整优化农业结构，发展农产品加工业，不断提高农业效益。

（5）加强大别山水土保持和水源涵养功能，保护巢湖生态环境，构建以大别山、巢湖及沿江丘陵为主体的生态格局。

第二节 生态红线限制条件

生态保护红线是指在生态空间范围内具有特殊重要生态功能、必须强制性严格保护的区域，是保障和维护国家生态安全的底线和生命线，通常包括具有重要水源涵养、生物多样性维护、水土保持、防风固沙、海岸生态稳定等功能的生态功能重要区域，以及水土流失、土地沙化、石漠化、盐渍化等生态环境敏感脆弱区域。近年来，围绕保生态守红线，多部门制定出台了一系列政策措施，将生态保护红线作为生态文明体制改革的重要内容。各级政府对环境问题实行"一票否决"，生态建设和环境保护成为评价政府执政和企业经营的一道利器，生态环境的底线越来越严。

一、国家生态红线划定

（一）划定原则

1. 系统性原则

生态功能红线划定是一项系统工程，应在不同区域范围内，根据生态保护对象的功能与类型分别划定，通过叠加分析综合形成国家或区域生态功能红线。

2. 协调性原则

生态功能红线划定应与主体功能区规划、生态功能区划、土地利用总体规划等区划、规划相协调，共同形成合力，增强生态保护效果。要与经济社会发展需求和当前监管能力相适应，预留适当的发展空间和环境容量空间，合理确定生态功能红线的面积规模。

3. 等级性原则

根据生态保护的重要性及监管需求，生态功能红线实行分级划定。生态功能红线区域内部可实行分区管理，实行差异性管控措施。此外，国家层面划定并监管国家级生态功能红线，各地应划定并监管地方级生态功能红线。

4. 强制性原则

生态保护红线一旦划定，必须实行严格管理。牢固树立生态保护红线的观念，制定和执行严格的环境准入制度与管理措施，做到不越雷池一步，否则就应该受到惩罚。

5. 动态性原则

生态功能红线划定之后并非永久不变，红线面积可随生态保护能力增强和国土空间优化适当增加。当生态功能红线边界和阈值受外界环境的影响而发生变化时，应当适时进行调整，从而确保基本生态功能供给。

（二）生态功能红线划定技术流程

1. 生态功能红线划定范围识别

依据《国务院关于加强环境保护重点工作的意见》（国发〔2011〕35号），参照《全国主体功能区规划》《全国生态功能区划》《全国生态脆弱区保护规划纲要》《全国海洋功能区划》《中国生物多样性保护战略与行动计划》等文件，结合区域经济社会发展规划和生态环境保护规划，识别具有重要生态功能和生态敏感、脆弱的区域，确定生态功能红线的划定范围。

2. 生态保护现状分析与评估

在生态功能红线划定范围内开展区域生态保护现状调查，系统分析区域内自然生态系统结构与功能状况、时空变化特征及受自然与人为因素威胁状况，综合评估生态保护成效与存在的问题。

3. 生态保护重要性评价

依据生态功能红线划定的相关规范性文件和技术方法，在生态功能红线的划定范围分别进行生态系统服务重要性评价、生态敏感性评价，明确生态保护目标与重点，在空间上识别生态保护的核心区域。

4. 生态功能红线边界确定

将各类生态功能红线进行空间叠加与制图综合分析，按照生态功能类型、生态重要性和敏感性等级确定边界。在高分辨率遥感解析的基础上，通过实地调查，对生态功能红线进行地面勘界，最终划定生态功能红线的地理分布界线。

5. 生态功能红线划定成果集成

采用地理信息系统与数据库技术，编制不同类型生态功能红线专题图件和生态功能红线总图；调查与收集生态功能红线的基础信息，建立生态功能红线空间信息数据库，完成生态功能红线划定技术报告（图3-1）。

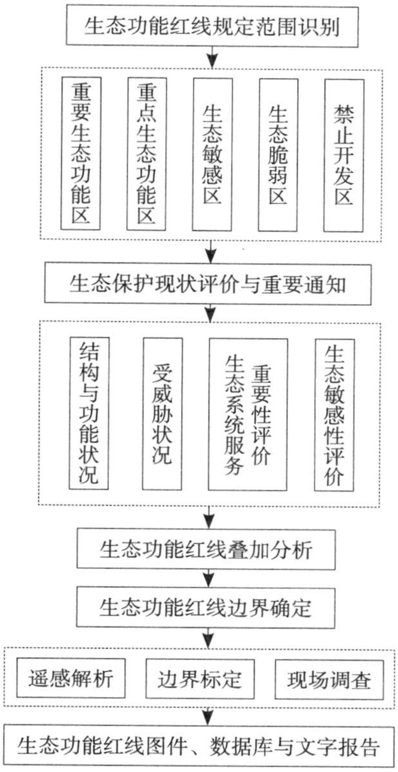

图 3-1 生态功能红线划定技术流程

二、长江经济带生态红线的划定

2017年7月，为落实党中央、国务院关于推动长江经济带发展的重大决策部署，环境保护部、国家发展改革委、水利部会同有关部门编制了《长江经济带生态环境保护规划》。规划遵循生态优先、绿色发展，明确了长江经济带生态环境保护的形势、目标、任务和路径，成为推进长江生态环境共建共保共享的具体行动指南。规划是落实"共抓大保护"理念、打造美丽中国的"绿腰带"和生态文明先行示范带、确保长江经济带生态环境长治久安的重要举措。做好规划实施，需要在细化多级管控目标、加快推进重大工程落地、促进形成多元共治体系、推进生态资源资产化、加强督促问责等方面进一步强化支撑。

（一）基本原则

生态优先，绿色发展。尊重自然规律，坚持"绿水青山就是金山银山"的基本理念，从中华民族长远利益出发，把生态环境保护摆在压倒性的位置，在生态环境容量上过紧日子，自觉推动绿色低碳循环发展，形成节约资源和保护生态环境的产业结构、增长方式和消费模式，增强和提高优质生态产品供给能力。

统筹协调，系统保护。以长江干支流为经脉，以山水林田湖为有机整体，统筹水陆、城乡、江湖、河海，统筹上中下游，统筹水资源、水生态、水环境，统筹产业布局、资源开发与生态环境保护，对水利水电工程实施科学调度，发挥水资源综合效益，构建区域一体化的生态环境保护格局，系统推进大保护。

空间管控，分区施策。根据长江流域生态环境系统特征，以主体功能区规划为基础，强化水环境、大气环境、生态环境分区管治，系统构建生态安全格局。西部和上游地区以预防保护为主，中部和中游地区以保护恢复为主，东部和下游地区以治理修复为主。根据东中西部、上中下游、干流支流生态环境功能定位与重点地区的突出问题，制定差别化的保护策略与管理措施，实施精准治理。

强化底线，严格约束。确立资源利用上线、生态保护红线、环境质量底线，制定产业准入负面清单，强化生态环境硬约束，确保长江生态环境质量更高。设定禁止开发的岸线、河段、区域、产业，实施更严格的管理要求。

改革引领，科技支撑。针对长江经济带整体性保护不足、累积性风险加剧、碎片化管理乏力等突出问题，加快推进重点领域、关键环节体制改革，形成长江生态环境保护共抓、共管、共享的体制机制。大力推进生态环保科技创新体系建设，有效支撑生态环境保护与修复重点工作。

（二）生态保护红线划定及保护

划定生态保护红线。基于长江经济带生态整体性和上中下游生态服务功能定位差异性，开展科学评估，识别水源涵养、生物多样性维护、水土保持、防风固沙等生态功能重要区域和生态环境敏感脆弱区域，划入生态保护红线，涵盖所有国家级、省级禁止开发区域，以及有必要严格保护的其他各类保护地等。

严守生态保护红线。要将生态保护红线作为空间规划编制的重要基础，相关规划要符合生态保护红线空间管控要求，不符合的要及时进行调整。生态保护红线原则上按禁止开发区域的要求进行管理，严禁不符合主体功能定位的各类开发活动，严禁任意改变用途。对国家重大战略资源勘查，在不影响主体功能定位的前提下，经国务院有关部门批准后予以安排。对生态保护红线保护成效进行考核，结果纳入生态文明建设目标评价考核体系，作为党政领导班子和领导干部综合评价及责任追究、离任审计的重要参考。建立生态保护红线监管平台，加强监测数据集成分析与综合应用，强化生态状况监测，实时监控人类干扰活动、生态系统状况与服务功能变化，预警生态风险。

1. 严格岸线保护

严格管控岸线开发利用。实施《长江岸线保护和开发利用总体规划》，统筹规划长江岸线资源，严格分区管理与用途管制。科学划定岸线功能区，合理划定保护区、保留区、控制利用区和开发利用区边界。加大保护区和保留区岸线保护力度，有效保护自然岸线生态环境。提升开发利用区岸线使用效率，合理安排沿江工业和港口岸线、过江通道岸线、取排水口岸线。建立健全长江岸线保护和开发利用协调机制，统筹岸线与后方土地的使用和管理。探索建立岸线资源有偿使用制度。

2. 强化生态系统服务功能保护

（1）加强国家重点生态功能区保护

推动若尔盖湿地、南岭山地、大别山、三峡库区、川滇森林、秦巴山地、武陵山区等国家重点生态功能区的区域共建，优先布局重大生态保护工程。充分发挥卫星遥感监测能力，强化重点生态功能区生态环境监管，提高区内生态环境监测、预报、预警水平，及时、准确地掌握区内主导生态功能的动态变化情况。编制实施重点生态功能区产业准入负面清单，因地制宜发展负面清单外的特色优势产业，科学实施生态移民。继续实施天然林资源保护、退耕还林还草、退牧还草、退田还湖还湿、湿地保护、沙化土地修复和自然保护区建设等工程，提升水源涵养和水土保持功能。以长江防护林建设为主体，开展沿江、沿路、绕湖、绕城防护林体系建设，加强绿色通道和农田林网建设，建设长江干流、江淮等支流生态廊道。在重点区域完善防护林体系建设，提高森林生态功能。

（2）整体推进森林生态系统保护

继续实施天然林资源保护二期工程，全面停止天然林商业性采伐。在湖北、重庆、四川、贵州、云南等5省（直辖市）开展公益林建设。加强国家级公益林和地方级公益林管护，全面实行国有天然林管护补助政策，对自愿停止商业性采伐的集体和个人给予停伐奖励补助资金。加强新造林地管理和中幼龄林抚育，优化森林结构，提高森林覆盖率和质量。

（3）加大河湖、湿地生态保护与修复

加强河湖、湿地保护，严禁围垦湖泊，强化高原湿地生态系统保护，提高自然湿地面积、保护率。组织开展长江经济带河湖生态调查、健康评估，加强洞庭湖、鄱阳湖、三峡水库等重点湖库生态安全体系建设。继续实施退田还湖还湿，采取水量调度、湖滨带生态修复、生态补水、河湖水系连通、重要生境修复等措施，修复湖泊、湿地生态系统。通过退耕（牧）还湿、河岸带水生态保护与修复、湿地植被恢复、有害生物防控等措施，实施湿地综合治理，提高湿地生态功能。以南水北调东线清水廊道及周边湖泊、湿地为重点，建设江淮生态大走廊。

（4）加强草原生态保护

加强川西北草原保护和合理利用，推进草原禁牧休牧轮牧，实现草畜平衡，促进草原休养生息。继续实施围栏封育、补播改良等退牧还草措施，加强"三化"草原治理，强化草原火灾、生物灾害和寒潮冰雪灾害防控。巩固已有退耕还林还草成果。

3. 开展生态退化区修复

（1）开展水土流失综合治理

建设沿江、沿河、环湖水资源保护带和生态隔离带，增强水源涵养和水土保持能力。加强云南、贵州、四川、重庆、湖北等省（直辖市）中上游地区的坡耕地水土流失治理。以金沙江中下游、嘉陵江上游、乌江流域、三峡库区、丹江口库区、洞庭湖、鄱阳湖等区域为重点，实施小流域综合治理和崩岗治理，加快推进丹江口、三峡库区等重要水源保护区生态清洁小流域建设。对长江中上游岩溶地区石漠化集中连片分区实施重点治理，兼顾区域农业生产、草食畜牧业发展及精准脱贫，全面加强林草植被保护与建设。

（2）推进富营养化湖泊生态修复

太湖流域以"水源涵养林—湖荡湿地—湖滨带—缓冲带—太湖湖体"为构架，实施综合治理与修复。扩大水源涵养林范围，加强林相结构改造。实施湖荡湿地植被恢复，截污清淤。实施入湖河流河岸带修复，保持水系连通。建设湖滨缓冲带生态保护带，实施湖泊水体水华防控。巢湖流域以实施污染治理和生态修复为主。西南部清水产流区增加生态用地，通过生态沟渠建设、农药化肥减施等方法，防治农业面源污染。东部区建设湖滨缓冲生态区，维护输水通道。对南淝河、派河、塘西河、双桥河和十五里河等主要入湖河流进行综合治理和生态修复，减少入湖污染负荷。加快实施引江济淮（巢）重大工程，增加江湖交换水量，缩短湖体换水周期。建立水华监测预警平台和应急机制。滇池流域继续推进生态修复，加大调水力度，实施氮磷控制。优先对北部流域实施控源截污和入湖河道整治。取缔滇池机动渔船和网箱养鱼，实施退耕还林还草、退塘还湖、退房还湿，推广生物菌肥、有机肥和控氮减磷优化平衡施肥技术。对海河、乌龙河、大清河等主要河流实施综合整治和生态修复，减少入湖污染负荷。

4. 加强生物多样性维护

（1）加强珍稀特有水生生物就地保护

新建一批水生动物自然保护区和水产种质资源保护区，完善保护地的结构和布局，使典型水生生物栖息地和物种得到全面保护。建设中华鲟、江豚以及其他珍稀特有水生生物保护中心，实现珍稀特有物种人工群体资源的整合，扩大现有人工群体的规模。提升放流个体的野外生存能力，加强人工增殖放流的效果。

（2）加强珍稀特有水生生物迁地保护

重点实施中华鲟和江豚抢救保护行动，系统调查长江流域鱼类种质资源。通过中华鲟半自然驯养基地、海水网箱养殖平台等迁地保护基地的建设，完成中华鲟"陆—海—陆"生活史的养殖模式。积极推动江豚迁地保护基地建设，在长江下游流域新建迁地保护区，形成迁地保护区群，选择具备条件的大型水族馆进行江豚驯养、繁育，建设长江江豚驯繁基地，拓展江豚保护途径。加快开展物种基因收集、保存、扩繁，推进珍稀濒危物种的基因研究，分阶段、多层次、集中构建包括活体库、组织库、基因库及综合数据库在内的长江流域鱼类种质资源库，为长江流域鱼类资源的保护和可持续利用提供生物样本和遗传信息。开展河流梯级开发水生态修复研究，尽快开展长江水生态修复工作，加强过鱼设施建设，实施并优化梯级水库鱼类增殖放养措施。

（3）着力提升水生生物保护和监管能力

实施保护区改、扩建工程，增强管护基础设施，补充建设增殖放流和人工保种基地，对救护基地和设施升级改造。增设和完善科普教育基地、标本室、实验室和博物馆等。开展自然保护区规范化建设，补充界牌和标志塔，新建实时视频监控系统，完善水生生态和渔业资源监测设施、设备。升级改造现有的国家级水产种质资源保护区，进一步规范保护设施，提升保护水平。严禁毒鱼、电鱼等严重威胁珍稀鱼类资源的活动。严厉打击河道和湖泊非法采砂，加强对航道疏浚、城镇建设、岸线利用等涉水活动的规范管理。

（4）加大物种生境的保护力度

重点加强长江干流和支流珍稀濒危及特有鱼类资源产卵场、索饵场、越冬场、洄游通道等重要生境的保护，通过实施水生生物洄游通道恢复、微生境修复等措施，修复珍稀、濒危、特有等重要水生生物栖息地。对大熊猫、金丝猴等珍稀濒危野生动物栖息地实施抢救性保护工程，建设繁育中心和基因库。加强兰科植物等珍稀濒危植物及极小种群野生植物生境恢复和人工拯救。全面实施更严格的禁渔制度，逐年压减捕捞强度。科学评估涉水新建项目对生物多样性的影响。加大长江干支流河漫滩、洲滩、湖泊、库湾、岸线、河口滩涂等生物多样性保护与恢复。

（5）提升外来入侵物种防范能力

开展生物多样性保护与减贫协同推进示范，通过生态旅游等模式，可持续地利用生物资源。强化长江沿线水生生物资源的引进与开发利用管理。制定长江经济带外来入侵物种防控管理办法，健全国门生物安全查验机制，提升长江经济带水运口岸查验能力，加大进口货物和运输工具的检验检疫力度，防范外来有害生物随货物、运输工具、压舱水传入。构建外来入侵物种监测、预警与防控管理体系，定期发布外来入侵物种分布情况。

（三）11 省（直辖市）的生态保护红线

2018 年国务院批准了长江经济带 11 省（直辖市）生态保护红线划定方案。长江经济带生态保护红线构成了"三区十二带"为主的生态保护红线空间格局。其中，"三区"为川滇森林区、武陵山区和浙闽赣皖山区，"十二带"为秦巴山地带、大别山地带、若尔盖草原湿地带、罗霄山地带、江苏西部丘陵山地带、湘赣南岭山地带、乌蒙山—苗岭山地带、西南喀斯特地带、滇南热带雨林带、川滇干热河谷带、大娄山地带和沿海生态带 。

上海：按照生态保护红线"陆海统筹"的要求，上海市形成了生态保护红线"一张图"。生态保护红线共包含生物多样性维护红线、水源涵养红线、特别保护海岛红线、重要滨海湿地红线、重要渔业资源红线和自然岸线等 6 种类型，总面积为 2082.69km^2，占全市陆海总面积的 11.84%。其中，陆域面积 89.11km^2，生态空间内占比为 10.23%，陆域边界范围内占比为 1.30%；长江河口及海域面积 1993.58km^2。自然岸线包含大陆自然岸线和海岛自然岸线两种类型，总长度为 142km，占岸线总长的 22.6%。

江苏：全省划定了 480 块生态保护红线区域。其中，陆域共划定 8 大类 407 块生态保护红线区域，总面积为 8474.27km^2，占全省陆域面积的 8.21%；海域共划定 8 大类 73 块生态保护红线，总面积为 9676.07km^2（其中禁止类红线面积为 680.72km^2，限制类红线面积为 8995.35km^2），占全省海域面积的 27.83%。这 480 块红线区域占江苏省 13.14% 的面积，保护了江苏 60% 以上的森林（林地）生态系统和 50% 以上的湿地生态系统。

浙江：划定生态保护红线面积 3.89 万 km^2，占全省面积和管辖海域面积的 26.25%。其中陆域生态保护红线面积为 2.48 万 km^2，占全省陆域面积的 23.82%；海洋生态保护红线面积为 1.41 万 km^2，占全省管辖海域面积的 31.72%。生态保护红线基本格局呈"三区一带多点"。"三区"为浙西南山地丘陵生物多样性维护和水源涵养区、浙西北丘陵山地水源涵养和生物多样性维护区、浙中东丘陵水土保持和水源涵养区，主要生态功能为生物多样性维护、水源涵养和水土保持。"一带"为浙东近海生物多样性维护与海岸生态稳定带，主要生态功能为生物多样性维护。"多点"为部分省级以上禁止开发区域及其他保护地，具有水源涵养和生物多样性维护等功能。

安徽：划定生态保护红线面积 21233.32km²，占全省面积的 15.15%。基本空间格局为"两屏两轴"。"两屏"为皖西山地生态屏障和皖南山地丘陵生态屏障，主要生态功能为水源涵养、水土保持与生物多样性维护；"两轴"为长江干流及沿江湿地生态廊道、淮河干流及沿淮湿地生态廊道，主要生态功能为湿地生物多样性维护。

江西：生态保护红线划定面积为 46876.00km²，占全省面积的 28.06%。生态保护红线基本格局为"一湖五河三屏"："一湖"为鄱阳湖（主要包括鄱阳湖、南矶山等自然保护区），主要生态功能是生物多样性维护；"五河"指赣、抚、信、饶、修五河源头区及重要水域，主要生态功能是水源涵养；"三屏"为赣东—赣东北山地森林生态屏障（包括怀玉山、武夷山脉、雩山）、赣西—赣西北山地森林生态屏障（包括罗霄山脉、九岭山）和赣南山地森林生态屏障（包括南岭山地、九连山），主要生态功能是生物多样性维护和水源涵养。

湖北：生态保护红线总面积为 4.15 万 km²，占全省面积的 22.30%。总体呈现"四屏三江一区"基本格局。"四屏"指鄂西南武陵山区、鄂西北秦巴山区、鄂东南幕阜山区、鄂东北大别山区四个生态屏障，主要生态功能为水源涵养、生物多样性维护和水土保持；"三江"指长江、汉江和清江干流的重要水域及岸线；"一区"指江汉平原为主的重要湖泊湿地，主要生态功能为生物多样性维护和洪水调蓄。

湖南：生态保护红线划定面积为 4.28 万 km²，占全省面积的 20.23%。全省生态保护红线空间格局为"一湖三山四水"："一湖"为洞庭湖（主要包括东洞庭湖、南洞庭湖、横岭湖、西洞庭湖等自然保护区和长江岸线），主要生态功能为生物多样性维护、洪水调蓄。"三山"包括武陵—雪峰山脉生态屏障，主要生态功能为生物多样性维护与水土保持；罗霄—幕阜山脉生态屏障，主要生态功能为生物多样性维护、水源涵养和水土保持；南岭山脉生态屏障，主要生态功能为水源涵养和生物多样性维护，其中南岭山脉生态屏障是南方丘陵山地带的重要组成部分。"四水"为湘资沅澧（湘江、资水、沅江、澧水）的源头区及重要水域。

重庆：全市生态保护红线管控面积为 2.04 万 km²，占全市面积的 24.82%，在 38 个区县（自治县）和两江新区、万盛经开区均有分布。全市生态保护红线管控空间格局呈现为"四屏三带多点"。"四屏"为大巴山、大娄山、华蓥山、武陵山四大山系，主要生态功能为水源涵养和生物多样性维护；"三带"为长江、嘉陵江、乌江三大水系，主要生态功能为水土保持；"多点"为自然保护区、森林公园、风景名胜区等各级各类保护地。

四川：生态保护红线总面积为 14.80 万 km²，占全省面积的 30.45%。空间分布格局呈"四轴九核"，分为 5 大类 13 个区块，主要分布在川西高原山地、盆周山地的水源涵养、生物多样性维护、水土保持生态功能富集区和金沙江下游水土流失敏感区，川东南石漠化敏感区。

贵州：生态保护红线面积为 4.5976 万 km²，占全省面积 17.61 万 km² 的 26.11%。生态保护红线格局为"一区三带多点"："一区"即武陵山—月亮山区，主要生态功能是生物多样性维护和水源涵养；"三带"即乌蒙山—苗岭、大娄山—赤水河中上游生态带和南盘江—红水河流域生态带，主要生态功能是水源涵养、水土保持和生物多样性维护；"多点"即各类点状分布的禁止开发区域和其他保护地。

云南：全省生态保护红线面积为 11.84 万 km²，占全省面积的 30.90%。基本格局呈"三屏两带"。"三屏"是指青藏高原南缘滇西北高山峡谷生态屏障、哀牢山—无量山山地生态屏障、南部边境热带森林生态屏障。"两带"是指金沙江、澜沧江、红河干热河谷地带，东南部喀斯特地带。

第三节　"三线一单"管控

"三线一单"是以改善环境质量为核心，以生态保护红线、环境质量底线、资源利用上线为基础，将行政区域划分为若干环境管控单元，在一张图上落实生态保护、环境质量目标管理、资源利用管控要求，按照环境管控单元编制环境准入负面清单，构建环境分区管控体系。长江经济带从 2017 年开始全面推进"三线一单"的编制，不断完善技术方法和制度，基本上形成了"三线一单"的技术框架体系，它包括生态环境的属性、结构、质量、承载要求的系统评估，同时也有各项制度在空间上的落地。

一、"三线一单"管控要求

（一）生态保护红线

明确生态保护红线，划定生态空间。识别需要严格保护的区域，划定并严守生态保护红线，落实生态空间用途分区和管控要求，形成生态空间与生态保护红线图。

工作要求：生态功能不降低，面积不减少，性质不改变。

内容：①生态评价：开展生态系统服务功能重要性评估和生态环境敏感性评估，识别生态功能重要区、生态敏感脆弱区域分布。按照生态功能重要性依次划分为一般重要、重要和极重要3个等级，按照生态环境敏感性依次划分为一般敏感、敏感和极敏感3个等级。②生态空间识别：基于重要生态功能区、保护区和其他有必要实施保护的陆域、水域和海洋，衔接土地利用和城镇开发边界，明确生态空间，生态空间原则上按限制开发区域管理。③划定生态保护红线：实施生态空间管制——已经划定生态保护红线的，严格落实生态保护红线方案和管控要求。尚未划定生态保护红线的，按照《生态保护红线划定技术指南》划定。原则上按照禁止开发区域的要求管理，严禁不符合主体功能定位的各类开发活动，严禁任意改变用途。

（二）环境质量底线

环境质量底线指按照水、大气、土壤环境质量不断优化的原则，科学评估环境质量改善潜力，衔接环境质量改善要求，确定的分区域分阶段环境质量目标及相应的环境管控和污染物排放总量限值要求（按现状和分阶段环境目标，建立源和环境质量的响应关系，估算区域环境容量和允许排放量，按允许排放量设置排污管控要求）。

工作要求：不断优化原则，环境质量不达标区，环境质量只能改善不能恶化（可以分阶段改善）；达标区，环境质量维持基本稳定，且不低于环境质量标准。

内容：实施总量管控——按照最不利条件预留安全余量，提出区域（流域）污染物排放总量控制上限的建议并确定区域内纳入总量管控的重点行业。

超出要求需推动制定污染物减排方案（区域或重点行业），并动态调整区域行业污染物总量管控要求。

1. 水环境质量底线

（1）水环境分析

水环境控制单元细化：以乡镇为最小行政单位细化水环境控制单元（可以到村）；

水环境现状分析：分析近5~10年地表水、地下水等水环境质量现状和变化趋势，以全口径污染源排放清单为基础，建立"控制断面—控制河段—对应陆域"污染物源与水质的响应关系，分析各控制单元污染源的贡献率，并确定各控制单元主要污染来源。

（2）水环境质量目标确定

依据水环境功能区划，根据现有相关规划、行动计划等对水环境的要求，确定一套覆盖全流域、落实到各控制断面、控制单元的分阶段水环境质量底线目标。未纳入水环境功能区划的重点水体，应补充制定目标且不低于国家和地方要求。

（3）水污染物排放总量限值确定

环境容量核算：测算COD和氨氮等主要污染物，重点湖库汇水区、总磷超标流域控制单元应纳入总氮、总磷；水环境质量改善潜力分析：测算存量源污染减排潜力和新增源污染排放量；水污染物允许排放量测算与校核：参考环境容量，并结合考虑区域发展和减排潜力，在预留一定的安全余量的前提下，核算水污染物允许排放量和主要行业水污染物排放允许排放量。允许排放量不得高于上级政府下达的污染物排放总量控制指标。

（4）水环境管控分区

水环境优先保护区：饮用水源保护区，湿地保护区，江河源头，珍稀濒危水生生物、重要水产种质资源的产卵场、索饵场、越冬场、洄游通道等水体所属的控制单元。

水环境重点管控区：以工业源为主的控制单元、以城镇生活源为主的超标控制单元和以农业源为主的超标控制单元。

其余区域作为一般管控区。

2. 大气环境质量底线

（1）大气环境分析

大气环境现状分析：分析大气环境质量的总体水平和变化趋势，确定大气污染物主要来源，筛选重点排放行业和排放源；区域间传输影响分析：估算周边区域不同排放源对目标城市环境空气中主要污染物浓度的贡献率，识别大气联防联控的重点区域和重点控制行业。

（2）大气环境质量目标确定

结合国家、区域、省域和当地对区域空气质量改善的要求，并结合大气环境功能区划，合理制定分区域分阶段环境空气质量目标。

（3）大气污染物允许排放量测算

环境容量测算：以环境空气质量目标为约束，测算二氧化硫、氮氧化物、颗粒物等主要污染物允许排放量；大气环境质量改善潜力评估：测算工业、生活、交通、港口船舶等存量源污染减排潜力和新增源污染排放量；大气污染物允许排放量测算和校核：根据环境空气容量并考虑环境质量目标的可达性及区域发展情况，在预留一定的安全余量的前提下，测算全市、各区县大气污染物允许排放量及主要行业大气污染物允许排放量。对允许排放量进行校核，不应高于上级政府下达的同口径污染物排放总量指标要求。

（4）大气环境管控分区

大气环境优先保护区：环境空气一类功能区；大气环境重点管控区：环境空气二类功能区中的工业集聚区等高排放区域，上风向、扩散通道、环流通道等影响空气质量的布局敏感区域，静风或风速较小的弱扩散区域，人群密集的受体敏感区域；一般管控区：环境空气二类功能区中的其余区域（图3-2）。

3. 土壤环境风险管控底线

（1）土壤环境分析

利用国土、农业、环保等部门的土壤环境监测调查数据，对农用地、建设用地、未利用地土壤污染状况进行分析评价，确定土壤污染的潜在风险和严重风险区域。

（2）土壤环境风险管控底线确定

衔接土壤环境质量标准及污染防治相关规划，以受污染耕地及污染地块安全利用为重点。

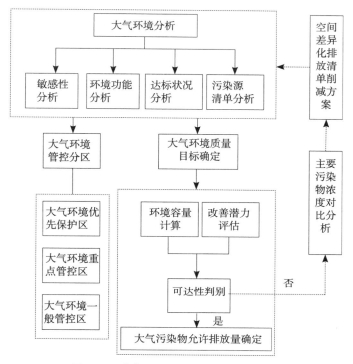

图 3-2 大气环境质量底线确定技术路线图

（3）土壤污染风险防控分区

依据土壤环境分析结果，农用地划分为优先保护类、安全利用类和严格管控类，将优先保护类农用地集中区作为农用地优先保护区，将严格管控类和安全利用类区域作为农用地污染风险重点防控区；筛选涉及有色金属冶炼、石油加工、化工、焦化、电镀、制革等行业生产经营活动和危险废物贮存、利用、处置活动的地块，识别疑似污染地块。将污染地块纳入建设用地污染风险重点防控区，其余区域为一般管控区（图 3-3）。

（三）资源利用上线

资源利用上线指按照自然资源资产"只能增值、不能贬值"的原则，以保障生态安全和改善环境质量为目的，参考自然资源资产负债表，结合自然资源开发利用效率，提出的分区域分阶段的资源开发利用总量、强度、效率等上线管控要求。

工作要求：自然资源资产"保值增值"，编制自然资源资产负债表。

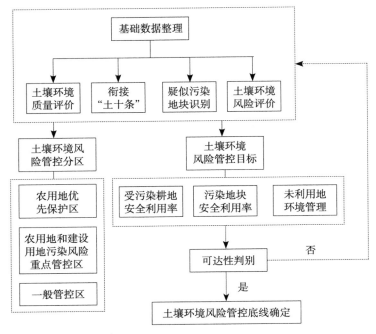

图 3-3　土壤环境风险管控底线确定技术路线图

1. 水资源利用上线

水资源利用要求：分析近年水资源供需状况，衔接既有水资源管理制度，梳理水资源开发利用管理要求（用水量、万元产值用水量，万元产值增加值用水量等），作为水资源上线管控要求。

生态需水量测算：对涉及重要生态服务功能、断流、严重污染、水利水电梯级开发等河段，测算生态需水量，纳入水资源利用上线。

重点管控区确定：将生态需水量测算相关河段作为生态用水补给区，实施重点管控。将地下水严重超采区、已发生严重地面沉降、海（咸）水入侵等地质环境问题的区域，以及泉水涵养区等需要特殊保护的区域划为地下水开采重点管控区。

2. 土地资源利用上线

土地资源利用要求：评估土地资源供需形势，衔接国土、规划、建设等部门对土地资源开发利用总量及强度的管控要求。

重点管控区确定：生态保护红线集中、重度污染农用地或污染地块集中的区域确定为土地资源重点管控区。

3. 能源利用上线

能源利用要求：分析区域能源禀赋和能源供给能力，衔接国家、省、市能源利用相关政策、法规及规划，梳理能源利用总量、结构和利用效率要求，作为能源利用上线管控要求。

煤炭消费总量确定：已下达或制定煤炭消费总量控制目标的城市，严格落实相关要求；未下达或制定煤炭消费总量控制目标的城市，采用污染排放贡献系数等方法，确定煤炭消费总量。

重点管控区确定：将人口密集、污染排放强度高的区域优先划定为高污染燃料禁燃区，作为重点管控区。

4. 自然资源资产核算及管控

自然资源资产核算：根据《编制自然资源资产负债表试点方案》，核算编制自然资源资产负债表，建立各行政单元内自然资源资产数量增减和质量变化统计台账。

重点管控区确定：将自然资源数量减少、质量下降的区域作为自然资源重点管控区。

（四）环境管控单元

环境管控单元指集成生态保护红线及生态空间、环境质量底线、资源利用上线的管控区域，衔接行政边界（乡镇、街道）划定的分区分类环境管控的空间单元。

工作要求：根据生态保护红线、生态空间、环境质量底线、资源利用上线的分区管控要求，衔接乡镇和区县行政边界，综合划定环境管控单元，实施分类管控。

环境管控单元划定：将规划城镇建设区、乡镇街道、工业集聚区等边界与生态保护红线、生态空间、水环境、大气环境重点管控区、土壤污染风险重点防控区、资源利用上线的空间管控要求等统筹考虑。

优先保护单元：包括生态保护红线、生态空间、水环境优先保护区、大气环境优先保护区、农用地优先保护区等，以生态环境保护为主，限制大规模的工业发展、资源开发和城镇建设；重点管控单元：包括城镇和工业集聚区，人口密度、资源开发强度、污染物排放强度高，根据单元内水、大气、土壤、生态等环境要素及自然资源的质量目标、排放限值和管控要求，综合确定准入、治理清单；一般管控单元：除优先保护类和重点管控类之外的其他区域，执行区域生态环境保护的基本要求（表3-1）。

表3-1 环境管控单元分类

	优先保护	重点管控	一般管控
生态空间分区	生态保护红线	其他生态空间	其他区域
水环境管控分区	水环境优先保护区	水环境工业污染重点管控区	
		水环境城镇生活污染重点管控区	
		水环境农业污染重点管控区	
大气环境管控分区	大气环境优先保护区	大气环境布局敏感重点管控区	
		大气环境弱扩散重点管控区	
		大气环境高排放重点管控区	
		大气环境受体敏感重点管控区	
土壤污染风险管控分区	农用地优先保护区	建设用地污染风险重点管控区	
		农业用地污染风险重点管控区	
自然资源利用上线	—	生态用水补给区	
		地下水开采重点管控区	
		土地资源重点管控区	
		高污染燃料禁燃区	
		自然资源重点管控区	

（五）环境准入负面清单

环境准入负面清单：指基于环境管控单元，统筹考虑生态保护红线、环境质量底线、资源利用上线的管控要求，提出的空间布局、污染物排放、资源开发利用等禁止和限制的环境准入情形。

工作要求：提出优化布局、调整结构、控制规模等调控策略及导向性的环境治理要求，明确禁止和限制的环境准入要求。

负面清单的编制：空间布局约束：优先从空间布局上禁止或限制有损该单元生态环境功能的开发建设活动；污染物排放管控：从污染物种类、排放量、强度和浓度上管控开发建设活动，提出污染物允许排放量、新增源减量置换和存量源污染治理等环境准入要求；环境风险防控：针对各类优先保护单元、水环境工业污染重点管控区、大气环境高排放重点管控区及建设用地等风险管控区，提出环境风险管控的准入要求；资源利用效率要求：对于生态用水补给区、地下水开采重点管控区、高污染燃料禁燃区、自然资源重点管控单元，严控资源开发的总量和强度。

长江沿线一切经济活动都要以不破坏生态环境为前提，抓紧制定产业准入负面清单，明确空间准入和环境准入的清单式管理要求。提出长江沿线限制开发和禁止开发的岸线、河段、区域、产业以及相关管理措施，不符合要求占用岸线、河段、土地和布局的产业，必须无条件退出。除在建项目外，严禁在干流及主要支流岸线 1km 范围内布局新建重化工园区，严控在中上游沿岸地区新建石油化工和煤化工项目。严控下游高污染、高排放企业向上游转移。

二、长江经济带部分省（直辖市）"三线一单"管控实践

2017 年 9 月，国家启动长江经济带 11 个省（直辖市）"三线一单"编制工作。编制的主要目的是将生态保护红线、环境质量底线、资源利用上线的约束落实到环境管控单元，建立全覆盖的生态环境分区管控体系，并根据环境管控单元特征提出针对性的生态环境准入清单。

（一）重庆市的生态环境管控

2020 年 4 月，重庆市率先发布了《关于落实生态保护红线、环境质量底线、资源利用上线制定生态环境准入清单实施生态环境分区管控的实施意见》，把全市自然水环境流域和生态空间边界以及国土空间中的 39 个行政单元区划边界作为骨架，确定出 785 个环境管控单元。其中，根据不同区域的生态环境禀赋和特点，将管控单元分为 479 个优先保护单元，188 个重点管控单元，118 个一般管控单元，并对这些单元提出不同的环境管控目标和要求。同时，对主城都市区、渝东北三峡库区城镇群、渝东南武陵山区城镇群都提出了差异化管控要求，促进各片区发挥优势、彰显特色、协调发展。例如：不同于库区和山区城市群，主城都市区单元管控重点主要针对促进产业升级，优化工业区、商业区、居住区具体布置，优化水资源配置、取水口及饮用水水源地布局以及排污口设置，保护和修复"四山"生态、强化污染物排放控制和

环境风险防控这些方面。

（二）上海市的生态环境管控

2020 年 5 月，上海市发布《关于本市"三线一单"生态环境分区管控的实施意见》，指出到 2025 年，完善"三线一单"生态环境分区管控体系，建立"三线一单"政策管理体系和数据共享应用机制，形成以"三线一单"成果为基础的区域生态环境评价制度。

1.划分环境管控单元

全市划分优先保护、重点管控、一般管控三大类共 293 个环境管控单元。其中，优先保护单元 44 个，包括长江口水域生态保护红线、饮用水水源保护区、崇明大气一类区等生态功能重要区和生态环境敏感区；重点管控单元 123 个，包括主要产业园区、重要港区以及中心城区；一般管控单元 126 个，为优先保护单元、重点管控单元以外的区域。

2.制定生态环境准入清单

根据划定的环境管控单元特征，有针对性地制定生态环境准入清单（总体要求）。

（1）优先保护单元。以生态环境保护优先为原则，执行相关法律、法规要求，依法禁止或限制大规模、高强度的工业和城镇建设，严守城市生态环境底线，确保生态环境功能不降低。

（2）重点管控单元。重点管控单元既是产业高质量发展的承载区，也是环境污染治理和风险防范的重点区域。其中，产业园区要优化空间布局，促进产业转型升级，加强污染排放控制和环境风险防控，不断提升资源利用效率。港区要加强船舶污染控制，推进岸电及清洁能源替代工作。中心城区要发展高端生产性服务业和高附加值都市型工业，重点深化生活、交通等领域污染减排。

（3）一般管控单元。以促进生活、生态、生产功能的协调融合为导向，落实生态环境保护相关要求，重点加强农业、生活等领域污染治理。

（三）浙江省的生态环境管控

2020 年 6 月，浙江省环境厅发布"三线一单"生态环境分区管控方案，划定陆域环境管控单元 2507 个，海洋环境管控单元 206 个。环境管控单元分为优先保护单元、重点管控单元和一般管控单元。优先保护单元主要为自然保护区、风景名胜区、国家级森林公园、湿地公园及重要湿地、饮用水源保护区、国家级生态公益林等重要保护地，以生态环境保护为主，依法禁止或限制大规模、高强度的工业化的城镇建设。重点管控单元分为产业集聚类和城镇生活类，主要是工业发展集中区域和城镇建设集中区域，需要优化空间布局，加强污染物排放控制和环境风险防控，不断提升资源利用效率。一般管控单元为优先保护单元和重点管控单元以外的其他区域，需要落实生态环境保护的相关要求。

（四）安徽省的生态环境管控

2020 年 7 月，安徽省划定 1002 个生态环境管控单元，分为优先保护、重点管控和一般管控 3 类。

1. 优先保护单元

共 545 个，42519.24km^2，占全省面积的 30.33%，包含生态保护红线、自然保护地、集中式饮用水水源保护区等生态功能重要区和生态环境敏感区，主要分布在皖南山区、皖西大别山区、巢湖湖区等重点生态功能区。该区域突出空间用途管控，以严格保护生态环境为导向，依法禁止或限制大规模、高强度的工业开发和城镇建设，确保生态环境功能不降低。

2. 重点管控单元

共 354 个，25011.434km^2，占全省面积的 17.84%，包含城镇规划边界、省级及以上开发区等开发强度高、污染物排放强度大的区域，以及环境问题相对集中的区域，主要分布在沿江、沿淮等重点发展区域。该区域突出污染物排放控制和环境风险防控，以守住环境质量底线、积极发展社会经济为导向，强化环境质量改善目标约束。

3. 一般管控单元

共 103 个，72643.724km^2，占全省面积的 51.83%，优先保护单元、重点管控单元之外为一般管控单元。该区域以经济社会可持续发展为导向，执行区域生态环境保护的基本要求。

4. 生态环境准入清单

建立"1+5+16+N"四级清单管控体系。"1"为省级清单，体现环境管控单元的基础性、底线性要求；"5"为区域清单，体现环境管控单元所在区域的特色性、规范性要求；"16"为市级清单，体现环境管控单元所在市的地域性、适用性要求；"N"为管控单元清单，体现管控单元的差异性、落地性要求。

（五）江苏省的生态环境管控

2020年6月，江苏省发布《江苏省"三线一单"生态环境分区管控方案》，明确坚持底线思维、坚持分类管理、坚持统筹实施三项基本原则，推进全省生态环境质量总体改善，国土空间进一步优化。

生态保护红线。全省陆域生态空间保护区域总面积23216.24km²，占全省陆域面积的22.49%。其中，国家级生态保护红线陆域面积8474.27km²，占全省陆域面积的8.21%；生态空间管控区域面积14741.97km²，占全省陆域面积的14.28%。全省海洋生态保护红线面积9676.07km²，占全省管辖海域面积的27.83%。

环境质量底线。104个地表水国家考核断面达到或优于Ⅲ类水质比重达到70.2%以上，基本消除劣于Ⅴ类水体。全省PM2.5平均浓度为43μg/m³，空气质量优良天数比重达到72%以上。全省土壤环境质量总体保持稳定，农用地和建设用地土壤环境安全得到基本保障，土壤环境风险得到基本管控，受污染耕地安全利用率达到90%以上。

资源利用上线。全省用水总量不超过524.15亿m³，耕地保有量不低于45687km²，永久基本农田保护面积不低于39067km²。

到2025年，全省生态环境质量持续改善，产业结构不断调整优化，绿色发展和绿色生活水平明显提高，生态环境治理体系和治理能力现代化水平显著提升。水生态系统功能持续恢复，水资源、水生态、水环境统筹推进格局基本形成，国家考核断面达到或优于Ⅲ类水质比重达到80%以上。全省PM2.5平均浓度为38μg/m³，空气质量优良天数比重达到78%以上。全省土壤环境质量稳中向好，农用地和建设用地土壤环境安全得到有效保障。

到2035年，全省生态环境质量实现根本好转，节约资源和保护生态环境的空间格局、产业结构、生产方式、生活方式总体形成，生态文明全面提升，率先实现生态环境领域治理体系和治理能力现代化。全省生态系统结构合理、生态功能分工明确、生态安全格局稳定。国家考核断面达到或优于Ⅲ类水质比重达到 90% 以上。PM2.5 平均浓度为 25 μg/m³，全面消除重污染天气。土壤环境风险得到全面有效管控。

（六）四川省的生态环境管控

2020 年 7 月，四川省政府印发《关于落实生态保护红线、环境质量底线、资源利用上线制定生态环境准入清单实施生态环境分区管控的通知》（以下简称《通知》）。《通知》明确到 2025 年，全省生态环境质量持续改善，建立较为完善的生态环境分区管控体系和数据应用系统。到 2035 年，全省生态环境质量实现根本好转，建成完善的生态环境分区管控制度。全省层面，以主体功能区规划及管控为主要依据，确定优先保护、重点管控、一般管控单元的总体生态环境管控要求。在全省总体生态环境管控要求的基础上，根据成都平原经济区、川南经济区、川东北经济区、攀西经济区、川西北生态示范区这五大经济区的区域特征、发展定位和突出生态环境问题，明确各区域差异化的总体生态环境管控要求。

第四章　长江经济带绿色发展战略举措

绿色发展理念是面对我国资源环境生态瓶颈提出的重要发展理念，长江经济带发展应以绿色发展理念为指导，在科学分析长江经济带绿色发展概念框架的基础上，明确目标要求，努力将长江经济带建设成为世界著名的生态廊道和绿色经济带。为此，需要充分了解绿色发展的总体战略、绿色发展的主导产业，以及为实现资源持续发展我们需要在水资源、大气环境、土壤环境等方面做出的努力。

第一节　战略布局

一、建设长江经济带的战略重点

建设长江经济带是一项系统工作，涉及综合交通体系建设、产业转型、新型城镇化、对内对外开放、生态文明建设、区域协调发展机制创新等重大使命。

（一）建设长江综合立体交通走廊

发挥长江黄金水道这一交通大动脉的辐射和带动作用，促进中西部地区广阔腹地发展。其建设重点：加强航道疏浚治理，增强长江运能，促进上海、武汉、重庆三大航运中心健康发展；以沿江重要港口为节点和枢纽，统筹推进水运、铁路、公路、航空、油气管网集疏运体系建设；依托交通设施，布局建设一批临港经济区、临空经济区和飞地产业园，促进产业集聚发展。

（二）建设长江产业集聚走廊

实施主体功能区制度，严格按照主体功能区定位推动沿江地区转型发展。

其建设重点：加快生态文明制度建设，基于资源环境承载力，加快沿江产业转型升级，优化产业布局；推进长江三角洲地区、长江中游城市群和成渝经济区三大"板块"的产业联动发展，促进产业有序转移衔接、优化升级；依托沿江国家级开发区、省级开发区，促进先进制造业、战略性新兴产业、现代服务业集聚发展。

（三）建设长江生态城镇集聚走廊、生态城镇连绵带

依托城市群，推进长江经济带城镇发展，提升城镇生态质量。我国从长江口到上游已形成三大城市群：以上海为中心的长江三角洲城市群，以武汉为中心的长江中游城市群，以成都、重庆为中心的长江上游的成渝城市群。这三大城市群组成了中国最密集的城市带和产业带。其中，长江三角洲城市群是我国最早自发形成的，在1976年初就被"城市群研究之父"——法国地理学家让·戈特曼（Jean Gottmann）列为世界六大城市群之一[①]。2014年发布的《关于依据黄金水道推动长江经济带发展的指导意见》明确指出："以沿江综合运输大通道为轴线，以长江三角洲、长江中游和成渝三大跨区域城市群为主体，以黔中和滇中两大区域性城市群为补充，以沿江大中小城市和小城镇为依托，促进城市群之间、城市群内部的分工协作。"

（四）构建长江沿海—沿江—沿边全方位开放新格局

实施东西双向开放战略，将长江经济带建设成横贯东中西、连接南北方对外经济走廊，促进东部沿海地区深度开放，促进长江上中下游合作联动开放发展、沿海—沿江—沿边协同开放发展，促进中国和巴基斯坦、印度、缅甸等周边国家合作发展，促进长江经济带—丝绸之路经济带联动发展。

（五）建设长江生态走廊

将长江生态安全置于突出位置，处理好发展和保护二者的关系，避免产业转移带来污染转移；加强生态系统修复和综合治理，做好重点区域水土流失治理和保护；全流域建立严格的水资源保护制度、水生态环境保护制度以及流域生态补偿制度，控制污染排放总量，促进水质稳步改善，确保一江清水绵延后世、永续利用。

---

① 除长江三角洲城市群外，还有美国东北部大西洋沿岸城市群、北美五大湖城市群、日本太平洋沿岸城市群、英国中南部城市群、欧洲西北部城市群。

（六）构建长江经济带协同发展体制机制

成立国家层面的长江经济带协调发展委员会，统筹长江经济带建设；深化改革开放，打破行政区划壁垒，建设统一开放和竞争有序的全流域现代市场体系；建立健全区域间互动合作机制，完善长江流域大通关体制，更好地发挥市场对资源要素优化配置的决定性作用。

二、绿色发展理念与长江经济带绿色发展的重点领域

（一）做好"水文章"

1.保护和合理利用水资源

一是加强水源地，特别是饮用水水源地保护。全面取缔饮用水水源保护区内的排污口，优化调整沿江取水口和排污口布局；建立水资源应急风险防控与保障机制，提高水源地监控能力。二是优化水资源配置。对流域水资源实行统一调度管理，稳步推进大中型水库、流域区域调水和沿江城市引水工程。三是建设节水型社会。开展水资源消耗总量和强度双控行动，建立用水权初始分配制度，推进海绵城市建设。四是建立健全防洪减灾体系。加强干支流河道崩岸治理、堤岸加固和清淤疏浚，推进重要蓄滞洪区建设和城市防洪排涝体系建设，开展三峡库区、丹江口库区和沿江人口聚集区地质灾害防治工程，建立健全地质灾害监测预警和应急救援体系。

2.有序利用长江岸线资源

一是合理划分岸线功能。根据资源用途和地块功能，将长江沿线划分为保护区、保留区、控制利用区和开发利用区，重点强化保护区和保留区岸线资源保护力度。二是有序利用岸线资源。推进公共码头建设，引导工业和仓储设施纵向布局，集约利用岸线资源；利用沿江自然人文景观资源，开辟休闲绿带；建立岸线资源占用补偿和有偿使用制度。

（二）开展生态文明先行示范区建设

1.严格落实主体功能区制度

一是坚持主体功能区功能开发理念。按照区域主体功能区分的要求，在长江经济带沿线优化开发区域、重点开发区域、限制开发区域和禁止开发区域实施不同的生态开发举措，在限制开发区域控制工业化、城镇化开发强度；

严格划分城市空间、农业空间和生态空间，重点在生态空间推进生态保护修复。二是建立负面清单管理制度。明确长江经济带沿线各地区环境容量，抓紧制订重点生态功能区产业准入负面清单，设定禁止开发的岸线、河段和区域，强化日常监督管理。

2.加快形成长江经济带生态文明建设经验模式

在沿江重点市县、重要生态区域深入推进生态文明先行示范区建设，特别是在武陵山区、三峡库区和湘江源头等区域创新跨区域生态保护与环境治理联动机制，形成区域生态环境协同治理经验；在淮河流域、巢湖流域加强流域生态环境的综合治理，完善综合治理体制机制，形成流域综合治理经验。

第二节　绿色产业主导

一、总体要求

深入学习党的十九大和十九届三中、四中、五中全会精神，围绕"十四五"发展规划，贯彻新发展理念，落实党中央、国务院关于长江经济带发展的战略部署，按照习近平总书记提出的"共抓大保护、不搞大开发"要求，坚持供给侧结构性改革，坚持生态优先、绿色发展，全面实施中国制造2025，紧紧围绕改善区域生态环境质量要求，落实地方政府责任，加强工业布局优化和结构调整，以企业为主体，执行最严格环保、水耗、能耗、安全、质量等标准，强化技术创新和政策支持，加快传统制造业绿色化改造升级，不断提高资源能源利用效率和清洁生产水平，引领长江经济带工业绿色发展。

二、绿色产业转型的方向

（一）有序建设沿江产业发展轴

以上海、武汉、重庆等核心城市为支撑，以南京、南通、镇江、扬州、芜湖、安庆、九江、黄石、鄂州、咸宁、岳阳、荆州、宜昌、万州、涪陵、江津、泸州、宜宾等沿江城市为重要节点，优化沿江产业布局，引导资源加工型、劳动密集型和以内需为主的资本、技术密集型产业向中上游有序转移，推进绿色循环低碳发展，构建绿色沿江产业发展轴。

长江经济带下游沿江地区聚焦创新驱动和绿色发展，重点发展现代服务业、先进制造业和战略性新兴产业，着力建设研发集聚中心和高端制造基地，形成服务经济为主导、智能制造和绿色制造为支撑的现代产业体系；中游沿江地区加快转型升级，引导产业集聚发展，优化服务业发展结构，着力打造先进制造业基地，构建具有区域特色的产业体系；上游沿江地区突出绿色发展，重点发展区域优势特色产业，创新发展模式和业态，高起点、有针对性地承接国内外产业转移，实现产业集群式、链条式、配套式绿色发展。

（二）合理开发沿海产业发展带

合理开发与保护海洋资源，积极培育临港制造业、海洋高新技术产业、海洋服务业，加快江海联运建设，有序推进沿海产业向长江中上游地区转移，主动承接国际先进制造业和高端产业转移，构建与生态建设和环境保护相协调的沿海产业发展带。

充分发挥上海的核心带动作用，紧密结合科技创新中心建设，重点发展高端船舶、海洋工程装备产业，在深海远洋装备等领域填补国内空白。依托长江三角洲沿海地区，积极发展石化、重型装备等临港制造业，培育壮大海洋工程装备、海洋新能源、海水淡化和综合利用等新兴产业，做大做强海洋交通运输、滨海旅游等服务业，改造提升海洋船舶、盐化工等传统产业。以宁波舟山港为龙头，大力整合海港资源，加快发展具有国际竞争力的现代海洋物流业，打造全球一流的现代化枢纽港和国际港航物流中心。

（三）重点打造五大城市群产业发展圈

按照组团发展、互动协作、因地制宜的思路，以长江三角洲、长江中游、成渝等跨区域城市群为主体，黔中、滇中等区域性城市群为补充，促进城市群之间、城市群内部的产业分工协作和有序转移，构建五大城市群产业发展圈。

1. 长江三角洲城市群

以上海为核心，依托南京都市圈、杭州都市圈、合肥都市圈、苏锡常都市圈、宁波都市圈，强化沿海、沿江、沪宁合杭甬（上海、南京、合肥、杭州、宁波）、沪杭金（上海、杭州、金华）聚合发展，聚焦电子信息、装备制造、钢铁、石化、汽车、纺织服装等产业集群发展和产业链关键环节创新，改造提升传统产业，大力发展金融、商贸、物流、文化创意等现代服务业，建设具有全球影响力的科技创新高地和全球重要的现代服务业和先进制造业中心。

2. 长江中游城市群

增强武汉、长沙、南昌中心城市功能，依托武汉城市圈、环长株潭城市群、环鄱阳湖城市群，以沿江、沪昆和京广、京九、二广"两横三纵"（沿长江、沪昆高铁、京广通道、京九通道、二广高速）为轴线，重点发展轨道交通装备、工程机械、航空、电子信息、生物医药、商贸物流、纺织服装、汽车、食品等产业，推动石油化工、钢铁、有色金属产业转型升级，建设具有全球影响的现代产业基地和全国重要创新基地。

3. 成渝城市群

提升重庆和成都双核带动功能，依托成渝发展主轴、沿江城市带和成德绵乐城市带，重点发展装备制造、汽车、电子信息、生物医药、新材料等产业，提升和扶持特色资源加工和农林产品加工产业，积极发展高技术服务业和科技服务业，打造全国重要的先进制造业和战略性新兴产业基地、长江上游地区现代服务业高地。

4. 黔中城市群

增强贵阳产业配套和要素集聚能力，以贵阳—安顺为核心，以贵阳—遵义，贵阳—都匀、凯里，贵阳—毕节为轴线，重点发展资源深加工、能矿装备、航空、特色轻工、新材料、新能源、电子信息等优势产业和战略性新兴产业，推进大数据应用服务基地建设，构建大健康养生产业体系，打造国家重要能源资源深加工、特色轻工业基地和西部地区装备制造业、战略性新兴产业基地。

5. 滇中城市群

提升昆明面向东南亚、南亚开放的中心城市功能，以昆明为核心，以曲靖—昆明—楚雄、玉溪—昆明—昭通为轴线，重点发展生物医药、大健康、物流、高原特色现代农业、新材料、装备制造、食品等产业，改造升级烟草、冶金化工等传统优势产业，打造面向西南开放重要桥头堡的核心区、国家现代服务业基地和先进制造业基地。

（四）大力培育世界级产业集群

利用现有产业基础，加强产业协作，整合延伸产业链条，突破核心关键技术，培育知名自主品牌，依托国家级、省级开发区，培育集聚效应高、创新能力强、品牌影响大、具有国际先进水平的世界级制造业集群。

1. 电子信息产业集群

依托上海、江苏、湖北、重庆、四川，着力提升集成电路设计水平，突破核心通用芯片，探索新型材料产业化应用，提升封装测试产业发展能力。在合肥、重庆发展新型平板显示产业，提高高世代掩膜板等关键产品的供应水平。依托上海、江苏、浙江、湖北、四川、贵州，重点发展行业应用软件、嵌入式软件、软件和信息技术服务业，培育壮大大数据服务业态。在物联网重大应用示范工程区域试点省、市和云计算示范城市，加快物联网、云计算技术研发和应用示范，推进产业发展与民生服务以及能源、环保、安监等领域的深度融合。高端装备产业集群。依托上海、四川、江西、贵州、重庆、湖北、湖南，整合优势产业资源，发展航空航天专用装备。在浙江、安徽、湖南、重庆、湖北、四川、云南发展高档数控机床、工业机器人、3D打印、智能仪器仪表等智能制造装备。在上海、浙江、江苏、湖北、四川、重庆、湖南，发展海洋油气勘探开发设备、系统、平台等海洋工程装备。在湖南、安徽、四川、贵州发展高铁整车及零部件制造。在湖南、重庆、浙江、江苏发展城市轨道车辆制造。在上海、江苏、浙江、湖南、重庆、安徽、四川发展大型工程机械整车及关键核心部件。

2. 汽车产业集群

依托上海、南京、杭州、宁波、武汉、合肥、芜湖、长沙、重庆、成都等地现有汽车及零部件生产企业，提高整车和关键零部件创新能力，推进低碳化、智能化、网联化发展。依托浙江、安徽、湖北、江西、湖南等零部件生产基地，大力发展汽车零部件产业，重点提升动力系统、传输系统、汽车电子等关键系统、零部件的技术和性能，形成中国品牌汽车核心关键零部件自主供应能力。在上海、江苏、安徽、湖北、重庆、四川，重点发展新能源汽车，积极发展智能网联汽车，重点支持动力电池与电池管理系统、各种驱动电机及控制系统、整车控制和信息系统、电动汽车智能化技术、快速充电等关键技术研发。

3.家电产业集群

以江苏、安徽为重点区域，做强家电生产基地，按照智能化、绿色化、健康化发展方向，完善产业链，加快智能技术、变频技术、节能环保技术、新材料与新能源应用、关键零部件升级等核心技术突破，重点发展智能节能环保变频家电、健康厨卫电器、智能坐便器、空气源热泵空调、大容量冰箱和洗衣机等高品质家电产品，推动家电产品从国内知名品牌向全球知名品牌转变。

4.纺织服装产业集群

以长江三角洲地区为重点，推动形成纺织服装设计、研发和贸易中心，提升高端服装设计创新能力。在湖南、湖北、安徽、江西、四川、重庆等地建设现代纺织生产基地，推动区域纺织服装产业合理分工。依托云南、贵州等地蚕丝和麻资源、少数民族纺织传统工艺、毗邻东南亚等优势，大力发展旅游纺织品。在江苏、浙江加快发展差别化纤维、高技术纤维和生物质纤维技术及产业化。依托安徽、江西、湖南、湖北、四川等地，加强资源集聚和产业整合，全面推进清洁印染生产，推行节能降耗技术。

三、工业绿色发展的政策措施

（一）优化工业布局

1.完善工业布局规划

落实主体功能区规划，严格按照长江流域、区域资源环境承载能力，加强分类指导，确定工业发展方向和开发强度，构建特色突出、错位发展、互补互进的工业发展新格局。实施长江经济带产业发展市场准入负面清单，明确禁止和限制发展的行业、生产工艺、产品目录。严格控制沿江石油加工、化学原料和化学制品制造、医药制造、化学纤维制造、有色金属、印染、造纸等项目环境风险，进一步明确本地区新建重化工项目到长江岸线的安全防护距离，合理布局生产装置及危险化学品仓储等设施。

2. 改造提升工业园区

严格沿江工业园区项目环境准入,完善园区水处理基础设施建设,强化环境监管体系和环境风险管控,加强安全生产基础能力和防灾减灾能力建设。开展现有化工园区的清理整顿,加大对造纸、电镀、食品、印染等涉水类园区循环化改造力度,对不符合规范要求的园区实施改造提升或依法退出,实现园区绿色循环低碳发展。全面推进新建工业企业向园区集中,强化园区规划管理,依法同步开展规划环评工作,适时开展跟踪评价。严控重化工企业环境风险,重点开展化工园区和涉及危险化学品重大风险功能区区域定量风险评估,科学确定区域风险等级和风险容量,对化工企业聚集区及周边土壤和地下水定期进行监测和评估。推动制革、电镀、印染等企业集中入园管理,建设专业化、清洁化绿色园区。培育、创建和提升一批节能环保安全领域新型工业化产业示范基地,促进园区规范发展和提质增效。

3. 规范工业集约集聚发展

推动沿江城市建成区内现有钢铁、有色金属、造纸、印染、电镀、化学原料药制造、化工等污染较重的企业有序搬迁改造或依法关闭。推动位于城镇人口密集区内,安全、卫生防护距离不能满足相关要求和不符合规划的危险化学品生产企业实施搬迁改造或依法关闭。新建项目应符合国家法规和相关规范条件要求,企业投资管理、土地供应、节能评估、环境影响评价等要依法履行相关手续。实施最严格的资源能源消耗、环境保护等方面的标准,对重点行业加强规范管理。

4. 引导跨区域产业转移

鼓励沿江省、市创新工作方法,强化生态环境约束,建立跨区域的产业转移协调机制。充分发挥国家自主创新示范区、国家高新区的辐射带动作用,创新区域产业合作模式,提升区域创新发展能力。加强产业跨区域转移监督、指导和协调,着力推进统一市场建设,实现上下游区域良性互动。发挥国家产业转移信息服务平台作用,不断完善产业转移信息沟通渠道。认真落实长江经济带产业转移,依托国家级、省级开发区,有序建设沿江产业发展轴,合理开发沿海产业发展带,重点打造长江三角洲、长江中游、成渝、黔中和滇中等五大城市群产业发展圈,大力培育电子信息产业、高端装备产业、汽车产业、家电产业和纺织服装产业等五大世界级产业集群，形成空间布局合理、区域分工协作、优势互补的产业发展新格局。

5. 严控跨区域转移项目

对造纸、焦化、氮肥、有色金属、印染、化学原料药制造、制革、农药、电镀等产业的跨区域转移进行严格监督，对承接项目的备案或核准，实施最严格的环保、能耗、水耗、安全、用地等标准。严禁国家明令淘汰的落后生产能力和不符合国家产业政策的项目向长江中上游转移。

（二）调整产业结构

1. 依法依规淘汰落后产能、化解过剩产能

结合长江经济带生态环境保护要求及产业发展情况，依据法律法规和环保、质量、安全、能效等综合性标准，淘汰落后产能，化解过剩产能。严禁钢铁、水泥、电解铝、船舶等产能严重过剩行业扩能，不得以任何名义、任何方式核准、备案新增产能项目，做好减量置换，为新兴产业腾出发展空间。严格控制长江中上游磷肥生产规模。严防"地条钢"死灰复燃。加大国家重大工业节能监察力度，重点围绕钢铁、水泥等高耗能行业能耗限额标准落实情况、阶梯电价执行情况开展年度专项监察，对达不到标准的企业实施限期整改，加快推动无效产能和低效产能尽早退出。

2. 加快重化工企业技术改造

全面落实国家石化、钢铁、有色金属工业"十三五"规划，发挥技术改造对传统产业转型升级的促进作用，加快沿江现有重化工企业生产工艺、设施（装备）改造，改造的标准应高于行业全国平均水平，争取达到全国领先水平。推广节能、节水、清洁生产新技术、新工艺、新装备、新材料，推进石化、钢铁、有色、稀土、装备、危险化学品等重点行业智能工厂、数字车间、数字矿山和智慧园区改造，提升产业绿色化、智能化水平，使沿江重化工企业技术装备和管理水平走在全国前列，引领行业发展。

3. 大力发展智能制造和服务型制造

在长江经济带有一定工作基础、地方政府积极性高的地区，探索建设智能制造示范区，鼓励中下游地区智能制造率先发展，重点支持中上游地区提升智能制造水平。加快在数控机床与机器人、增材制造、智能传感与控制、

智能检测与装配、智能物流与仓储等五大领域，突破一批关键技术和核心装备。在流程制造、离散型制造、网络协同制造、大规模个性化定制、远程运维服务等方面，开展试点示范项目建设，制修订一批智能制造标准。大力发展生产性服务业，引导制造业企业延伸服务链条，推动商业模式创新和业态创新。

4. 发展壮大节能环保产业

大力发展长江经济带节能环保产业，在重庆、无锡、成都、长沙、武汉、杭州、盐城、昆明等地重点推动节能环保装备制造业集群化发展，在江苏、上海、重庆等地不断提升节能环保技术研发能力及节能环保服务业水平，在上海临港、合肥、马鞍山和彭州等地加快建设再制造产业集聚区，着力发展航空发动机关键件、工程机械、重型机床等机电产品再制造特色产业。加强节能环保服务公司与工业企业紧密对接，推动企业采用第三方服务模式，壮大节能环保产业。

（三）推进传统制造业绿色化改造

1. 大力推进清洁生产

按照《清洁生产促进法》，引导和支持沿江工业企业依法开展清洁生产审核，鼓励探索重点行业企业快速审核和工业园区、集聚区整体审核等新模式，全面提升沿江重点行业和园区清洁生产水平。在沿江有色、磷肥、氮肥、农药、印染、造纸、制革和食品发酵等重点耗水行业，加大清洁生产技术推行方案实施力度，从源头减少水污染。实施中小企业清洁生产水平提升计划，构建"互联网+"清洁生产服务平台，鼓励各地政府购买清洁生产培训、咨询等相关服务，探索免费培训、义务诊断等服务模式，引导中小企业优先实施无费、低费方案，鼓励和支持实施技术改造方案。

2. 实施能效提升计划

推动长江经济带煤炭消耗量大的城市实施煤炭清洁高效利用行动计划，以焦化、煤化工、工业锅炉、工业炉窑等领域为重点，提升技术装备水平、优化产品结构、加强产业融合，综合提升区域煤炭高效清洁利用水平，实现减煤、控煤、防治大气污染。在钢铁和铝加工产业集聚区，推广电炉钢等短流程工艺和铝液直供。积极推进利用钢铁、化工、有色、建材等行业企业的低品位余热向城镇居民供热，促进产城融合。

3. 加强资源综合利用

大力推进工业固体废物综合利用，重点推进中上游地区磷石膏、冶炼渣、粉煤灰、酒糟等工业固体废物综合利用，加大中下游地区化工园区废酸废盐等减量化、安全处置和综合利用力度，选择固体废物产生量大、综合利用有一定基础的地区，建设一批工业资源综合利用基地。鼓励地方政府在沿江有条件的城市推动水泥窑协同处置生活垃圾。推进再生资源高效利用和产业发展，严格废旧金属、废塑料、废轮胎等再生资源综合利用企业规范管理，搭建逆向物流体系信息平台。

4. 开展绿色制造体系建设

在长江经济带沿江城市中，选择工业比重高、代表性强、提升潜力大的城市，结合主导产业，围绕传统制造业绿色化改造、绿色制造体系建设等内容，综合提升城市绿色制造水平，打造一批具有示范带动作用的绿色产品、绿色工厂、绿色园区和绿色供应链。推动长江经济带重点行业领军企业牵头组成联合体，围绕绿色设计平台建设、绿色关键工艺突破、绿色供应链构建，推进系统化绿色改造，在机械、电子、食品、纺织、化工、家电等领域实施一批绿色制造示范项目，引领和带动长江经济带工业绿色发展。

第三节　资源持续发展

全面落实《"生态保护红线、环境质量底线、资源利用上线和环境准入负面清单"编制技术指南（试行）》等相关政策，围绕水资源保护、大气环境保护以及土壤保护等重点领域，加大各种污染防治力度，全面提升生态环境质量，促进资源可持续发展。

一、水资源保护

（一）水环境质量管理

1. 严控污染物排放总量

做好水功能区纳污能力核定工作，对于不达标地区要制订实施水污染物排放总量控制计划，通过核发排污许可证确定排污单位排放限值，强化监督检查，推进落实工程减排、结构减排、监管减排措施。对总磷超标的区域开展研究，建立磷总量控制的指标体系。

2. 加强饮用水水源地保护

严格执行水源地保护管理条例及相关法律法规，优化沿江取水口和排污口布局，科学划定水源保护区，加快应急备用水源建设。全面取缔水源保护区、自然保护区、风景名胜区等禁设区域内的排污口；对没有满足水功能区管理要求和影响取水安全的排污口限期整改，整改不到位的一律取消。加强水源地水质监测能力建设，提升水质安全监测预警能力。

3. 强化跨界断面考核

建成布局合理、功能完善的跨省界考核断面监测网络，省界断面实时自动监测能力显著增强。国家上收跨省界断面水环境质量监测及考核事权，由环境保护部统一负责。实施跨界断面考核，实行按月监测评估、按季度预警通报、按年度进行考核，把水质"只能更好，不能变坏"作为各级、各地政府水环境质量的责任底线。考核结果作为财政转移支付、区域限批、地方党政领导问责的重要依据。

（二）水环境质量目标确定

衔接国家、区域、省域等上位相关文件和本行政区相关规划、计划对水环境质量的改善要求，结合水（环境）功能区划和水质改善总体目标，分解水环境质量目标，形成一套覆盖全流域、落实到各控制断面、控制单元的分阶段水环境质量底线目标。未纳入水（环境）功能区划的重要水体，参照现状水质与水体功能，补充制订水环境功能目标。

1. 允许排放量核算

以各控制单元水环境质量目标为约束，选择合适的模型方法，测算化学需氧量、氨氮等主要污染物允许排放量。重点湖库汇水区、总磷超标流域控制单元和沿海地区应将总氮、总磷纳入水体污染减排指标，地方可结合实际增加特征污染物。断流河段应考虑生态用水保障需求，入海河流应考虑近岸海域水质改善目标约束。

2. 水环境质量改善潜力评估

以水环境质量目标为约束，基于全口径水污染源排放清单，考虑经济社会发展、产业结构调整、污染控制水平、环境管理水平等因素，构建不同的控制情景，测算存量源污染减排潜力和新增源污染排放量，分析分区域、分阶段水环境质量改善潜力。

3. 水污染物排放总量限值确定

基于水环境质量改善潜力，考虑经济技术可行性等因素，将允许排放量分解落实到各级行政区、流域和控制单元。各地可根据实际需求，进一步核算主要行业水污染物排放。

将水源保护区、湿地保护区、江河源头，珍稀濒危水生生物、重要水产种质资源的产卵场、索饵场、越冬场、洄游通道等水体所属的控制单元作为水环境优先保护区。根据水环境评价和污染源分析结果，将以工业源为主的控制单元、以城镇生活源为主的控制单元和以农业源为主的超标控制单元作为水环境重点管控区，其余区域作为一般管控区。实现水质、水文数据实时监测共享；结合土壤环境质量监测，以浅层地下水为重点，完善地下水环境质量监测网络，包括规划国土资源、水务部门的区域监测网和环保部门的重点污染源（含大型市政基础设施）专项监测网。

（三）污染严重水体治理

1. 大力整治城市黑臭水体

采取控源截污、节水减排、内源治理、生态修复、垃圾清理、底泥疏浚等综合性措施，切实解决城市建成区黑臭水体问题。对已经排查清楚的黑臭水体逐一编制和实施整治方案。未完成排查任务的城市，应尽快完成黑臭水体排查任务，及时公布黑臭水体名称、责任人及达标期限。

2. 重点治理劣V类水体

开展劣V类断面（点位）所在控制单元的水域纳污能力和环境容量测算，制订控制单元水质达标方案，开展水环境污染综合治理。定期向社会公布达标方案实施情况，对水质不达标的区域实施挂牌督办，必要时采取区域限批等措施。对于枯水期等易发生水质超标的时段，实施排污大户企业限产限排等应急措施，进一步减少污染物排放，保证水质稳定达标。

（四）优先保护良好水体

1. 强化河流源头保护

现状水质达到或优于Ⅱ类的汉江、湘江、青衣江等江河源头，应严格控制开发建设活动，减少对自然生态系统的干扰和破坏，维持源头区自然生态环境现状，确保水质稳中趋好。以矿产资源开发为主的源头地区，要严控资源开发利用行为，减少生态破坏，加大生态保护和修复力度。以农业活动为主的源头地区，应加大农业面源污染防治力度，重点开展农村环境综合整治。其他源头地区，要积极开展生态安全调查和评估，制订和实施生态环境保护方案，确保水质持续改善。

2. 积极推进水质较好湖泊的保护

按照湖泊流域生态系统的整体性，实施整体保护、系统修复、综合治理，全面清理和整治影响水质的污染源，降低污染风险，强化水生态保护。重点保护丹江口水库、龙感湖、泸沽湖等跨省界湖泊，相关省份要联合编制并实施湖泊生态环境保护方案。全面推进洱海、千岛湖、太平湖等125个水质较好湖泊生态环境保护工作，提升湖泊生态系统的稳定性和生态系统服务功能。同时提高市域水源地供水联动，实现长江多水源互补互备。加强地下水的应急备用能力建设，建立地下水应急备用开采井布局系统。鼓励雨水、再生水利用，积极保护好水质较好的湖泊，提倡水资源的梯级利用，提高水资源利用率，提升供水能力。

3. 加大饮用水水源保护力度

实施水源专项执法行动，加大集中式饮用水水源保护区内违章建设项目的清拆力度，严肃查处保护区内的违法行为。排查和取缔饮用水水源保护区内的排污口以及影响水源保护的码头，实施水源地及周边区域环境综合整治。定期调查评估集中式地下水型饮用水水源补给区环境状况，开展地下水污染场地修复试点。做好全国重要饮用水水源地达标建设，特别是对未达到Ⅲ类水质要求的饮用水水源要制订并实施水质达标方案。

二、大气环境保护

（一）实施城市空气质量达标计划

全面推进长江经济带 126 个地级及以上城市空气质量限期达标工作，已达标城市空气质量进一步巩固，未达标城市要制订并实施分阶段达标计划。地级及以上城市建成区基本淘汰 10 蒸吨以下燃煤锅炉，完成 35 蒸吨及以上燃煤锅炉脱硫脱硝除尘改造、钢铁行业烧结机脱硫改造、水泥行业脱硝改造、平板玻璃天然气燃料替代及脱硝改造。实施燃煤电厂超低排放改造工程和清洁柴油机行动计划。实施石化、化工、工业涂装、包装印刷、油品储运销、机动车等重点行业挥发性有机物综合整治工程。强化机动车尾气治理，优先发展公共交通，鼓励发展天然气汽车，加快推广使用新能源汽车。

（二）控制长江三角洲地区细颗粒物污染

加快推进具备条件的现有机组热电联产改造和供热挖潜，淘汰供热供气管网覆盖范围内的燃煤锅炉、自备燃煤电站，推进小热电机组科学整合。有序推进位于城市主城区的钢铁、石化、化工、有色金属冶炼、水泥、平板玻璃等重污染企业环保搬迁或关停。统一新车和转入车辆排放标准，加强对新生产、销售机动车和非道路移动机械环保达标监管。划定并公布禁止使用高排放非道路移动机械的区域，加强非道路移动机械监管。设置船舶排放控制区，禁止向内河和江海直达船舶销售渣油、重油，推进靠港船舶使用岸电，开展港口油气回收工作。推进石化、化工、工业涂装、包装印刷、油品储运销、机动车等重点行业挥发性有机物排放总量控制。

（三）控制湘鄂两省城市颗粒物污染

推进武汉及周边城市群、长株潭城市群开展区域大气污染防治，加强沿江城市的工业源和移动源治理。严格控制有色、石化等行业新增产能。加大有色金属行业结构调整及治理力度，优化产业空间布局。

推进成渝城市大气污染防治。持续完善成渝城市群大气污染防治协作机制。压缩水泥等行业过剩产能，限制高硫分、高灰分煤炭开采使用，加快川南地区城市产业升级改造。加大重庆、成都等中心城市的工业源、移动源、生活源污染治理力度。加大秸秆焚烧控制力度。

三、土壤环境保护与污染治理

（一）加强土壤重金属污染源头控制

2020 年，铜冶炼、铅锌冶炼、铅酸蓄电池制造等主要涉重金属行业重金属排放强度低于全国平均水平。加强有色金属冶炼、制革、铅酸蓄电池、电镀等行业重金属污染治理，推动电镀、制革等园区化发展，江苏、浙江、江西、湖北、湖南、云南等省份逐步将涉重金属行业的重金属排放纳入排污许可证管理。实施重要粮食生产区域周边的工矿企业重金属排放总量控制，达不到环保要求的，实施升级改造，或依法关闭、搬迁。加强长江经济带 69 个重金属污染重点防控区域治理，继续推进湘江流域重金属污染治理。制订实施"锰三角"重金属污染综合整治方案。

（二）推进农用地土壤环境保护与安全利用

2020 年底前，完成耕地土壤环境质量类别划定，实行优先保护、安全利用、严格管控等分类管理。将符合条件的优先保护类耕地划为永久基本农田，实施严格保护。国家产粮（油）大县要制订土壤环境保护方案，通过农艺调控、替代种植等措施，降低农产品受污染风险。在江西、湖北、湖南、四川、云南等耕地土壤重金属超标严重的区域，率先划定农产品禁止生产区域，加强污染耕地用途管控，农产品禁止生产区严禁种植食用农产品。综合考虑污染物类型、污染程度、土壤类型、种植结构等，建设一批农用地土壤污染治理与修复试点，在试点示范基础上，有序开展受污染耕地风险管控、治理与修复。

（三）严控建设用地开发利用环境风险

建立调查评估制度，对拟收回的有色金属冶炼、石油加工、化工、焦化、电镀、制革等行业企业用地，以及上述企业用地拟改变用途为居住、商业和学校等公共设施用地的，开展土壤环境状况调查评估。以上海、重庆、南京、常州、南通等为重点，依据建设用地土壤环境调查评估结果，率先建立污染地块名录及其开发利用的负面清单，合理确定土地用途。土地开发利用必须符合规划用地土壤环境质量要求，达不到质量要求的污染地块，要实施土壤污染治理与修复，暂不开发利用或现阶段不具备治理修复条件的污染地块，由地方政府组织划定管控区域，采取监管措施。针对典型污染地块，实施土壤污染治理与修复试点。开展污染地块绿色可持续修复示范，严格防止二次污染。

（四）建立土壤污染综合防治先行区

2020年底前，在湖北黄石、湖南常德、贵州铜仁等地区开展土壤污染综合防治先行区建设，探索土壤污染源头预防、风险管控、治理与修复、监管能力建设等综合防治模式与技术。浙江省台州市以电子拆解集中区域的多氯联苯、二噁英、镉、铅等污染治理为重点，采取整治拆解作坊、污染物清理等措施。湖北省黄石市以有色金属冶炼集中区域的镉、铅、砷等污染治理为重点，开展工业企业废渣综合治理与资源化利用，综合防控农产品重金属超标风险。湖南省常德市、贵州省铜仁市以矿产资源开发集中区域的砷、汞、镉等污染治理为重点，排查尾矿库环境风险，开展矿区废渣综合治理与资源化利用，有序开展矿区废弃地修复。各地要结合本地实际，进行治理技术、制度政策等方面的试点示范，推广土壤污染综合防治模式和经验。

四、重点区域和行业的环境治理及防治

（一）深化重点领域污染防治

1. 提高城镇污水垃圾收集处理水平

加快城镇污水处理设施和配套管网建设，干流及主要支流沿线县级以上城市（区）污水处理设施全部达到一级A排放标准，实现稳定运行。2020年，长江经济带所有县城和建制镇具备污水收集处理能力，县城、城市污水处理率分别达到85%、95%左右，地级以上城市污泥无害化处理处置率达到90%以上，长江三角洲地区提前一年完成。加快城镇垃圾接收、转运及处理处置设施建设，2020年，长江经济带所有县城和建制镇具备垃圾收集处理能力，长江三角洲地区提前一年完成。

2. 打好农业农村污染防治攻坚战

大力实施农村清洁工程和农村环境连片整治。加大畜禽养殖污染防治力度，落实农业面源污染综合防治方案，积极开展农作物病虫害绿色防控和统防统治。2020年，11省（直辖市）测土配方施肥技术推广覆盖率达到93%以上，化肥利用率提高到40%以上，长江三角洲地区提前一年完成。

3. 控制船舶港口污染

强化船舶流动污染的源头控制，分级分类修订相关环保标准，按照标准要求安装配备船舶污水和垃圾的收集储存设施。完善船舶污染物的接收处理，提高含油污水、化学品洗舱水等接收处置能力，重点推进港口、船舶修造厂污染物接收处理设施建设，2020年底前全部建成并实现与市政环卫设施的衔接。推广使用LNG等清洁燃料，积极推进码头岸电设施建设和油气回收工作。

（二）抓好重点区域污染防治

1. 加强重点库区水体保护

保持三峡库区、丹江口库区总体水质优良水平。加大三峡库区及上游流域水污染防治力度，改善重要支流水质，强化库区消落区分类管理，推进库区生态屏障带建设。加强丹江口库区及上游地区水源保护，开展农村环境连片整治，提升库区重点县、市的城镇生活污水、垃圾收集与处理能力，建设环库生态隔离带，确保南水北调水质。

2. 加大重点湖泊生态保护与修复

有效减轻太湖、巢湖、滇池富营养化水平。深入实施太湖流域水环境综合治理总体方案。加强巢湖流域西北区域污染治理，显著削减流域主要污染物排放量。统筹推进滇池流域截污、调水、节水与再生利用，开展湖体水生态修复。强化洞庭湖和鄱阳湖生态安全体系建设，完善水生态保护和水资源调度。坚持以重点湖泊水质改善为指向，建立水污染防治和生态保护综合防控体系。

3. 实施重点支流综合治理

加快汉江干流城市河段水污染治理，加强上游湿地和中下游水生资源保护。加大湘江重金属污染综合防治力度，涉重企业数量和重金属排放量显著减少，重金属污染防治取得重大进展。加强嘉陵江干流城市饮用水水源地保护，完善沿江排污口布局和整治。强化岷江上游生态流量管理，保障生态需水，逐步恢复生态功能。切实加强沱江流域重污染企业整治，完善水污染环境风险防控体系，杜绝重大水污染事件的发生。

4. 抓好重点城市污染防治

严格控制占全流域水污染物排放总量一半的上海、南京、武汉、宜昌、重庆、攀枝花等重点城市污染物排放量。实施城镇生活污水处理提标工程，加快推动重污染企业搬迁改造，实施水污染物特别排放限值。上海重点推进长江口综合整治，南京、武汉、宜昌、重庆重点优化高风险、高排放产业布局和结构调整，攀枝花重点抓好工矿企业污染减排。

5. 加快重点江段总磷污染防治

针对长江流域总磷超标等突出环境问题，梳理排查总磷超标原因，加大对三峡库区及上游、长江干流湖南段和湖北段等重点江段的总磷污染防治。

（三）推动沿江产业调整优化

1. 优化沿江产业空间布局

落实主体功能区战略，实施差别化的区域产业政策。科学划定岸线功能分区边界，严格分区管理和用途管制。坚持"以水定发展"，统筹规划沿江岸线资源，严控下游高污染、高排放企业向上游转移。除在建项目外，严禁在干流及主要支流岸线 1km 范围内新建布局重化工园区，严控在中上游沿岸地区新建石油化工和煤化工项目。

2. 加快沿江产业结构调整

实施创新驱动发展战略，推动战略性新兴产业和先进制造业健康发展，发展壮大服务业，有序开发沿江旅游资源。大力发展低耗水、低排放、低污染、无毒无害产业，推进传统产业清洁生产和循环化改造。制订实施分年度落后产能淘汰方案，取缔"十小"企业。在三峡库区等重点水功能区，加快淘汰潜在环境风险大、升级改造困难的企业。

3. 严格沿江产业准入

加强沿江各类开发建设规划和规划环评工作，完善空间准入、产业准入和环境准入的负面清单管理模式，建立健全准入标准，从严审批产生有毒有害污染物的新建和改扩建项目。强化环评管理，新建、改建、扩建重点行业项目实行主要水污染物排放减量置换，严控新增污染物排放。加强高耗水行业用水定额管理，严格控制高耗水项目建设。

4. 推进沿江产业水循环利用

加大火电、钢铁、造纸、化工、纺织等行业节水改造力度，开展园区废水循环综合利用试点。2020 年，长江经济带万元工业增加值用水量比 2015

年下降 30% 以上。建设雨水收集利用设施，加大再生水利用力度。推广节水灌溉技术，提高农业灌溉用水效率，开展设施渔业养殖废水综合利用。

第四节　生态环境风险管控

习近平总书记在 2018 年全国生态环境保护大会上提出："要把生态环境风险纳入常态化管理，系统构建全过程、多层级生态环境风险防范体系。"构建完善的风险防范体系，对解决生态环境问题，规避生态环境风险具有重要的意义，是长江经济带绿色发展的前提和保障，对推进长江经济带生态文明建设，确保经济优质、健康发展具有重要的意义。

生态环境风险具有高度的多样性和复杂性。其表现形式十分复杂：大气污染、水污染、土壤污染、水土流失、自然灾害、荒漠化、生态系统退化、海洋环境问题、新型污染物、农村环境问题、气候变化、环境污染事故、环境社会性群体事件等。同时，造成这些问题的来源也十分复杂：工农业生产、资源开发、城乡居民生活、物流交换、国内外贸易等都相关。这些活动所涉及的主体也非常多，包括各级决策者、生产企业、社会大众、资源开发者等。因此，生态环境风险防范必将是一个系统和完整的体系。

一、严格环境风险源头防控

（一）加强环境风险评估

强化企业环境风险评估，完成沿江石化、化工、医药、纺织、印染、化纤、危化品和石油类仓储、涉重金属和危险废物等重点企业环境风险评估，为实施环境安全隐患综合整治奠定基础。开展干流、主要支流及湖库等累积性环境风险评估，划定高风险区域，从严实施环境风险防控措施。开展化工园区、饮用水水源地、重要生态功能区环境风险评估试点。沿江重大环境风险企业应投保环境污染责任保险。

（二）强化工业园区环境风险管控

实施技术、工艺、设备等生态化、循环化改造，加快布局分散的企业向园区集中，按要求设置生态隔离带，建设相应的防护工程。选择典型化工园区开展环境风险预警和防控体系建设试点示范。

（三）优化沿江企业和码头布局

立足当地资源环境承载能力，优化产业布局和规模，严格禁止污染型产业、企业向中上游地区转移，切实防止环境风险集聚。禁止在长江干流自然保护区、风景名胜区、"四大家鱼"产卵场等管控重点区域新建工业类和污染类项目，现有高风险企业实施限期治理。除武汉、岳阳、九江、安庆、舟山5个千万吨级石化产业基地外，其他城市原则上不再新布局石化项目。严格危化品港口建设项目审批管理，自然保护区核心区及缓冲区内禁止新建码头工程，逐步拆除已有的各类生产设施以及危化品、石油类泊位。

二、加强环境应急协调联动

（一）加强环境应急预案编制与备案管理

在不同行业、不同领域定期开展预案评估，筛选一批环境应急预案并推广示范。沿江涉危涉重企业完成基于环境风险评估的应急预案修编，开展电子化备案试点。以集中式饮用水水源为重点，推动跨省界突发水环境事件应急预案编制。尽快完成长江干流县级及以上集中式饮用水水源和沿江沿岸化工园区突发环境事件应急预案备案。开展政府突发环境事件应急预案修编，完成地级及以上政府预案修编，完善各省（直辖市）辐射事故应急预案，并实施动态管理。

（二）加强跨部门、跨区域、跨流域监管与应急协调联动机制建设

加强危化品和危险废物运输环境安全管理，研究危险化学品运输应急管理体制和应急处置技术，探索建立危化品运输车辆、船舶信息平台。以联合培训演练、签订应急联动协议等多种手段，加强公安、消防、水利、交通运输、安监、环境保护等部门间的应急联动，提高信息互通、资源共享和协同处置能力。推进跨行政区域、跨流域上下游环境应急联动机制建设，建立共同防范、互通信息、联合监测、协同处置的应急指挥体系。以四川—重庆—湖北、南京—苏锡常、芜湖—安庆为重点，开展跨区域环境应急联动体系建设试点示范。

（三）建立流域突发环境事件监控预警与应急平台

排放有毒有害污染物的企业事业单位，必须建立环境风险预警体系，加

强信息公开。以长江干流和金沙江、雅砻江、大渡河、岷江、沱江、嘉陵江（含涪江、渠江）、湘江、汉江、赣江等主要支流及鄱阳湖、洞庭湖、三峡水库、丹江口水库等主要湖库为重点，建设流域突发环境事件监控预警体系。

（四）强化环境应急队伍建设和物资储备

在重点城市进行试点示范，探索政府、企业、社会多元化环境应急保障力量共建模式，开展环境应急队伍标准化、社会化建设。以石化、化工、有色金属采选等行业为重点，加强企业和园区环境应急物资储备。积极推动环境应急能力标准化建设，强化辐射事故应急能力建设。建设长江水环境应急救援基地。

三、遏制重点领域重大环境风险

（一）确保集中式饮用水水源地环境安全

加强地级及以上饮用水水源地风险防控体系建设。无备用水源的城市要加快备用水源、应急水源建设。进一步优化沿江取水口和排污口布局。强化对水源周边可能影响水源安全的制药、化工、造纸、采选、制革、印染、电镀、农药等重点行业企业的执法监管。

（二）严防交通运输次生突发环境事件风险

强化水上危化品运输安全环保监管和船舶溢油风险防范，实施船舶环境风险全程跟踪监管，严厉打击未经许可擅自经营危化品水上运输等违法违规行为。加快推广应用低排放、高能效、标准化的节能环保型船舶，建立健全船舶环保标准，提升船舶污染物的接收处置能力。严禁单壳化学品船和600载重吨以上的单壳油船进入长江干线、京杭运河、长江三角洲高等级航道网以及乌江、湘江、沅水、赣江、信江、合裕航道、江汉运河。加强危化品道路运输风险管控及运输过程安全监管，推进危化品运输车辆加装全球定位系统（GPS）实时传输及危险快速报警系统，在集中式饮用水水源保护区、自然保护区等区域实施危化品禁运，同步加快制订并实施区域绕行运输方案。

（三）实施有毒有害物质全过程监管

全面调查长江经济带危险废物产生、贮存、利用和处置情况，摸清危险废物底数和风险点位。开展专项整治行动，严厉打击危险废物非法转运。

加快重点区域危险废物无害化利用和处置工程的提标改造和设施建设，推进历史遗留危险废物处理处置。严格控制环境激素类化学品污染，完成环境激素类化学品生产使用情况调查，监控评估饮用水水源地、农产品种植区及水产品集中养殖区风险，实施环境激素类化学品淘汰、限制、替代等管控措施。实施加强放射源安全行动计划，升级改造长江经济带放射性废物库安保系统，强化地方核与辐射安全监管能力。多措并举，破解重化工企业布局不合理问题，重化工产业集聚区应开展优先控制污染物的筛选评估工作。严格新（改、扩）建生产有毒有害化学品项目的审批。

（四）科学调度长江上游梯级水库

流域梯级水库开发应符合流域综合规划和防洪规划。对已建的长江上游梯级水库，要科学地进行联合调度，在保障防洪安全和供水安全的前提下尽量发挥水库的生态效益；对新建水库加强评估，降低生态风险。持续观测评估河湖水位、水量变化对水生生物多样性、重要物种栖息地以及泥沙量的影响，加强特有生境长期定位监测，严防重大生态风险。

第五章　　长江经济带区域绿色发展

推进长江经济带绿色发展是中国正在实施的一项国家战略，长江经济带11个省（直辖市）乃至全国都在全面推动这一战略的实施。长江经济带绿色发展不仅具有重要的生态意义，而且在经济、政治、文化和社会方面同样具有深远意义。但是，走绿色发展道路不能盲目跟风，要结合长江经济带的区域规划、区域生态等现实资源禀赋，制订合理的发展目标，从加强科学规划、环境整治、实施生态保护、加强人才培养等多方面着力，促进长江经济带可持续绿色健康发展。为了加快长江经济带沿线城市的经济发展，国家制定了以城市群发展为依托，实施以点带面，加快中心城市对区域经济的影响和辐射能力的发展战略。本章将通过城市群、重点流域和产业园来研究长江经济带，以群、带和点的形式展现其绿色发展的进展。

第一节　典型区域绿色规划

长江经济带上、中、下游有长江三角洲城市群、长江中游城市群和成渝城市群。长江三角洲城市群是我国三大世界级城市群之一，以上海为中心城市，以杭州、南京、合肥为三大副中心城市，加强区域之间的分工和协调，促进区域经济一体化发展，从而带动整个长江下游地区的经济发展。长江中游城市群包括湖北、湖南和江西三省，以武汉为中心城市，长沙和南昌为副中心城市，加强区域之间的交流合作，最终实现区域经济一体化发展。成渝城市群位于我国西南地区，属于长江上游，包括重庆和四川部分地区，以重庆和成都为两大中心城市，带动区域经济协调发展。今后十年、二十年，长江经济带特别是三大城市群在经济上要做出更大的贡献，为生态条件较差的西北等地区的资源环境腾出休养生息的空间，这个目标需要在绿色发展、生态优先的背景下实现。

一、长江三角洲城市群

长江三角洲城市群是我国经济最具活力、开放程度最高、创新能力最强、吸纳外来人口最多的区域之一。长三角城市群主要分布于国家"两横三纵"城市化格局的优化开发和重点开发区域，规划范围包括：上海、南京、无锡、常州、苏州、南通、盐城、扬州、镇江、泰州、杭州、宁波、嘉兴、湖州、绍兴、金华、舟山、台州、合肥、芜湖、马鞍山、铜陵、安庆、滁州、池州、宣城等 26 市，土地面积约 21.17 万 km^2，约占国土面积的 2.2%；总人口 1.5 亿，约占全国的 11.0%。2020 年地区生产总值 24.47 万亿元，2020 年 GDP 较 2019 年 GDP 增长 0.77 万亿元人民币，增速为 3.25%，高于全国 GDP 平均增速 2.54%。

（一）区域概况

城市群区位优势突出，处于东亚地理中心和西太平洋的东亚航线要冲，是"一带一路"与长江经济带的重要交会地带，在国家现代化建设大局和全方位开放格局中具有举足轻重的战略地位。交通条件便利，经济腹地广阔，拥有现代化江海港口群和机场群，高速公路网比较健全，公铁交通干线密度全国领先，立体综合交通网络基本形成。

自然禀赋优良，滨江临海，环境容量大，自净能力强。气候温和，物产丰富，突发性恶性自然灾害发生频率较低，人居环境优良。平原为主，土地开发难度小，可利用的水资源充沛，水系发达，航道条件基础好，产业发展、城镇建设受自然条件限制和约束小，是我国不可多得的工业化、信息化、城镇化、农业现代化协同并进区域。

综合经济实力强，产业体系完备，配套能力强，产业集群优势明显。科教与创新资源丰富，拥有普通高等院校 300 多所，国家工程研究中心和工程实验室等创新平台近 300 家，人力人才资源丰富，年研发经费支出和有效发明专利数均约占全国的 30%。国际化程度高，中国（上海）自由贸易试验区等对外开放平台建设不断取得突破，国际贸易、航运、金融等功能日臻完善，货物进出口总额和实际利用外资总额分别占全国的 32% 和 55%。

（二）绿色发展现状

1. 上海全球城市功能相对较弱，中心城区人口压力大

一般性加工制造和服务业比重过高，国际经济、金融、贸易和航运中心功能建设滞后。公共资源过度集中，人口过度向中心城区集聚，带来了交通拥堵、环境恶化、城市运营成本过高等"大城市病"问题。

2. 城市群发展质量不高，国际竞争力不强

制造业附加值不高，高技术和服务经济发展相对滞后，高品质的城市创业宜居和商务商业环境亟须营造。城市间分工协作不够，低水平同质化竞争严重，城市群一体化发展的体制机制有待进一步完善。人均地区生产总值、地均生产总值等反映效率和效益的指标，与其他世界级城市群相比存在明显差距。

3. 城市建设无序蔓延，空间利用效率不高

当前长江三角洲土地资源开发强度已经较高，部分城市土地开发强度超过 30%（李青，2018）。粗放式、无节制的过度开发，新城新区、开发区和工业园区占地过大，导致基本农田和绿色生态空间减少过快过多，严重影响到区域整体空间结构和土地利用效率。

4. 生态系统功能退化，环境质量趋于恶化

生态空间被大量蚕食，区域碳收支平衡能力日益下降。湿地破坏严重，外来有害生物威胁加剧，太湖、巢湖等主要湖泊富营养化问题严峻，内陆河湖水质恶化，约半数河流监测断面水质低于Ⅲ类标准；近岸海域水质呈下降趋势，海域水体呈中度富营养化状态。区域性灰霾天气日益严重，苏浙沪地区全年空气质量达标天数少于 250 天。城市生活垃圾和工业固体废弃物急剧增加，土壤复合污染加剧，部分农田土壤多环芳烃或重金属污染严重。

（三）绿色发展规划

1. 构建适应资源环境承载能力的空间格局

强化主体功能分区的基底作用。对于优化开发区域，即上海、苏南、环杭州湾等地区，要率先转变空间开发模式，严格控制新增建设用地规模和开

发强度，适度扩大农业和生态空间；对于重点开发区域，即苏中、浙中、皖江、沿海部分地区，要强化产业和人口集聚能力，适度扩大产业和城镇空间，优化农村生活空间，严格保护绿色生态空间。对于限制开发区域，即在苏北、皖西、浙西等的部分地区，要严格控制新增建设用地规模，实施城镇点状集聚开发，加强水资源保护、生态修复与建设，维护生态系统结构和功能稳定。

（1）构建"一核五圈四带"的网络化空间格局，促进五个都市圈同城化发展

——南京都市圈。打造成为区域性创新创业高地和金融商务服务集聚区。

——杭州都市圈。发挥创业创新优势，加快建设杭州国家生态文明先行示范区，建设全国经济转型升级和改革创新的先行区。

——合肥都市圈。加快建设承接产业转移示范区，推动创新链和产业链融合发展，提升合肥辐射带动功能，打造区域增长新引擎。

——苏锡常都市圈。建设苏州工业园国家开放创新综合试验区，发展先进制造业和现代服务业集聚区，推进开发区城市功能改造，加快生态空间修复和城镇空间重塑，提升区域发展品质和形象。

——宁波都市圈。打造全球一流的现代化综合枢纽港、国际航运服务基地和国际贸易物流中心，形成长江经济带"龙头""龙眼"和"一带一路"倡议支点。

（2）促进四条发展带聚合发展

——沪宁合杭甬发展带。依托沪汉蓉、沪杭甬通道，发挥上海、南京、杭州、合肥、宁波等中心城市要素集聚和综合服务优势，实现最高产业发展质量的中枢发展带，辐射带动长江经济带和中西部地区发展。

——沿江发展带。打造引领长江经济带临港制造和航运物流业发展的龙头地区，推动跨江联动和港产城一体化发展，建设科技成果转化和产业化基地，增强对长江中游地区的辐射带动作用。

——沿海发展带。坚持陆海统筹，协调推进海洋空间开发利用、陆源污染防治与海洋生态保护。合理开发与保护海洋资源，积极培育临港制造业、海洋高新技术产业、海洋服务业和特色农渔业，推进江海联运建设，打造港航物流、重化工和能源基地，有序推进滨海生态城镇建设，加快建设浙江海

洋经济示范区和通州湾江海联动开发示范区，打造与生态建设和环境保护相协调的海洋经济发展带，辐射带动苏皖北部、浙江西南部地区经济全面发展。

——沪杭金发展带。打造海陆双向开放高地，建设以高技术产业和商贸物流业为主的综合发展带，统筹环杭州湾地区产业布局，加强与衢州、丽水等地区生态环境联防联治，提升对江西等中部地区的辐射带动能力。

2. 创新驱动经济转型升级

（1）共建内聚外合的开放型创新网络

构建协同创新格局，建设以上海为中心、宁杭合为支点、其他城市为节点的网络化创新体系。培育壮大创新主体，建立健全企业主导产业技术研发创新的体制机制，促进创新要素向企业集聚。培育壮大创新主体，建立健全企业主导产业技术研发创新的体制机制，促进创新要素向企业集聚。

（2）推进创新链产业链深度融合

强化主导产业链关键领域创新，以产业转型升级需求为导向，聚焦电子信息、装备制造、钢铁、石化、汽车、纺织服装等产业集群发展和产业链关键环节创新，改造提升传统产业，大力发展金融、商贸、物流、文化创意等现代服务。依托优势创新链培育新兴产业，积极利用创新资源和创新成果，培育发展新兴产业。

（3）营造创新驱动发展良好生态

优化专业服务体系，鼓励共建创新服务联盟，培育协同创新服务机构，强化技术扩散、成果转化、科技评估和检测认证等专业化服务。健全协同创新机制，加强区域创新资源整合，集合优质资源与优势平台，加快形成科教资源共建共享的机制，推进人才联合培养和科技协同攻关。营造有利于创新人才脱颖而出的环境，实施更加积极的人才政策，加强区域联动。

3. 健全互联互通的基础设施网络

（1）提高能源保障水平，调整优化能源结构和布局

统筹推进液化天然气（LNG）接收站建设，积极利用浙江沿海深水岸线和港口资源，布局大型LNG接收、储运及贸易基地，谋划建设国家级LNG储运基地。加强油气输送通道建设，积极利用国内国际资源，促进油源、气源多元化。优化天然气使用方式，新增天然气应优先用于替代燃煤，鼓励发

展天然气分布式能源等高效利用项目，限制发展天然气化工项目，有序发展天然气调峰电站。按照"炼化储一体化"原则，优化炼油产业结构和布局，统筹新炼厂建设与既有炼厂升级改造，集约化发展炼油加工产业。推进苏北沿海、浙江沿海、安徽南部核电规划建设。积极开发利用清洁能源，大力发展陆上、浅近海风电和光伏发电，推动沿海地区发展海洋能源发电，稳步拓展生物质能利用方式，科学利用地热能。除在建项目外，原则上不再新建单纯扩大产能的煤矿项目，加快淘汰煤矿落后低效产能，严格控制煤炭产能增长。按照安全优先、区别对待、按需消纳、互惠互利的原则，积极稳妥利用区外来电。结合区域内电力电量平衡情况，按照国家小火电关停和煤炭等量替代等相关要求，适度建设清洁高效煤电。全面实施燃煤电厂节能改造。

（2）加快能源利用方式变革

降低能源消费强度，加强能源消费总量控制。建立健全用能权初始分配制度，培育发展交易市场。推动建筑用能绿色化发展，提高建筑节能设计标准，推进建筑节能改造，推广被动式超低能耗建筑，新建的政府投资公共建筑、大型公共建筑应当至少利用一种可再生能源，加快节能产品推广。强化工业领域节能，力争主要工业领域单位产品能耗达到并优于世界先进水平。推进交通运输节能，加快提升车用燃油品质，加快发展LNG车辆、船舶，积极发展纯电动汽车和插电式混合动力汽车。

（3）提升水资源保障能力

按照"节水优先"的要求，大力推进灌区改造、雨洪资源利用等节约水、涵养水的工程。充分发挥丰富的地表水资源优势，以解决水质性缺水和保障饮水安全为重点，强化重大引提调水工程建设。加强青草沙水库等重要水源地保护，加强长江口咸潮倒灌控制，加快太湖流域水环境综合治理骨干引排工程、舟山大陆引水等工程建设，推进引江济淮工程前期工作。强化饮用水水源地保护，加大应急备用水源工程建设力度，实施管网互联互通工程，建立江河水、水库水和海水淡化互济的供水保障体系。扩大海水淡化和中水回用规模，在新增工业园区推行海水利用。实行最严格水资源管理制度，加快划定用水总量、用水效率和水功能区限制纳污红线。建立水资源水环境监测预警机制，促进经济社会发展与水资源环境承载能力相协调。

4. 推动生态共建环境共治

（1）共守生态安全格局，外联内通共筑生态屏障

强化省际统筹，推动城市群内外生态建设联动，建设长江生态廊道，依托黄海、东海、淮河—洪泽湖共筑东部和北部蓝色生态屏障，依托江淮丘陵、大别山、黄山—天目山—武夷山、四明山—雁荡山共筑西部和南部绿色生态屏障。

（2）严格保护重要生态空间

贯彻落实国家主体功能区制度，划定生态保护红线，加强生态红线区域保护，确保面积不减少、性质不改变、生态功能不降低。加强自然保护区、水产种质资源保护区的生态建设和修复，维护生物多样性。严格保护沿江、湖泊、山区水库等饮用水水源保护区和清水通道，研究建立太湖流域生态保护补偿机制，保障饮用水安全。全面加强森林公园、重要湿地、天然林保护，提升水源涵养和水土保持功能。加强风景名胜区、地质遗迹保护区管控力度，维护自然和文化遗产原真性和完整性。严格控制蓄滞洪区及其他生态敏感区域人工景观建设。严格保护重要滨海湿地、重要河口、重要砂质岸线及沙源保护海域、特殊保护海岛及重要渔业海域。严格控制特大城市和大城市的建设用地规模，发挥永久基本农田作为城市实体开发边界作用。

（3）实施生态建设与修复工程

实施湿地修复工程，推进外来有害生物除治，恢复湿地景观，完善湿地生态功能。实施退耕还林和防护林建设工程，深入推进水土保持林、水源涵养林建设，维持和改善物种栖息地生态环境。实施小流域水土流失治理工程，综合采用水土保持耕作、林草种植与工程性措施，保护小流域水土资源。实施矿山恢复治理工程，综合整治关停宕口，推进山体复绿，加大河口和海湾典型生态系统保护力度。实施海洋生态整治修复工程，有效恢复受损的湿地、岸滩、海湾、海岛、河口、珊瑚礁等典型海洋生态系统。

（4）推动环境联防联治，深化跨区域水污染联防联治

以改善水质、保护水系为目标，建立水污染防治倒逼机制。在江河源头、饮用水水源保护区及其上游严禁发展高风险、高污染产业。加大农业面源污染治理力度，实施化肥、农药零增长行动，进一步优化畜禽养殖布局和合理

控制养殖规模，大力推进畜禽养殖污染治理和资源化利用工程建设。对造纸、印刷、农副产品加工、农药等重点行业实施清洁化改造，加强长江、钱塘江、京杭大运河、太湖、巢湖等的水环境综合治理，完善区域水污染防治联动协作机制。实施跨界河流断面达标保障金制度。整治长江口、杭州湾污染，全面清理非法和设置不合理的入海排污口，入海河流基本消除劣Ⅴ类水体，沿海地级及以上城市实施总氮、总磷、重金属污染物排放总量控制，强化陆源污染和船舶污染防治。实施秦淮河、苕溪、滁河等山区小流域以及苏南、杭嘉湖、里下河、入海河流等平原河网水环境综合整治工程。

（5）联手打好大气污染防治攻坚战

完善长江三角洲地区大气污染防治协作机制，统筹协调解决大气环境问题。优化区域能源消费结构，积极有序发展清洁能源，新增特高压输电，建立煤炭消费减量化硬目标，全面推进煤炭清洁利用。上海、江苏、浙江新建项目禁止配套建设自备燃煤电站；耗煤项目要实行煤炭减量替代；除热电联产外，禁止审批新建燃煤发电项目；现有多台燃煤机组装机容量合计达到万千瓦以上的，可按照煤炭等量替代的原则建设大容量燃煤机组。长江三角洲城市群加快现有工业企业天然气替代燃煤设施步伐，基本完成燃煤锅炉、工业窑炉、自备燃煤电站的天然气替代改造任务。限制高硫石油焦的进口。加快产业布局结构优化调整，提升区域落后产能淘汰标准，推进重点行业产业升级换代。严格执行统一的大气污染物特别排放限制，加快推进煤电机组超低排放改造，上海、江苏、浙江10万千瓦及以上煤电机组全部完成超低排放改造。加快钢铁、水泥、平板玻璃等重点行业及燃煤锅炉脱硫、脱硝、除尘改造，确保达标排放。推进石化、涂装、包装印刷、涂料生产等重点行业挥发性有机物污染治理。加大黄标车和老旧车辆淘汰力度，推进港口船舶、非道路移动机械大气污染防治，加强对区域超标排放船舶的监管执法力度，确保到2030年城市空气质量全面达标。

（6）全面开展土壤污染防治

坚持以防为主，点治片控面防相结合，加快治理场地污染和耕地污染。制订长江三角洲土壤环境质量标准体系，建立污染土地管控治理清单。搬迁关停工业企业改造过程中应当防范二次污染和次生突发环境事件。搬迁关停工业企业应当开展场地环境调查和风险评估，未进行场地环境调查及风险评估、未明确治理修复责任主体的，禁止土地出让流转。集中力量治理耕地污染和大中城市周边、重污染工矿企业、集中污染治理设施周边、重金属污染防治重点区域、集中式饮用水源地周边、废弃物堆存场地的土壤污染。对水、大气、土壤实行协同污染治理，防止产生新的土壤污染。加强规划管控，严格产业项目、矿产资源开发的环境准入，从源头上解决产业项目和矿产资源开发导致的土壤环境污染问题。

（7）严格防范区域环境风险

坚持人民利益至上，牢固树立安全发展理念，强化重点行业安全治理，加强危险化学品监管，建立管控清单，重点针对排放重金属、危险废物、持久性有机污染物和生产使用危险化学品的企业和地区开展突发环境事件风险评估，深入排查安全隐患，特别是危险化学品和高毒产品在生产、管理、储运等各环节的风险源，健全完善责任体系，提高环境安全监管、风险预警和应急处理能力，跨区域集中统筹配置危险品处置中心。加快淘汰高毒、高残留、对环境和人口健康危害严重物质的生产、销售、储存和使用，推广有毒有害原料（产品）替代品。强化沿江、沿海、沿湾化工园区和油品港口码头的环境监管与风险防范，建设安全城市群。加强城镇公用设施使用安全管理，健全城市抗震、防洪、排涝、消防、应对地质灾害应急指挥体系，完善城市生命通道系统，加强城市防灾避难场所建设，增强抵御自然灾害、处置突发事件和危机管理能力。进一步落实企业主体责任、部门监管责任、党委和政府领导责任，加快健全隐患排查治理体系、风险预防控制体系和社会共治体系，依法严惩安全生产领域失职渎职行为，确保人民群众生命财产安全。

5.全面推进绿色城市建设，推进城市建设绿色化

严格城市"三区四线"规划管理，合理安排城市生态用地，适度扩大城市生态空间，修复城市河网水系，保护江南水乡特色。统筹规划地下地上空间开发，推进城市地下综合管廊建设，建立健全包括消防、人防、防洪、防震和防地质灾害等在内的城市综合防灾体系。推广低冲击开发模式，加快建设海绵城市、森林城市和绿色低碳生态城区。发展绿色能源，推广绿色建筑和绿色建材，构建绿色交通体系。

节约集约利用资源。以节地、节水和节能为重点，强化优化开发区域的城市重要资源总量利用控制，优化重点开发区域的城市资源利用结构和增速控制，加快推动资源循环利用，建设城市静脉产业基地，提升城市群资源利用总体效率。

推进产业园区循环化和生态化。严格控制高耗能、高排放行业发展，支持形成循环链接的产业体系。以国家级和省级产业园区为重点，推进循环化改造和生态化升级，实现土地集约利用、废弃物交换利用、能量梯级利用、废水循环利用和污染物集中处理。深入推进园区循环化改造试点和生态工业示范园区建设。

倡导生活方式低碳化。培育生态文化，引导绿色消费，鼓励低碳出行，倡导简约适度、绿色低碳、文明节约的生活方式。推行"个人低碳计划"，开展"低碳家庭"行动，推进低碳社区建设。

二、长江中游城市群

长江中游城市群是以武汉城市圈、环长株潭城市群、环鄱阳湖城市群为主体形成的特大型城市群，规划范围包括：湖北省武汉市、黄石市、鄂州市、黄冈市、孝感市、咸宁市、仙桃市、潜江市、天门市、襄阳市、宜昌市、荆州市、荆门市，湖南省长沙市、株洲市、湘潭市、岳阳市、益阳市、常德市、衡阳市、娄底市，江西省南昌市、九江市、景德镇市、鹰潭市、新余市、宜春市、萍乡市、上饶市及抚州市、吉安市的部分县（区），面积约 31.7 万 km²。长江中游城市群承东启西、连南接北，是长江经济带的重要组成部分，也是实施促进中部地区崛起战略、全方位深化改革开放和推进新型城镇化的重点区域，在我国区域发展格局中占有重要地位。

（一）区域概况

交通条件优越，临江达海，经济腹地广阔，拥有一批现代化港口群、区域枢纽机场以及铁路、公路交通干线，基本形成了密集的立体化交通网络，综合交通枢纽建设取得积极进展，在全国综合交通网络中具有重要的战略地位。

经济实力较强，人口众多、资源丰富，农业特别是粮食生产优势明显，工业门类较为齐全，形成了以装备制造、汽车及交通运输设备制造、航空、冶金、石油化工、家电等为主导的现代产业体系，战略性新兴产业和服务业发展迅速。

（二）绿色发展现状

随着国家深入实施区域发展总体战略和新型城镇化战略，全面深化改革开放，大力推进生态文明建设，积极谋划区域发展新棋局，推动经济增长空间从沿海向沿江内陆拓展，依托长江黄金水道推动长江经济带发展，为长江中游城市群全面提高城镇化质量、推动城乡区域协调发展、加快转变经济发展方式提供了强大动力与有力保障，也为长江中游城市群提升开发开放水平、增强整体实力和竞争力创造了良好条件，长江中游城市群的比较优势和内需潜力将得以充分发挥，在全国发展中的地位和作用进一步凸显。同时也要看到，长江中游城市群一体化发展机制还有待完善，中心城市辐射带动能力不强，产业结构和空间布局不尽合理，环境污染问题较为突出，城乡区域发展不够平衡，人与自然和谐发展任重道远。

（三）绿色发展规划

1. 城乡统筹发展

（1）构建多中心协调发展格局

武汉城市圈：加强与汉江生态经济带和鄂西生态文化旅游圈联动发展；积极推进"两型"社会综合配套改革试验区和自主创新试验区建设，率先在优化结构、节能减排、自主创新等方面实现新突破。

环长株潭城市群：加快洞庭湖生态经济区建设，把环长株潭城市群建设成为全国"两型"社会建设示范区和现代化生态型城市群。

环鄱阳湖城市群：推进鄱阳湖生态经济区建设，把环鄱阳湖城市群建设成为大湖流域生态人居环境建设示范区和低碳经济创新发展示范区。

（2）强化发展轴线功能

沿江发展轴：增强武汉的辐射带动功能，提升宜昌、荆州、岳阳、鄂州、黄冈、咸宁、黄石、九江等沿江城市综合经济实力，优化产业分工协作，引导轨道交通装备、工程机械制造、电子信息、生物医药、商贸物流、纺织服装、汽车、食品等产业集聚发展，推动石油化工、钢铁、有色金属产业淘汰落后产能和转型升级，进一步推进旅游合作，打造沿江产业走廊和全国重要的休闲旅游带。

沪昆发展轴：加快沿线上饶、鹰潭、景德镇、新余、宜春、萍乡、株洲、湘潭、娄底等城市的轨道交通、工程机械、航空制造、光伏光电、有色金属、生物医药、精细化工、粉末冶金、钢铁、食品等产业集群和基地建设，加强旅游合作发展，构建贯通城市群东部和西南地区的联动发展轴，成为连接东中西地区的重要通道。

京广发展轴：大力发展原材料、装备制造、高技术产业，形成我国重要的制造业基地。以武汉、长沙为龙头，增强沿线孝感、咸宁、岳阳、株洲、衡阳等重要节点城市的要素集聚能力，带动沿线城镇协同发展，构建沟通南北的经济发展轴。

京九发展轴：提升沿线麻城、蕲春、武穴、黄梅、德安、共青城、永修、丰城、樟树、新干、峡江等中小城镇的综合经济实力，立足特色资源优势，共同建设赣北、鄂东等地区的资源性产品生产及加工基地。

二广发展轴：以二广高速、焦柳铁路及蒙西至华中煤运铁路为依托，以襄阳、荆门、宜昌、荆州、常德、益阳、娄底等重要城市为节点，以各类高新区、开发区和承接产业转移园区为载体，发展特色产业和劳动密集型产业，深化区域合作。

2. 基础设施互联互通

（1）推动水利建设管理体制机制改革创新

完善区域水利项目合作机制，探索建设水资源一体化协作平台，统筹规划区域内重大水利项目建设。强化流域和城乡水资源综合管理，完善流域管理与行政区域管理相结合的管理体制，严格建设项目水资源论证，积极推进规划水资源论证工作，严格控制用水总量，全面提高用水效率，落实最严格水资源管理制度，推动经济社会发展与水资源水环境承载能力相协调。

（2）强化能源保障与安全联动

共同制订能源开发与保障长期规划，加强能源保障管理合作，逐步统一能源保障监测体系和能源调度管理，建立和完善能源战略储备和能源危机联合防控机制。共同开展能源新技术的研究合作，推广煤炭洁净技术，推动清洁能源的开发与利用。

3. 产业协同发展

联手打造优势产业集群，具体包括：

（1）装备制造业

以武汉、长沙、南昌、株洲、襄阳、景德镇等为重点，围绕装备制造业技术自主化、制造柔性化、设备成套化、服务网络化开展合作，着力提高装备设计、制造和集成能力，大力发展绿色制造，大幅度提高产品档次、技术含量和附加值，促进装备制造业结构优化，共同打造具有世界影响的装备制造产业基地。

（2）冶金工业

鼓励重点有色金属企业开展联合协作与技术改造，加快淘汰落后产能，促进有色金属产业向高新化、集约化、清洁化、循环化方向发展，打造具有全球竞争力的有色金属产业基地。

（3）石油化工产业

坚持园区化、集约化和精细化发展，积极推行清洁生产，强化分工合作和产业配套，延伸下游产业链，促进产业循环发展，共建长江中游绿色石油化工产业集群。依托武汉、岳阳、九江、荆门等地产业基础，重点发展精深加工石油化工产品，推进产业提质增效升级。

（4）家电产业

建立长江中游城市群家电研发技术联盟，支持宁乡、荆门等地建设家电绿色资源再制造基地，推动家电产业转型升级。

（5）战略性新兴产业

大力发展新一代信息技术、高端装备制造、新材料、生物、节能环保、新能源与新能源汽车等战略性新兴产业。

4. 共同构筑生态屏障

（1）共同保护水资源水环境

加强长江、汉江、清江、湘江、赣江、信江、抚河等流域和鄱阳湖、洞庭湖、洪湖、梁子湖、东湖等湖泊、湿地的水生态保护和水环境治理。实施水资源开发利用控制红线、用水效率控制红线，严格控制污染物排放总量。

重点推进长江干流饮用水水源地保护和产业布局优化、汉江及湘江水污染治理和再生水利用、洞庭湖及鄱阳湖水生态安全保障、洞庭湖经济区工业结构调整、三峡库区污染防治等项目，促进水生态修复。划定河湖管理范围，开展水域岸线登记，建立河湖水域岸线有偿使用制度，全面提高岸线资源使用效率，共同保护岸线资源。加强国家级水产种质资源保护区和湿地自然保护区、湿地公园建设，加强湿地生态修复，恢复湿地净化水质、调节气候、维护生物多样性的功能。支持水生态文明试点城市建设，加强农村河道综合整治。将鄱阳湖、洞庭湖流域纳入国家重点流域治理范围，支持珠湖等湖泊开展国家良好湖泊生态环境保护试点。加强入河排污口整治和城乡污水、垃圾处理设施建设，完善污水收集管网和垃圾收运体系。加快推进工业园区污水集中处理厂建设。加强入河排污口监督管理，合理优化调整入河排污口布局。加大农业面源污染减排力度，划定畜禽禁养、限养区，畜禽养殖场配套建设废弃物处理和贮存设施。

（2）共建城市群"绿心"

构建以幕阜山和罗霄山为主体，以沿江、沿湖和主要交通轴线绿色廊道为纽带的城市群生态屏障，建设城市群"绿心"。实施封山育林，加强水土流失综合治理，严格依法落实生产建设项目水土保持方案制度，加强各类开发建设项目水土保持监督管理，防止产生新增人为水土流失。推进生态公益林建设，改善林分结构，严格控制林木采伐和采矿等行为，加强自然保护区、风景名胜区、森林公园和地质公园建设，加强生物多样性保护，构建生态优良、功能完善、景观优美的生态网络体系。统筹考虑将"绿心"涉及的有关县（市、区）纳入国家重点生态功能区范围问题。

（3）构建生态廊道

加强交通沿线和河流两岸绿化带建设，加快沿江防护林体系、三峡库区、环鄱阳湖与环洞庭湖防护林带、碳汇林业示范、高速公路和铁路沿途绿化带等重点工程建设，着力改善大别山、大洪山、大梅山、怀玉山、罗霄山、衡山、庐山、武功山、武陵山北段等生态质量，共同构筑以长江水系、湿地、山体、道路绿化带、农田林网为主要框架的网络化生态廊道，增强生态系统功能。加强山丘区坡耕地改造及坡面水系工程配套，控制林下水土流失，实施崩岗治理。推动城市周边地区清洁小流域建设，进一步加强革命老区水土保持重点工程建设。

5. 共促城市群绿色发展

（1）提高资源利用水平

严格控制高耗能、高排放行业低水平扩张和重复建设，加大化工、氮肥、磷肥、稀土等行业关停整治力度，依法淘汰落后产能，加强在共性、关键和前沿节能降耗新技术、新工艺的研发与应用合作，共同组织实施重点节能技术改造项目，全面推进建筑、交通等重点领域节能改造。推进长株潭、新余、荆门国家节能减排财政政策综合示范城市建设。加强水资源跨区域协调，支持探索跨区域水权转让，建立水资源综合调配机制，推进流域水资源统一配置调度。共同推进高耗水行业节水改造和节水农业灌溉技术推广，建设节水型社会。实施最严格的耕地保护制度和集约节约用地制度，提高单位土地投资强度和产出效益。开展矿山废弃地、废弃工业用地、村庄闲置土地整治和再利用，按照中央统一部署推进农村土地管理制度改革，鼓励开发利用城市地下空间。

（2）大力发展循环经济

以各类符合条件的开发区、产业园区为载体，打造企业间、园区间资源循环利用产业链，全面推进工业园区循环化改造，鼓励国家级开发区创建国家循环经济示范区、国家生态工业示范园区。加强清洁生产审核，抓好钢铁、石油化工、有色金属、机械制造、建材和造纸等行业清洁生产。加强资源综合利用，大力推进磷石膏、冶炼渣等大宗工业固体废弃物综合利用，重点推进再生资源利用产业示范基地建设，支持发展再制造产业，共建再生资源回收利用体系，促进再生资源回收和循环利用，率先在长江中游城市群全面建立再生资源回收网络，支持有条件的城市积极开展"城市矿产"建设、餐厨废弃物资源化利用和无害化处理、再生资源加工利用等。积极构建农业循环经济产业链，推进农林废弃物循环利用。

（3）倡导绿色低碳生活方式

充分发挥湖北国家低碳省试点、江西国家生态文明先行示范区和武汉、南昌、景德镇国家低碳城市试点及国家可持续发展实验区示范作用，支持创建低碳企业、低碳园区、低碳社区和低碳城市，大力推广适应夏热冬冷气候区的绿色建筑、节能省地型住宅和全装修住宅、节能型电器、节水型设备。逐步推行家庭垃圾分类回收处理，减少使用一次性产品，限制过度包装。倡导绿色出行，鼓励消费者购买节能环保型汽车，大力发展公共交通和城市慢行系统。实施有机产品认证、良好农业规范认证等绿色标识认证制度，政府优先采购环境标志产品和节能产品。

6. 共建跨区域环保机制

（1）加强环境污染联防联治

加强环境准入与管理合作，逐步统一城市群工业项目、建设项目环境准入和主要污染物排放标准，推进环保信用体系建设，探索建立环保"黑名单制度"，加快建立环保守信激励、失信惩戒机制。加强应急联动机制合作，建立突发环境事件快速通报机制，共同应对区域突发性生态环境问题。共同实施水环境保护战略行动计划，加快构建水污染联防联控物联网，强化跨界水质断面和重点断面考核管理，推动跨界水污染防治。联手防治大气污染，实施城市清洁空气行动计划，全面加强重点区域和重点行业的大气污染防治，加强对工业烟尘、粉尘、城市扬尘和挥发性有机物等空气污染物排放的协同控制，大力推进脱硫脱硝工程建设，加强黄标车和老旧车淘汰及机动车污染治理工作。加大株洲清水塘等城市老工业区搬迁改造推进力度。加强重金属污染联防联治，建立重点区域、重点流域的环境预警体系，开展以重点区域为核心、湘江流域为重点的区域综合整治。

（2）完善生态补偿机制

按照谁开发谁保护、谁受益谁补偿的原则，在森林、湿地、流域水资源和矿产资源等领域，探索多样化的生态补偿方式。推动下游地区与上游地区、开发地区与保护地区、生态受益地区与生态保护地区建立横向生态补偿机制，建立健全饮用水水源地、自然保护区、重点生态功能区、矿产资源开发和流域水环境保护等生态补偿制度。开展抚河源国家生态补偿试点，将鄱阳湖、洞庭湖及湘资沅澧四水、洪湖、汉江中下游等重要湿地纳入国家生态补偿试点范围。支持设立中国南方森林碳汇基金，推进碳汇造林和碳减排指标有偿使用交易，支持南方林业产权交易所和中部林业产权交易中心建设区域性林权交易市场。支持湖北碳排放权交易中心建设，鼓励新余等区域性碳排放。

（3）权交易市场建设

实施环境监管执法联动。统一执法标准，严格执行主要污染物总量控制、环境影响评价、建设项目环保设施"三同时"、限期治理、区域流域行业限批、挂牌督办、环保后督察等制度。建立健全跨行政区的环境治理跟踪机制、协商机制和仲裁机制等，加强联合监管和纠纷调解工作。共同防御外来有害生物入侵，保护国家生物安全。加强节能监督和环保执法队伍建设，提高环境执法强度，形成环境保护部门统一监管、相关部门各负其责的环境执法机制。

三、成渝城市群

成渝城市群是西部大开发的重要平台，是长江经济带的战略支撑，也是国家推进新型城镇化的重要示范区。成渝城市群具体范围包括重庆市的渝中、万州、黔江、涪陵、大渡口、江北、沙坪坝、九龙坡、南岸、北碚、綦江、大足、渝北、巴南、长寿、江津、合川、永川、南川、潼南、铜梁、荣昌、璧山、梁平、丰都、垫江、忠县等27个区（县）以及开县、云阳的部分地区，四川省的成都、自贡、泸州、德阳、绵阳（除北川县、平武县）、遂宁、内江、乐山、南充、眉山、宜宾、广安、达州（除万源市）、雅安（除天全县、宝兴县）、资阳等15个市，总面积18.5万 km^2，2014年常住人口9094万，地区生产总值3.76万亿元，分别占全国的1.93%、6.65%和5.49%。

（一）区域概况

区位优势明显，处于全国"两横三纵"城市化战略格局沿长江通道横轴和包昆通道纵轴的交会地带，是全国重要的城镇化区域，具有承东启西、连接南北的区位优势。自然禀赋优良，综合承载力较强，交通体系比较健全。

经济发展水平较高，是西部经济基础最好、经济实力最强的区域之一，电子信息、装备制造和金融等产业实力较为雄厚，具有较强的国际国内影响力。人力资源丰富，创新创业环境较好，统筹城乡综合配套等改革经验丰富，开放型经济体系正在形成，未来发展空间和潜力巨大。

（二）绿色发展现状

资源环境约束日趋加剧。部分地区开发强度过大，城市建设用地扩展与耕地保护矛盾加剧，水土能矿资源利用效率较低。部分城市大气污染严重，部分支流水环境恶化，整体环境质量不容乐观。生态系统退化趋势尚未得到根本遏制，自然灾害易发频发。协同发展机制不健全。地方保护和市场分割现象严重，行政壁垒未完全破除，要素流动不畅，区域内统一市场和信用体系建设滞后，城市群一体化发展成本共担和利益共享机制尚未破题。

（三）绿色发展规划

1. 促进产业分工与协作

（1）培育优势产业集群，提升能矿资源加工产业集群

按照一体化、集约化、基地化、多联产要求，加强地区协作配套，联合推进资源类产品的科技攻关和产业化生产，深度转化特色优势资源，促进资源加工产业就地集群化发展。促进油气资源精细化利用，支持页岩气规模化开发利用，提升天然气化工产业技术水平和产品层次，大力发展化工新材料产业。积极发展循环经济，共同推进资源综合利用示范基地建设。

（2）有序承接产业转移，强化承接产业转移管理

着眼于共同建设长江上游生态屏障，根据各地区主体功能定位，按照耕地总量控制、能耗强度控制、主要污染物排放总量控制、禁止开发空间控制的原则，加强对产业发展的规划管理，强化产业转移项目环境影响评价和节能评估审查，严格禁止承接高耗能、高污染项目。

2. 推动基础设施互联互通

（1）提高能源利用效率

强化工业领域节能，力争主要工业领域单位产品能耗达到并超过世界先进水平。实施燃煤电厂节能改造工程。推动绿色建筑行动，推动建筑能效提升，提高建筑节能设计标准，推进既有建筑节能改造，推广被动式超低能耗建筑。积极推广可再生能源建筑应用。大力推动建筑产业现代化、发展现代木结构、钢结构等新型建筑结构体系，推广应用绿色建材。推进交通运输节能，加快提升车用燃油品质，积极发展纯电动汽车和插电式混合动力汽车，发展多种形式的公共交通特色服务。

（2）加快水源工程建设

实施管网互连互通工程，建立江河水和水库水互济的供水保障体系。落实

最严格水资源管理制度。严格规划重大项目水资源论证，确保与水环境承载能力相适应，严格取用水总量控制；加强建设项目取水管理，强化流域水资源统一调度，统筹配置生产、生活和生态用水；加强用水效率管理，强化工业、农业等领域节水改造和技术推广，全面推进节水型社会建设；加强水功能区限制纳污红线管理，严格控制入河湖排污总量，加强水生态环境保护。

3. 建立健全城市群协同发展机制

建立城市群生态保护补偿机制。研究建立成渝城市群与周边生态屏障地区的横向生态补偿机制，选择嘉陵江等上下游环境目标清晰、利益关系清楚、合作意愿强烈的流域、跨区县生态保护地区等开展区域性横向生态补偿试点。在城市群内鼓励采取共享公共资源等方式，建立生态受益地区对生态保护地区的横向补偿。

4. 推进生态共建环境共治

（1）共守生态安全格局，共筑成渝城市群生态屏障

坚持区域生态建设一体化，推动群内群外生态建设联动，加快推进与城市群生态安全关系密切的周边重点生态功能区建设，筑牢城市群生态安全屏障。强化省级统筹，推动毗邻地区与川西、川北、渝东南等共建川滇森林及生物多样性生态功能区、大小凉山水土保持和生物多样性生态功能区、武陵山区生物多样性与水土保持生态功能区、秦巴生物多样性生态功能区、三峡库区水源涵养与水土保持生态功能区。

（2）共建生态廊道

构建以长江、岷江、大渡河、沱江、涪江、嘉陵江、渠江、乌江、赤水河为主体的城市群生态廊道，维护流域水生态空间。加强流域水生态系统保护与修复，开展湖滨带、重点湖库及小流域水土流失综合治理，因地制宜实施坡改梯并配套坡面水系工程，发展特色林果业，推进库区及上游生态清洁小流域建设。严格河湖滨岸保护和管理，保护滨岸生态空间。恢复河流上下游纵向和河道—滨岸横向的自然水文节律动态，拓展河湖横向滩地宽度。提升农田、农村集水区河段滨岸植被面源污染截留功能，提高城市河段植被的固岸护坡和景观等功能。统筹考虑自然保护区、风景名胜区、湿地、鱼类产卵场等敏感区域的生态需水要求，加强水利水电工程的联合调度。满足自然

保护区、风景名胜区、湿地、水产种质资源保护区和水生生物"三场一通道"等敏感区域的蓄水需求。保障河流、湖泊生态环境需水，优先保障长江干流生态基流。依托龙门山、龙泉山、华蓥山及盆地南北部边缘和川中等自然丘陵、山体，构建城市群生态隔离带。

（3）共保城市间生态空间

加强生态空间管制，严守生态保护红线、城市开发界线。在重点生态功能区、生态环境敏感区和脆弱区等区域划定生态保护红线，科学划定森林、林地、草地、湿地、河流、湖库等领域生态红线，实行空间开发"准入清单"管理，确保生态功能不降低、面积不减少、性质不改变。加快划定城市周边永久基本农田，强化城郊农业生态功能，优化城市空间格局，严控城市无序扩张。保护和建设城市之间生态隔离带，确保足够的绿色开敞空间。渝东北生态涵养发展区要坚持点上开发、面上保护，突出生态涵养和生态屏障功能，集中开发建设万（州）—开（县）—云（阳）一体化发展区。渝东南生态保护发展区要突出生态保护和生态修复功能，增强黔江的区域辐射带动作用，推动石柱等地实现集约式开发、绿色化发展。

5. 实施环境共治

（1）深化跨区域水污染联防联治

加快落实《水污染防治行动计划》，实施流域分区管治战略，在江河源头、饮用水水源保护区及其上游，严禁发展高风险、高污染产业，严格控制高能耗、高排放行业低水平扩张和重复建设，加大化工等行业关停整治力度。建立跨境断面区域联防联控和流域生态保护补偿机制。强化环境执法，坚决打击违法排污行为，重点解决局部河段污染严重问题。加强三峡库区水生态水环境综合治理，实施消落区综合整治工程。结合新农村建设，统筹实施次级河流沿线农村环境综合治理工程，加强农业面源污染治理，发展生态循环农业。推进长江干流、岷江、沱江、渠江、乌江、嘉陵江等水污染防治，加快实施内河航道能源清洁化工程，大力推进实施"气化长江"工程，加强沿线城市污水管网建设，做好生活污水收集处理，推进污水处理设施提标改造。加强造纸、有色金属、农副产品加工等重点行业清洁化改造。加强水土流失动态监测和生产建设活动人为水土流失监管。

（2）联手打好大气污染防治攻坚战

强化城市群大气污染联防联控，加大工业源、移动源、生活源、农业源综合治理力度，加强二氧化硫、氮氧化物、颗粒物、挥发性有机物等多污染物协同控制，确保到2030年城市空气质量全面达标。控制煤炭消费增长幅度，全面推进煤炭清洁高效利用。严格执行统一的大气污染物特别排放限值，加快推进煤电机组超低排放改造，具备条件的煤电机组2020年底前完成超低排放改造。加快钢铁、水泥、平板玻璃等重点行业及燃煤锅炉脱硫、脱硝、除尘改造，确保达标排放，推进石化、涂装、包装印刷、涂料生产等重点行业挥发性有机物污染治理。推行绿色交通，加大黄标车和老旧车辆淘汰力度，推进港口船舶、非道路移动机械大气污染防治。推进钢铁、水泥等重点行业清洁生产技术改造，强化农业源控制。

（3）加强固废危废污染联防联治

严格防范搬迁关停工业企业改造过程中二次污染和次生突发环境事件，搬迁关停工业企业应当开展场地环境调查和风险评估，未进行场地调查及风险评估的，未明确治理修复责任主体的，禁止土地流转。加快建设一批固废资源回收基地和危废处置节点，构建区域性资源回收、加工和利用网络。强化城市间固体废弃物联合处理处置，优化生活垃圾填埋场、焚烧厂等环境基础设施布局。落实污水处理厂污泥和垃圾渗滤液配套处理设施建设。在成都、重庆等重点城市优先建立完善的医疗废物和危险废物产生源数据库和独立的收集运输体系，鼓励跨区域合作共建危废处理设施，确保区域内医疗废物和危险废物安全处置率达到100%。

6. 建设绿色城市

推进城市建设绿色化。推进产业园区循环化和生态化。支持形成循环链接的产业体系。以国家级和省级产业园区为重点，推进循环化改造和生态化升级，实现土地集约利用、废弃物交换利用、能量梯级利用、废水循环利用和污染物集中处理。深入推进广安、达州、长寿等园区循环化改造试点和生态工业示范园区建设。倡导生活方式低碳化。培育生态文化，引导绿色消费，鼓励低碳出行，倡导简约适度、绿色低碳、文明节约的生活方式。推行"个人低碳计划"，开展"低碳家庭"行动，推进低碳社区建设。

第二节　重点流域生态经济规划

　　长江支流流域面积 1 万 km² 以上的支流有 49 条，其中汉江是长江的最长支流，长 1577km，为南水北调中线工程的引水水源。2018 年 10 月，《汉江生态经济带发展规划》获国务院批复（国函〔2018〕127 号），提出要改善提升汉江流域生态环境，打造美丽、畅通、创新、幸福、开放、活力的生态经济带。与汉江不同，太湖是长江中下游 7 个湖泊集中区之一，是我国第三大淡水湖泊，同样也是重要水源地，供水服务范围超过 2000 万人，约占太湖流域总人口的 55%。两个流域的绿色发展不仅关乎着当地百姓的饮水安全，而且关系到整个长江的生态质量。

一、汉江流域的绿色发展

　　汉江生态经济带处于我国南北植物区系的过渡带和东西植物区系的交会区域，拥有秦巴山、伏牛山、桐柏山、大洪山等重要生态屏障，神农架是全球中纬度地区保持最好的亚热带森林生态系统之一，丹江口水库是南水北调中线工程重要水源地。

（一）区域概况

　　区位优势独特，该地区处于我国中西部地区的结合部，是西北地区通江达海的重要通道，也是连接长江经济带和丝绸之路经济带的重要桥梁，具有承南启北、贯通东西的枢纽功能，在推进"一带一路"建设、长江经济带发展中具有十分重要的地位。

　　发展态势良好，该地区农业基础良好，是我国传统的粮棉油渔生产基地。汽车、机械、化工、电子、轻纺、食品等工业蓬勃发展，是全国重要的汽车工业、装备制造和纺织服装生产基地。旅游、物流等现代服务业发展迅速，产业转型升级步伐也逐步加快。

　　文化底蕴深厚，汉江流域是中华民族和中华文明的重要发祥地，是中华民族重要的文化资源宝库，拥有武当山、明显陵、张骞墓等世界文化遗产，汇聚了众多全国重点文物保护单位和国家非物质文化遗产，是全国著名的历史文化旅游目的地。

（二）绿色发展现状

1. 生态环境保护形势严峻

南水北调中线工程实施后，丹江口库区及上游地区水污染治理和生态建设任务更加迫切，经济发展与生态环境保护的矛盾更加突出。小清河、唐白河、竹皮河等支流水污染严重，汉江中下游因来水减少水环境自净能力下降。

2. 水运水利设施有待完善

汉江航道部分河段枯水期通过能力不足，港口规模较小、功能较弱、配套能力不强。汉江中下游干流堤防尚不达标，杜家台等分蓄洪区和分洪民垸续建配套及安全工程还不完善，丹江口库区山洪灾害防治任务繁重。

3. 经济转型任重道远

汉江流域经济发展整体上尚处于工业化中期，产业结构层次偏低，传统农业比重偏大，工业技术含量偏低，服务业发展滞后，产业升级、新旧动能转换压力大，经济外向度低，开放合作平台缺乏。

4. 区域发展不平衡问题突出

汉江流域中下游地区发展较快，上游地区发展相对滞后，上下游间没有形成协同发展格局，丹江口库区及上游地区人均生产总值仅相当于中下游地区的 55% 左右。

（三）绿色发展的目标

到 2025 年，生态环境质量更加优化，丹江口水库水质优于 II 类标准，汉江干流稳定达到 II 类水质标准，部分河段达到国家 I 类水质标准，支流及重要湖库水质满足水功能区管理目标；经济转型成效显著，农业现代化水平大幅提升，战略性新兴产业形成一定规模，第三产业占地区生产总值的比重达到 50%；文化软实力增强，打造出一批具有影响力的文化品牌；城乡居民收入达到全国平均水平，公共服务体系更加健全，人民群众幸福感明显增强。

到 2035 年，生态环境根本好转，宜居宜业的生态经济带全面建成；战略性新兴产业对经济的支撑作用明显提升，经济实力、科技实力大幅提升；社会文明达到新的高度，文化软实力显著增强；人民生活更为富裕，乡村振兴取得决定性进展，农业农村现代化基本实现，城乡区域发展差距和居民生活水平差距显著缩小，基本公共服务均等化基本实现。

（四）绿色发展的主要措施

把生态文明建设摆在首要位置，重点保护和修复汉江生态环境，深入实施《水污染防治行动计划》，划定并严守生态保护红线，扎实推进水环境综合治理，加强水生态修复，科学利用和有效管理水资源，努力建成人与自然和谐共生的绿色生态走廊。

1. 加快推进生态文明建设，打造"美丽汉江"

（1）构筑生态安全格局

建设沿江绿色保护带，建设沿干流生态林带，连接陆生生态系统与河流湿地生态系统，构筑具备防洪、血防、水土保持、水源涵养、生态净化等多种功能的沿江综合植被防护体系。构建秦巴山生物多样性生态功能区，大力实施野生动植物保护、自然保护区建设等工程，加强朱鹮、大熊猫、川金丝猴、羚牛、红豆杉、紫斑牡丹等珍稀濒危野生动植物的抢救性保护。坚持封山育林、天然林保护、湿地保护、长防林建设，促进植被恢复，维护生态系统，确保生物多样性得到有效保护。大洪山、桐柏山水土保持生态功能区，全面开展生态清洁小流域建设，实施封山育林和水源涵养，恢复和保护地表植被，加大矿山环境整治修复力度。

（2）推进生态保护与修复

加强湖库与湿地生态修复，将丹江口库区、瀛湖、南湖、白河、长湖、漳河水库等湖泊湿地生态功能重要区域和生态环境敏感脆弱区域划入生态保护红线，大力实施退耕还湖（湿）、滨河（湖）生态建设等工程；加强汉江流域河岸带和丹江口库区库滨带生态保护与修复，维持河流、湖泊、水库水生生态系统结构与功能完整性，保护恢复以鱼类资源为重点的水生生物多样性；加大大鲵等水生生物多样性保护力度，分层次划定水域和沿岸生物多样性保护优先区域；加快推进全流域禁捕和渔民退捕转产，开展水生生物资源增殖和河流湿地修复工程，实施河流生物廊道联通工程，开展重要水生物种资源及其关键栖息场所等调查监测；加强自然保护区建设和监管，加强湿地示范区、水产种质资源保护区等建设。

推进江湖连通和灌江纳苗，促进江湖动态联系，修复水网生态平衡。加强水土保持。开展水土流失综合防治，在人口相对集中、坡耕地较多、植被覆盖率低的区域，采取坡面整治、沟道防护、水土保持等措施开展综合治理。对 25 度以下的缓坡耕地实施坡改梯。加强森林植被保护和建设，在秦巴山、伏牛山、桐柏山、大洪山等适宜地区，加强国家储备林建设；加强汉江干支流两岸防护林、天然林保护和修复，积极开展森林公园建设，精准提升森林质量。对丹江口库区 15~25 度非基本农田坡耕地、其他地区 25 度以上非基本农田坡耕地实施退耕还林还草；加强岩溶地区石漠化综合治理工程建设，强化林草植被保护和恢复，促进生态系统修复。

（3）严格保护一江清水

严格防治工业点源污染，严格执行排污许可制，重点行业企事业单位依法申领排污许可证。落实企事业单位环保主体责任，严格按照排污许可证的规定排污，落实污染物排放控制措施和其他各项环境管理要求。落实环境准入负面清单和环境影响评价制度，提高行业环境准入门槛，严禁高耗能、高污染的工业项目落户，依法加快淘汰落后工艺和产能，关闭污染严重、不能稳定达标排放的企业和生产线，专项整顿高耗能、高污染行业。引导企业向专业园区集聚发展，推进工业集聚区水污染自动在线监控和集中治理处置，实现达标排放。

加强农业面源污染防治。加快发展循环农业，推进农作物病虫害绿色防控和低毒低残留农药使用，推动传统养殖向生态养殖转型。推广测土配方施肥、水肥一体化技术，调整地下水易受污染区的种植业结构。加强畜禽水产养殖污染防治，依法划定汉江干支流畜禽水产养殖禁养区、限养区，关停搬迁禁养区内的养殖企业。规模化畜禽养殖场（小区）实行雨污分流、粪污资源化利用，散养密集区实行畜禽粪污分户收集、集中处置。严禁在饮用水水源地一级保护区进行网箱养殖。

严格防控船舶港口污染。严格执行船舶污染物排放标准，加快推广应用低排放、高能效、标准化的节能环保型船舶，依法强制报废超过使用年限的船舶。提高含油污水、化学品洗舱水等接收处置能力及污染事故应急能力。在港口建设船舶污染物接收设施，接入市政污水处理系统。加强城乡生活污水垃圾治理。加快汉江干支流沿线现有城镇生活污水处理设施及配套污水管网建设改造，推进移民搬迁沿江沿河集中安置点污水垃圾处理项目建设，加快推进城中村、老旧城区和城乡接合部污水截流、收集，积极推进雨污分流改造。

（4）有效保护和利用水资源

加强水源地保护，制订完善饮用水水源保护区划，优化沿江、沿河取水口和排污口的布局，依法取缔饮用水水源保护区内的排污口。开展水资源保护区规范化建设，建立沿江、沿河、沿湖水资源保护带和生态隔离带，在水源保护区设置明显的地理界标、警示标志等设施。同时严厉打击水源保护区内一切威胁水质安全的违法行为。

实施水资源总量控制：严守水资源开发利用控制红线，控制流域和区域用水总量，加快建立以总量控制与定额管理为核心的水资源管理体系；严格落实用水总量控制指标，做好城市新建城区、重大产业布局规划及建设项目水资源论证工作；严格规范取水许可审批管理，严格执行地下水禁采和限采范围，逐步削减超采量，实现地下水采补平衡。

优化水资源配置，实现汉江水资源优化配置和合理调度，统筹协调南水北调、引汉济渭、引江济汉等水资源配置工程，开展引江补汉工程前期研究，提高商洛、汉中、鄂北、鄂中丘陵等重点干旱地区水资源优化配置能力，稳步推进大中型水库、流域区域调水和沿江城市引提水工程建设。加强城市应急和备用水源建设，实现20万人口以上的城市备用水源全部具备供水条件。建设节水型社会，实施国家节水行动，落实最严格的水资源管理制度，严格用水总量控制、用水效率控制和水功能区限制纳污红线管理。限制高耗水工业项目建设和高耗水服务业发展，提高工业水循环利用、再生水利用水平。继续做好全国水生态文明城市创建试点工作，强化城镇节水，对使用超过50年和材质落后的供水管网进行更新改造，到2020年汉江流域城市公共供水管网漏损率控制在10%以内，地级及以上缺水城市全部达到国家节水型城市标准要求，缺水城市再生水利用率达到20%以上。

（5）加强大气污染防治和污染土壤修复

加强大气污染防治，加快实施《打赢蓝天保卫战三年行动计划》，坚持全民共治、源头防治，持续开展大气污染防治行动，实现环境效益、经济效益和社会效益多赢。加快水泥、化工、有色等行业清洁生产技术改造，加强二氧化硫、氮氧化物、烟粉尘、挥发性有机物等主要污染物综合防治。在资源有保障的条件下，有序推进集中供热、"煤改气"和"煤改电"工程建设。推动燃煤锅炉脱硫脱硝除尘改造、钢铁烧结机脱硫改造、水泥脱硝改造、平板玻璃天然气燃料替代及脱硝改造。实施石化、化工、工业涂装、包装印刷、油品储运销、机动车等重点行业挥发性有机物综合整治工程。加强对重点行业、重点企业大气污染物的治理和在线监测，督促企业稳定达标排放。严禁秸秆露天焚烧，实行秸秆资源化利用。

有效修复污染土壤。全面实施《土壤污染防治行动计划》，强化土壤污染管控和修复，以江汉平原为重点，加大重金属污染耕地修复治理力度。开展土壤污染状况调查，推进土壤污染分类防治，对重度污染的耕地科学调整种植结构或实施退耕还林还草。加强修复过程监督检查，由第三方对修复成效进行评估，对土壤污染治理修复责任方实施终身责任追究。符合相应规划用地土壤环境质量要求的地块，方可进入用地程序。

2. 创新引领产业升级，培育"创新汉江"

（1）培育壮大战略性新兴产业

发挥武汉、襄阳、十堰、荆门、南阳、汉中等地创新资源优势，积极培育新能源汽车、电子信息、高端装备制造、生物医药、新材料等产业，打造一批新兴产业基地。加强军民融合创新示范，推进军民资源共享和军民两用技术双向转移转化，着力推进海工装备、激光、北斗导航、新型航天等一批重点项目集聚发展，培育壮大一批军民融合领军企业和优势产业。

（2）打造先进制造业基地

增强创新创业能力，大力推进武汉、襄阳、南阳等国家创新型城市建设。以安康、南阳、襄阳、荆门、孝感等国家级高新技术开发区为载体，支持行业龙头企业、高校、科研院所协同创建各类创新平台，加强产业源头技术的开发。加强十堰中关村科技成果产业化基地、南阳中关村科技产业园等建设，加速创新技术成果转化。

改造提升传统制造业，做强汽车及零部件产业，提升整车及重要零部件设计开发能力，增强汉江千里汽车产业走廊的竞争力。推进石化、化工产业绿色发展，在不增加炼油产能的前提下，发展炼化一体的石油化工，重点发展精细化工和化工新材料，做精做强磷化工，加强煤化工、盐化工、碱硝化工的循环化改造。提升纺织服装产业竞争力，积极打造特色农产品加工产业集群，推进建筑材料产业向节能环保型方向发展。支持襄阳、十堰、荆门、南阳、汉中等老工业城市加快推进城区老工业区搬迁改造，加大对潜江、钟祥等资源枯竭城市转型的支持力度。发挥武汉东西湖区、荆门、谷城、潜江、商洛等国家级循环经济试点示范作用，大力开发"城市矿产"，发展再制造产业和"静脉产业"。

3. 提升城市品质，创建"幸福汉江"

优化城市绿色空间。扩大城市生态空间，推进城市生态园林建设，完善城镇生态景观廊道、绿道网系统和公园体系，增加森林、湖泊、湿地等具有生态调节功能的景观斑块面积。推进汉中、安康、丹江口等地国家园林城市建设，支持荆门、襄阳、随州、安康等地创建国家森林城市。

推行绿色低碳生活方式，大力推行绿色建筑和装配式建筑，率先推进政府投资项目和大型公共建筑强制执行绿色建筑标准，积极引导新建建筑执行绿色建筑标准，积极采用装配式建造方式，鼓励采取合同能源管理模式进行建筑节能改造。发展绿色交通，落实公交优先发展政策，完善步行和自行车交通系统，推行城市公共自行车租赁系统，大力推进城市公共交通行业节能减排工作，建立营运车辆燃料消耗、排放准入制度。

推进武汉、安康低碳城市试点建设，实施绿色低碳社区建设工程。创新城镇规划管理，创新城市规划理念和方法，合理划定城市开发边界、生态控制线和"三区四线"，加强城镇生产、生活和生态空间管制。在水源地、生态保护区内严禁房地产开发，建设健康城市和健康村镇，探索建立全民健康管理体系。推进试点城市地下综合管廊建设，开展海绵城市建设。推进信息化与城市建设管理的深度融合，加快新型智慧城市建设，全面推行城镇网格化管理和数字城管模式。

4. 创新体制机制，建设"活力汉江"

健全自然资源资产产权制度，推进流域内的水流、森林、湿地、草原、荒地、滩涂等自然生态空间统一确权登记，明确自然资源资产所有者、监管者及其责任。全面落实自然资源资产有偿使用制度，加强自然生态空间用途管制，明确各类自然生态空间开发、利用、保护边界。推进编制自然资源资产负债表，开展领导干部自然资源资产离任审计，建立生态环境损害责任终身追究制度。

建立健全联防联控机制，积极建立负面清单管理制度，设定禁止开发、限制开发、优化开发的河段、区域，编制实施重点生态功能区产业准入负面清单。推进实施环境保护党政同责、一岗双责，全面推行河长制、湖长制，切实加强河湖管理保护。合作开展环境保护督察，严格环境保护执法，加大对环境突出问题的联合治理力度。建立环保"黑名单"制度，实行环境保护守信激励、失信惩戒机制，建立统一的实时在线环境监控系统，健全环境信息公布制度。支持在汉江生态经济带开展流域水环境综合治理和可持续发展试点，系统推进水环境综合治理、水资源高效利用和水生态保护修复。

建立资源环境承载能力监测预警机制，探索建立生态保护补偿机制。积极开展汉江流域生态补偿试点，研究制订以地方补偿为主、中央财政给予支持的横向生态保护补偿机制办法，鼓励流域下游与上游通过资金补偿、对口协作等方式建立横向补偿关系，继续推进南水北调中线工程水源区对口支援生态补偿试点。

充分发挥湖北碳排放权交易试点在全国的先行示范作用，积极参与全国碳排放权交易市场建设。建立健全用能权、用水权、碳排放权初始分配制度，加快建立合同能源管理、节能低碳产品和有机产品认证、能效标识管理等制度，加快水权交易试点，培育和规范水权交易市场。推进矿业权市场建设，将排污权交易制度建设成为推动污染物减排、排污许可证制度实施的有效经济手段，规范排污权交易行为，鼓励发展排污权交易二级市场。积极推进环境污染第三方治理，建立吸引社会资本投入绿色发展领域的市场化机制。

二、太湖流域的绿色发展

（一）流域概况

太湖流域面积为 36900km²，行政区划包括江苏省苏南大部分地区，浙江省湖州及嘉兴市和杭州市的一部分，上海市的大部分。太湖流域以平原为主，地形特点为周边高、中间低。流域内太湖及主要湖泊湖底高程一般为 1.0m，中东部洼地地面高程一般为 3~4.5m，最低处仅 2.5~3m，其他平原区地面高程为 5~8m，西部山丘区丘陵高程为 10~30m，山丘高程一般为 200~500m，最高峰天目山主峰高程约 1500m。

太湖流域位于中纬度地区，属湿润的北亚热带气候区，为亚热带季风气候，夏季高温多雨，冬季温和。太湖流域的自然植被主要分布于丘陵、山地，太湖流域河网密布，湖泊众多，水域面积为 6134km²，水面率达 17%，河道和湖泊各占一半。太湖是我国第三大淡水湖泊，现有水面积 2338km²，位于太湖流域的中心。

太湖流域自然条件优越，水陆交通便利，农业生产基本条件好，工业发达，经济基础雄厚，人口稠密，劳动力素质高，科技力量强，市场信息灵通，基础设施和投资环境较好，是我国沿海主要对外开放地区，并且太湖流域水、光、热资源充足，适合发展农、林、牧、渔业，主要农作物为水稻、小麦及其他经济作物。

（二）绿色发展现状

"十二五"期间，江苏省认真贯彻党中央、国务院决策部署，全面贯彻实施《太湖流域水环境综合治理总体方案》（以下简称《总体方案》）和《太湖流域水环境综合治理总体方案修编》（以下简称《总体方案修编》），坚持铁腕治污、科学治理太湖，坚持应急防控与长效治理齐抓并举，坚持控源截污与生态修复统筹推进，顺利实现了《总体方案修编》所确定的太湖治理的目标。

1. "两个确保"顺利实现

制订实施应急预案，严格落实防控措施，连续多年实现国家提出的"确保饮用水安全，确保不发生大面积湖泛"目标。以太湖为水源的城市基本实现双源供水和自来水深度处理全覆盖，出厂水质全面达到或超过国家最新卫生标准。全面落实各项应急措施，完成生态清淤 3669 万 m³，超额完成国家下达任务，打捞蓝藻 800 多万吨，有效减轻了水体污染。加强湖泛防控，落实监测巡查、应急清淤、人工降雨等措施，降低了湖泛发生概率。到 2020 年，太湖已连续 13 年顺利完成"两个确保"。

2. 流域水质持续向好

湖体水质由 2007 年Ⅴ类改善为 2015 年Ⅳ类，综合营养状态指数由中度改善为轻度；高锰酸盐指数、氨氮、总磷等 3 项考核指标分别处于Ⅱ类、Ⅰ类和Ⅳ类，分别降低 11.1%、83.6% 和 41.6%；参考指标总氮为 1.81mg/L，连续 2 年消除劣Ⅴ类，较 2007 年降低 35.5%。流域 65 个国控断面水质达标率较 2011 年提高 17.3%，15 条主要入湖河流年平均水质由 2007 年 9 条劣Ⅴ类改善为全部达到Ⅳ类以上。

2018 年太湖无锡水域水质总体符合Ⅳ类水平，其中总氮近 30 年来首次达到Ⅳ类标准。13 条主要出入湖河流连续 6 年未出现Ⅴ类和劣Ⅴ类水体，8 条河道达到Ⅲ类以上标准。

2019 年，江苏省 104 个国控断面优Ⅲ类比重达 77.9%、同比提高 8.7%，国考省考断面和主要入江支流断面全部消除劣Ⅴ类，长江、淮河等重点流域水质明显改善，太湖治理连续 12 年实现"两个确保"，截至 2021 年 7 月，太湖湖体总磷、总氮浓度和湖体藻密度均值，同比分别下降 20%、15.30% 和 33.2%。13 个设区市及太湖流域县（市）城市建成区基本消除黑臭水体，近岸海域优良海水面积占比提高 41.2%。

3. 全面实施治理工程

2019 年江苏省节能减排成效显著。加快淘汰低水平落后产能，全年压减水泥产能 333 万吨、平板玻璃产能 1410 万重量箱，全面完成"十三五"任务。全年关闭退出化工生产企业 735 家。绿色江苏建设有力推进，全年高耗能行业投资同比下降 10.4%，其中化学原料和化学制品制造、有色金属冶炼和压延加工、火力发电投资分别下降 28.3%、23.0%、32.4%。规模以上工业企业新能源发电量为 641.7kW·h 时，同比增长 18.4%。

2021 年，江苏省启动了太湖流域排污口排查整治工作，涉及 163 条骨干河流、106 个湖泊，累计共确认各类排污口 13272 个。江苏省加快推进太湖年度目标任务书工程项目，235 项治理太湖工程完成投资 42.7 亿元；完成 1.2 万家升级改造类"散乱污"企业的整治提升；逐步建立涉磷企业清单管理制度；新增污水处理能力 2 万 m^3/d，新建污水管网 110 余 km。沿湖各地打捞蓝藻 94 万吨，完成清淤 100 万 m^3，调水入湖 5.94 亿 m^3。

4. 区域发展更加协调

2015 年，苏锡常三次产业比重实现"三二一"标志性转变，高新技术产业占规模以上工业比重超过45%。流域16个市（县）建成国家级生态市（县），成为全国最大生态城市群。在流域重点地区人口、GDP 分别较 2007 年增长 6.36% 和 148% 的背景下，太湖水质持续改善、生态持续好转，实现了经济和环境协调发展，太湖治理工作得到了国家省部际联席会议和社会各界的肯定。

5. 体制机制不断创新

创新小流域治理工作机制，建立由各级领导共同担任主要入湖河流河长的"双河长"制。蓝藻打捞处置基本实现"专业化队伍、机械化打捞、工厂化处理、资源化利用"。城市生活污水处理推广网格化排水达标区建设，创新经济政策，提高排污收费标准，推行环境资源区域补偿、绿色信贷、环境责任保险、排污权有偿使用和交易试点。同时创新载体建设，通过环保模范城市、生态市、生态示范区、环境优美乡镇和生态村等不同层次创建活动，推进了太湖治理工作深入开展。

（三）面临的问题

1. 水质及生态改善任重道远

随着太湖治理工作深入，水质改善幅度放缓，对照国家 2020 年目标要求，太湖湖体总磷指标仍有一定差距，主要入湖河流总磷和总氮指标差距较大。藻型生长环境仍未根本改变，生态系统退化、水环境容量减小、自净能力降低的特征依然存在。

2. 产业结构调整任务仍然艰巨

流域产业结构仍然偏重，传统行业污染物排放量较大，污染物排放总量大于环境容量的基本状况在短期内尚未转变到位。转变经济发展方式、调整产业结构、推进区域产业转型升级、建设与流域治理相适应的可持续发展模式还需要一个相当长的过程。

3. 农业面源污染治理尚待加强

流域农业面源污染负荷占比增高趋势明显，农村农业污染治理难点问题突出。农业面源污染面广量大，治理技术有待提高，治理体制有待改进，保障机制有待加强。污染治理技术、工程缺乏规范标准，治理项目建设运行管理较为薄弱。

4. 精准治理有待强化

太湖治理的方案所确定的目标、任务、重点项目，未能在市县层面深化落实。针对氮磷污染、重点污染区域、重点污染行业治理，缺乏科学决策手段。治理目标、项目建设、资金支持间的关联性有待加强，地方治理项目安排的精准性有待提高。

5. 项目运行管理水平有待提高

"重工程建设、轻运行管理"的现象较为突出，长效运行管理机制亟待加强；部分建制镇、相当部分农村生活污水处理设施未能发挥相应的环境效益；部分农业面源、湿地、资源化利用等工程项目，存在主体不明确、责任未落实、运行管理水平低的现象。

6. 支撑保障体系有待提升

太湖流域治理的信息共享机制还不完善，大数据平台建设和公开服务功能较弱。重大科技、实用技术、研究课题、示范工程成果未能有效转化与应用。技术、标准、政策、管理等非工程性措施不足，监督、评估、考核体系有待强化。省级专项资金安排聚焦不够，地方财政投入需要加大。多部门参与工作需强化统筹协调，对已出台的规划、政策评估工作有待加强。

（四）绿色发展的规划

以提升湖体、重点考核断面和水功能区水质为目标，围绕实现更高水平"两个确保"、全面实施氮磷污染控制、持续推进生态修复以及提升资源化利用水平四大重点任务。加大太湖西部及上游地区水环境治理力度，重点实施流域氮磷污染控制，加快推进新一轮河湖清淤工程，积极探索蓝藻等资源化利用措施，深入推进太湖水环境综合治理7大类工程。

1. 持续保障饮用水安全

（1）强化饮用水水源安全

按照"水源达标、备用水源、深度处理、严密监测、预警应急"的要求，完善城市供水安全保障体系。严格水源地保护制度，加强饮用水水源地达标建设，全面保障饮用水安全。全面实施现有水厂自来水深度处理工艺改造，新建水厂须一律达到深度处理要求。积极完善区域联合供水，扩大安全饮用水范围，实施从水源水到龙头水全过程监管，构建流域供水安全保障体系并加强考核，确保饮用水安全。各市、县人民政府及供水单位定期监测、检测和评估本行政区内饮用水水源、供水厂出水、用户水龙头水质等饮水安全状况，并向社会公开。

（2）强化应急防控措施

严格落实应急预案要求，强化太湖湖泛巡查、蓝藻（水草）打捞处置、应急清淤等应急防控措施，严密防范供水危机；建设太湖蓝藻（水草）打捞及湖泛防控能力建设工程和移动式蓝藻应急处置工程，提升环湖蓝藻（水草）打捞、分离和处置能力，完善应急防控物资储备。按照"引清释污，以动制静，以丰补枯，改善水质"的要求，加强流域统一调度，充分提升流域骨干水利工程引排能力，科学调水引流，建立引排长效机制，适时开展人工增雨作业，缓解蓝藻暴发。

2. 全面深化工业污染防治

（1）加快淘汰落后产能

继续实施污染企业搬迁改造，持续降低太湖上游地区工业污染负荷，制订产业转型升级方案，加快推进化工行业转型调整。完成太湖一级保护区化工企业的关停并转迁，建成无"化"生态保护区。大力调整宜兴、武进等地产业结构，2020年，化工、印染、电镀等行业产能和企业数量大幅削减。

（2）全面提高工业企业清洁生产水平

开展新一轮化工、印染、电镀等重点行业专项整治，太湖流域一、二级保护区内建立清洁生产企业清单和清洁化工艺改造项目清单，全面提高企业清洁生产水平。

（3）强化化工园规范化建设及管理

加强工业污水接管和深度处理，全面推行工业集聚区企业废水和水污染物纳管总量双控制度，重点行业企业工业废水实行"分类收集、分质处理、一企一管"，完善工业集聚区污水收集配套管网，开展工业集聚区污水集中处理和污水处理厂升级改造，提升工业尾水循环和再生水利用水平。健全重点污染源在线监控系统，加强工业污染源监管，加强环境风险评估和应急处置能力建设，做好突发环境污染事故的及时处置工作。

（4）全面强化船舶污染治理

加强船舶港口码头污染控制，增强交通航运污染防治能力。全面提高船舶污染物的收集能力，完善船舶污染物岸上接收设施建设，港口、码头应当配备船舶污染物、废弃物接收设施和必要的水污染应急设施，加强船舶垃圾收集、水上加油站点的管理，形成配套体系。

3.城镇生活污染治理

（1）全面推进城镇污水处理厂提标改造

强化污水处理厂运行管理，提高处理水平。执行更加严格的总磷总氮排放要求，尾水排入太湖水系的所有城镇污水处理厂均实施氮磷特别排放限值。完善城镇污水处理厂配套管网。完善城镇污水处理厂管网配套，推进雨污分流、老旧管网改造及排水达标区建设。全面加强污水收集管网配套建设和管理维护，尤其是支管网建设，扩大纳管范围，提高城镇污水收集能力，提高污水处理厂运行负荷率。结合城镇集中居住区旧城改造、道路改造、新建小区建设，全面实施城镇雨污分流管网建设，重点推进一、二级保护区内的城镇雨污分流排水达标区建设，逐步扩大排水达标区。

（2）提升污泥规范化处理和城镇垃圾处理水平

推进污泥规范化处置和资源化利用，实施永久性污泥处理处置设施建设。科学规划、合理布局污泥集中处理处置设施，在污泥产生量较大且有条件相对集中处理的区域，建设污泥规范化处理处置利用工程。城镇污水处理厂污泥全部实现无害化处理，推进土地利用及建材利用等低碳环保的污泥处理处置方式，提高城镇污水处理厂污泥资源化利用水平。完善城乡生活垃圾收运体系，加强餐厨废弃物、建筑垃圾处理，建立城镇垃圾分类处置体系。加强生活垃圾污染控制，重点支持生活垃圾填埋场、飞灰填埋场和大中型垃圾中转站等新（改、扩）建工程，提高城乡垃圾的转运和处理能力。对已经达到使用年限的填埋场进行规范化封场治理，组织对简易填埋场进行环境整治，全面实施垃圾处理场（焚烧场）垃圾渗滤液处理设施建设和提标改造工程。

（3）推进海绵城市建设

系统推进海绵城市建设，构建健康的城市水生态系统，新建城区硬化地面可渗透面积达到40%以上。既有建成区要结合棚户区（危旧房）改造、易淹易涝片区整治和城市环境综合整治等项目逐步实施。推进海绵城市示范区、海绵型公园和绿地、建筑与小区、道路与广场、小城镇、村庄等示范建设。

4. 农业面源污染治理

（1）强化畜禽养殖污染治理

推进畜牧业绿色发展，按照"种养结合、以地定畜"的要求，优化畜牧业规划布局，逐步将太湖一级保护区建成禁养区。二级保护区实行畜禽养殖总量控制，不得新建、扩建畜禽养殖场。全面规范二、三级保护区内所有养殖场（小区）、养殖专业户养殖行为，取缔所有非法和不符合规范标准的养殖场（小区）、养殖专业户。加强畜禽养殖废弃物综合利用，强化分散畜禽养殖粪污收集处理利用体系、种养结合一体化以及治理配套设施等工程建设。

（2）加强水产养殖污染控制

调整渔业产业结构，继续推进百亩连片池塘循环水养殖工程，构建池塘生态养殖系统，强化水产养殖业污染管控，规范池塘循环水养殖，严格执行太湖流域池塘养殖水排放标准，严格将太湖围网养殖面积控制在4.5万亩以内。

（3）全面推进种植污染治理

调整种植业结构，全面推进连片生态循环农业示范区（农业面源污染防治示范区）建设工程，推广生态、循环、绿色农业发展模式，重点实施农业清洁生产、废弃物资源化利用等重点工程，将太湖一级保护区打造成生态循环农业基地。优化调整农业生产方式，调优化肥农药生产、销售、使用结构，确保太湖一级保护区化肥、化学农药施用总量大量消减。

（4）推进农村环境综合整治

全面实施农村生活污水处理、垃圾收运、水系沟通、河网清淤、岸坡整治等工程。改革创新管理及运营机制，探索推动村庄生活污水处理设施第三方区域化规范运行管理模式，提高农村污水收集处理能力。建立农村面源监控体系，研究推进农业面源污染治理非工程措施，建立农村环境保护宣教制度，开展农村环境教育。

5. 生态保护与恢复

（1）加强生态湿地保护与恢复

建立流域湿地保护体系，严格保护流域内湿地类生态红线区域，严格控制非法围占自然湿地，遏制流域内湿地面积减少和湿地生态功能退化。加大流域生态基础设施建设，逐步完善河网、湖荡湿地，构建合理有效的生态廊道、生态斑块，系统性恢复河流、湖泊、山水园林之间的生态关系，加强湿地保护管理能力建设，推进流域湿地保护生态补偿机制实施。整体推进流域湿地建设，强化环太湖、重点湖泊湖滨、主要入湖河流的湿地保护与恢复工程。

（2）持续实施河湖生态清淤

制订新一轮河湖清淤方案，实施太湖湖体、重点湖泊、出入湖河道、流域骨干河道以及农村河网等清淤工程，建立河湖清淤轮浚机制。加快推进环太湖绿色廊道建设。有机串联城市、集镇和村落，形成体现历史文化、自然山水和城镇风貌的绿色廊道，提升水系岸线及滨水绿地的自然生态效益，提高绿色廊道的生态稳定性、地域特色性和功能完善性，鼓励沿湖有条件区域开展绿色廊道试点建设工程。

6. 藻、淤泥和芦苇等处置及资源化利用

（1）蓝藻（水草）资源化利用

按照"统一规划、合理布点、分步实施"的原则，在太湖流域蓝藻重点发生和水草广泛聚生区域，建设蓝藻、水草"巡查—打捞—运输—处置—资源化利用"一体化工程，建设与打捞能力相匹配的资源化处置设施，探索蓝藻（水草）等资源化利用方式，拓宽利用渠道。

（2）淤泥综合利用

积极推广河湖淤泥"疏浚—运输—处置—资源化利用"一体化示范工程。推进河湖淤泥与固化土在农业种植、土地修复、园林绿化、填方建材等方面的综合利用。

（3）秸秆及湿地水生植物利用

加强秸秆等农作物废弃物以及湿地水生植物的资源化利用。利用沼气工程、堆肥处理、有机肥生产、发酵还田施用等有效措施，促进畜禽养殖废弃物资源化利用和无害化处置。对湿地水生植物进行处理和资源化利用，建立湿地植物"收割—储运—资源化利用"体系，建设资源化利用设施，避免湿地植物二次污染。

（4）城镇污水处理厂尾水及雨水再利用

全面推进城镇污水处理厂尾水再生利用工程建设，加大再生水利用规模，提升再生水、雨水利用等可再生水资源综合利用水平。

7.流域综合治理

继续推进重点区域治理、小流域综合整治、断面达标治理以及水系畅通工程，合理细分控制单元，围绕水质改善，突出重点支浜，强化系统施治。构建生态清洁小流域长效管理机制，恢复小流域河网水体自净功能。

（1）主要入湖河流综合整治

开展新一轮太湖上游地区主要入湖河流专项整治工作。重点对经武进、宜兴入湖河流开展专项排查和评估，制订总氮、总磷削减控制方案，全面实施入湖河流总氮、总磷削减控制工程。

（2）淀山湖综合整治

以保护饮用水水源地安全、重点地区水资源为重点，全面实施保障饮用水安全、工农业与城乡污染源治理、水生态修复、河网综合治理、闸坝设置优化、疏浚清淤等综合治理工程措施。

（3）其他重点河湖综合整治

加强武宜运河、苏南运河、吴淞江，以及长荡湖、滆湖、阳澄湖、澄湖等流域重点湖泊的小流域综合整治。通过控源、整岸、治浜、清淤等工程措施，控制流域污染物排放，全面恢复水生态系统。

第三节　产业园区规划

依托长江这一黄金水道，长江经济带正在重点打造电子信息、高端装备、汽车、家电、纺织服装五大世界级制造业集群，进而承建覆盖长江经济带全域的产业链。该区域的一百多个产业园成为上述五大产业集群落地的主要承载地。在绿色发展理念下，绿色制造体系正在逐步建立，推动产业向高端升级的同时，部分产业园也转型或转移。本节以武汉东湖新技术开发区为例展现产业高端化过程中的绿色路径，而以应城市经济开发区为例来看老工业园区的绿色化转型改造。

一、武汉东湖新技术开发区：以科技创新引领绿色发展

武汉东湖新技术开发区（以下简称东湖高新区）作为我国第二个国家自主创新示范区，是湖北省新一代信息技术产业最重要的产业集聚区，已建成国内最大的光通信技术研发基地、国内最大的光纤光缆生产基地、国内最大的激光器件生产基地。"武汉·中国光谷"已经在全球范围内形成了较强的影响力和知名度。各产业发展势头强劲，以华星光电、武汉天马为龙头的中小尺寸显示面板产业基地加速建设；以联想为龙头的移动互联产业加速集聚；以武汉新芯为龙头的国家集成电路产业基地加速布局，同时，智能制造、大数据、云计算、跨境电商等新兴产业加速培育。在科技部公布的全国高新区排名中，东湖高新区连续两年综合实力居全国第三位，知识创造和技术创新能力居第二位。

（一）区域概况

2000 年 5 月，湖北省政府和武汉市政府决定以武汉东湖工业园区的基础设施、人才和技术资源为基础，大力响应国家对光电信息技术产业发展的号召，建立国家光电子信息基地。2001 年，科技部和国家发展计划委员会批准在东湖高新区正式建立国家光电子信息基地。2016 年，获批为中国（湖北）自由贸易试验区武汉片区。

光谷拥有许多产业集聚园区，包括光谷现代服务业园、光谷生物城、光谷中心城、光谷光电子信息产业园等。光谷目前经济发展以光电子信息、生命健康等产业为主导，推动集成电路、数字经济等新兴领域蓬勃发展，聚焦建设芯（集成电路）、屏（半导体显示）、端（智能移动终端）、网（新一代信息技术、互联网）万亿产业集群。

2019 年，光谷的生产总值增加了 10.8%，工业总产值为 47572.06 亿元，规模以上工业增加值同比增长 15.4%；固定资产投资 519.68 亿元，增长 12.5%；对外贸易出口达到 705.6 亿元，同比增长 29%，新增 14640 个新业务。新增 455 家高科技公司，高新技术企业共计 3100 家，在国家高新区排名第一。新增 2 个独角兽企业，总数达到 4 个。

（二）园区发展现状

1. 科技整体实力显著增强

科技投入持续增长，地方财政科技拨款从 2015 年的 68.19 亿元提高到 2020 年的 152.67 亿元，全社会 R&D 经费支出占 GDP 比重从 3.02% 上升到 3.20%。科技成果不断涌现，每万人发明专利拥有量达 51.87 件，其中每万人高价值发明专利拥有量 20.50 件；涌现出 9 纳米光刻试验样机、中国首款 128 层三维闪存芯片、中国首条 5G 智能制造生产线、中国首台高精度量子重力仪等一批重大自主创新成果。武汉地区获得国家、省级科技奖励 1076 项，中国第一代核潜艇总设计师黄旭华院士获国家最高科学奖，实现武汉市国家最高科学奖零的突破。2020 年，武汉在《自然》杂志全球城市科研指数排名中位列全国第四、全球第十三，国家创新型城市创新能力指数位列全国第五。

2. 重大创新平台加快建设

科技创新平台体系不断完善，国家重大科技基础设施群建设取得突破性进展，脉冲强磁场设施功能不断完善，精密重力测量、高端生物医学成像等设施加快建设，深部岩土工程扰动模拟、作物表型组学研究等设施进入预研和论证过程。全市新增产业创新中心 1 个、制造业创新中心 2 个、国家研究中心 1 个、国家重点（工程）实验室 1 家、国家企业技术中心 12 家，国家级创新平台累计达 138 家。

3. 科技成果转化加速推进

武汉市在全国率先成立科技成果转化局，开创市、区、高校院所、中介机构"四位一体"的科技成果转化新格局，形成科技成果转化"武汉样板"。加快打造中部技术转移枢纽，建立市级科技成果转化线上平台并实行市场化运作，建成中国高校（华中）科技成果转化中心、中科院科技成果在汉转化服务中心、湖北技术交易大市场。技术合同成交额实现翻番，从 2015 年的 471.09 亿元提高到 2020 年的 942.28 亿元；新增技术转移示范机构 72 家，累计达 110 家。

4. 高新技术产业快速发展

光电子信息、汽车及零部件、生物医药及医疗器械等三大万亿产业集群蓬勃发展，中小尺寸显示面板、集成电路等战略新兴产业强势崛起，"北斗 +"

产业、人工智能、数字经济等一批新兴业态加速发展。国家存储器基地、国家商业航天产业基地、国家网络安全人才与创新基地、国家新能源和智能网联汽车基地、大健康产业基地加速建设。高新技术产业规模持续壮大，全市规模以上高新技术产业增加值达到4032.12亿元，比2015年增长84.53%；规模以上高新技术产业增加值占GDP比重达25.82%，比2015年增长5.79%。

5. 科技企业培育卓有成效

深入实施高企培育专项行动计划，全市高新技术企业数量翻两番，从2015年的1656家增加到2020年的6259家，净增4603家；"科技小巨人"企业入库总数达到3835家；累计培育独角兽企业6家，位居中西部第一。"众创空间+孵化器+加速器"全链条搭建成形，创新创业生态持续优化，入围全国首批"小微企业创业创新基地城市示范"名单。新获批国家级科技企业孵化器11家、国家级众创空间53家，国家级创业孵化载体累计达108家。

6. 科技服务民生持续升级

科技创新对教育、医疗、养老、环境、应急等民生领域的支撑引领作用显著增强。实现智慧物业、智慧安防、智慧环卫等功能"一张网"管理，建成智慧平安小区500个，入选首批全国人工智能条件下养老社会实验试点城市，成功创建国家"智慧教育示范区"，获批建设国家新一代人工智能创新发展试验区。新冠肺炎疫情期间，第一时间分离出病毒毒株，第一时间筛选出治疗药物，第一时间开展疫苗临床试验。科技精准扶贫再上台阶，选派1052名科技特派员开展技术服务，组织各类科技力量与贫困地区共同攻关先进适用技术。以大数据、物联网等为代表的新技术在应急安全、生态环保等领域加速推广应用。

7. 科技创新环境日益优化

科技创新政策体系不断完善，出台《关于加强科技创新引领高质量发展的实施意见》（武发〔2019〕12号）、《武汉市全域推进自主创新行动方案》（武改委发〔2019〕4号）《院士专家引领十大高端产业发展行动计划》（武办文〔2020〕28号）等系列政策文件。科技金融结合更加紧密，科技创业投资引导基金不断扩大，科技型上市后备企业质量、数量双提升，科技信贷产品不断创新。科普广度、深度持续拓展，举办"武汉市科技活动周"、科普讲解大赛等活动，大力弘扬科学精神，普及科学知识，传播科学思想，倡导科学方法，公民具备基本科学素质比重从 10.70% 提升到 16.10%。

（三）绿色发展中的科技因素

1. 形成覆盖创新全链条的科技创新服务体系

湖北是全国科教资源大省，武汉在校大学生数量全球第一。东湖高新区聚集了高等院校 42 家，科研院所 56 家，近年来各类创新平台持续增加，国家级技术创新平台 220 个，国家级技术转移机构 8 家，国家级示范生产力促进中心 1 家，形成了从基础研究、应用开发到科技成果产业化较为完善的科技创新服务体系。新型产业组织作用不断增强，8 家产业技术研究院累计孵化企业 150 多家，科技成果转化累计约 1 亿元，推动了科技创新与市场需求的高效对接。同时，47 家产业技术创新联盟引导企业协同创新、抱团发展。

2. 高技术产业集群规模较大

作为全国首个国家光电信息产业的主要载体，光谷光电信息产业园共有 17000 多家企业。其中，企业数量和工业产品价值占高新区总数的 86% 以上，光缆生产规模居世界第一，国内市场占有率为 66%，国际市场占有率超过 25%，它是中国光谷产业发展的基础。在与信息技术相关的软件行业中，光谷已经形成了一个庞大的工业集群。在过去的五年中，光谷增加了两个 300 亿元企业和 5 个百亿元企业。高新科技公司从 283 家上升到 1848 家。许多知名公司纷纷入驻，小米，科达迅飞，尚德，小红书等企业在这里开设了"第二总部"，逐步使光谷成为中国第四个互联网港口。在光谷分散的工业园区，华中光电子和天马微电子等中国科技航天的主要存储器和激光芯片等大量高科技产业发展迅速，使光谷成为世界重要的显示板生产基地之一。

3. 科研机构和人才具备一定集聚规模

光谷目前已集聚中国科学院，武汉邮电学院等 56 个国家级研究所，10 个主要开放实验室，7 个国家工程研究院，700 多个技术开发机构。学术界专业技术人员达 25 万多人，每年科技成果 1500 多项，是中国知识信息最密集的地区之一，也是科教排第三的地区。迄今为止，光谷高新区已经集聚了 4 位诺贝尔奖获得者，60 位中外学者，397 位国内人才，182 位当地人才，1699 位"3551 项目光学人才谷"和 6000 多个海内外人才团队，拥有 10000

多名博士，为建立创新的光谷提供充分的人力和智力支持。

4. 技术创新有了一定发展

光谷的信息技术公司已经主导并参与了 25 项国际标准，373 项国家标准和 456 项行业标准的制定。近年来，光谷信息技术公司专利申请量年增长率已超过 25%。武汉东湖高新区立足于自主创新的强大推动力，团结人才，推动企业建设，留下"光谷模式"创新驱动发展。为加速屏幕关键技术全面自主研发，武汉光谷利用自身的创新引领产业发展。2018 年以来，湖北省增加了行业领先的技术研发和发展潜力挖掘，提出了芯片驱动的发展模式，建设示范区推动高新技术产业的发展，以集成电路为代表的战略产业和高层次的产业发展的设计，并推动产业集群转化。光谷已经形成了一整套产业集群，在科技创新成果的应用上取得了长足的进步，极大地推进新的战略产业群的创建，并有助于解决底层技术和创新型国家建设的问题。

5. 科技企业孵化事业蒸蒸日上

东湖高新区是我国孵化器事业的发源地，建设了我国第一家科技企业孵化器、第一条创业大街（全长 1km）。现有各类孵化器（加速器）53 家，其中国家级孵化器 11 家，国家创新型孵化器 14 家，孵化（加速）面积达 400 万 m^2，创业服务机构 300 多家。举办了光谷青桐汇、中央电视台"寻找光谷创业榜样"、黑马大赛、楚才回家等一系列具有影响力的创业活动，营造了"天天有咖啡、周周有路演、月月青桐汇"的良好氛围。科技金融服务平台不断完善，集聚各类金融机构 700 多家，其中股权投资机构 496 家，建设了武汉股权托管交易中心、长江众筹金融交易所、长江大数据交易所等 10 多家交易平台。获批建设了我国首家知识产权示范园区、首家光通信行业国家专利导航产业发展实验区和全国第五个国家级技术转移中心。

（四）绿色发展的规划

1. 总体目标

以打造世界级产业集群为目标，以湖北东湖科学城为核心的光谷科创大走廊建设为牵引，围绕产业链部署创新链、围绕创新链布局产业链，立足产业规模优势、资源配套优势和部分领域先发优势，以科技赋能的创新链、精准赋能的政策链、资本赋能的资金链、效率赋能的服务链、智慧赋能的人才链等"五链"统筹全面赋能产业发展生态，推动科技创新的"关键变量"转化为高质量发展的"最大增量"，切实以科技创新推进战略性新兴产业集群发展，"十四五"末经济规模向 5000 亿元冲刺，将光谷建设成战略性新兴产业集群发展的"排头兵"，为武汉市打造五个中心、建设现代化大武汉，为全省"建成支点、走在前列、谱写新篇"作出光谷贡献。

2. "十四五"时期发展的主要任务

（1）打造全球顶尖的"光芯屏端网"产业集群

拉长做强集成电路、新型显示、下一代信息网络产业链，推动光电技术泛在化、融合化、智能化发展，强化光通信、激光、空间信息服务等优势领域领跑地位，加快布局和拓展集成电路、新型显示、5G 移动通信、软件与信息技术、物联网等战略领域，以创建国家新一代人工智能创新发展试验区为契机，加快布局发展智能制造、智能终端等新兴业态。

（2）打造具有国际影响力的生命健康产业集群

以创新药物研发、高端医疗器械为重点，布局基因检测、细胞治疗、健康管理等精准化、融合化、智能化的生命健康全生命周期产业链，发展新药检测、生物技术、临床前服务、医学临床服务、疾病诊断等服务产业。

（3）打造策源能力突出的未来产业集群

抢抓争创东湖综合性国家科学中心的有利机遇，充分利用湖北实验室以及大科学装置、各类创新中心等开放共享平台作用，围绕前沿技术与高新技术交叉融合、颠覆性技术突破等催生的未来领域，加快培育脑科学、区块链、量子信息、基因工程、生物医学成像、氢燃料电池等未来产业，加快壮大高端装备、新能源汽车、绿色环保以及航空航天、海洋装备等新兴产业。

3. 综合保障措施

（1）加强组织保障

落实全面从严治党要求，充分发挥党组织的战斗保垒作用，完善党领导经济社会发展工作机制。加强干部队伍建设，全面提升干部队伍的思想素质和业务技能。贯彻执行《东湖国家自主创新示范区条例》，健全依法决策机制，推进行政管理体制改革。

（2）强化政策保障

落实现有创新创业政策、产业促进政策、人才政策，制定并实施一批创新创业、产业发展和人才培育的新政策，优化区域发展环境。

（3）健全项目及资金保障机制

有序推进各项基础设施工程建设，合理布局经济社会发展项目。强化项目保障，强化财税政策引导，积极拓宽融资渠道，合理引导各类投资，加强资金审计监督。

（4）建立规划落实机制

建立项目动态监管机制，加强重大项目监督考评，加强对项目责任单位的责任监督。健全规划落实机制，实行规划目标责任制，明确部门职责和分工，促进规划落地。

二、应城市经济开发区：走循环化改造之路

应城市位于湖北省中部偏东，地处江汉平原与鄂中丘陵过渡地带，江汉平原北部，东以漳水和涢水与云梦为界，东北与安陆毗邻，西与天门、京山两市接壤，南与汉川市为邻，东西宽 43km，南北长 45km，中心城区东距武汉 88km。

（一）区域概况

应城交通便捷，基础设施完善。现已形成公路、铁路、水路、空运并举的交通网络。汉宜公路横贯东西，烟应公路连接南北，中心城区距离武汉 90km，距 107 国道 40km，距 316 国道 20km。1 小时可达武汉天河机场，经武荆高速公路至武汉仅需 30 分钟车程。汉渝铁路、长荆铁路穿境而过。汉北河、大富水河老县河、漳河和泗水等河流穿境而过，水域面积达 118km²，内河航运与汉江、长江连通，建有百万吨级水运码头 1 座，1500 吨船舶可直达长江。

市内主要有涢水、漳河、大富水和汉北河 4 条河流，均系过境河流。其中涢水为直入长江的独立水系，漳河为其支流；大富水属汉水流域的汉北河水系，境内长度 114.7km，控制来水面积 384km²，过境客水量 31.12 亿 m³。承雨面积 498.75km²，河网密度 0.29km/km²。境域有东西汉湖、龙赛湖、老

观湖等湖泊，面积约 4295.7 万 m²。

应城经济开发区是我国重要的盐产地和盐化工集聚区，它属于孝感高新技术开发区辐射区域，是孝感开发区"一区三园"的"大开发区"格局的重要组成部分。经过多年发展，应城经济开发区已由原批准建设的 8km² 扩展为应城城南主城区、长江埠、四里棚及东马坊等主要组团的核心工业区，规划面积 34km²，包括经济开发区核心区（28.22km²）、东城工业园（1.74km²）、四里棚工业园（1.3km²）和长江赛孚工业园（国家火炬应城精细化工新材料产业基地，2.74km²），以武荆高速应城连接线为轴心，东建产业新城、西建城市新区。

应城经济开发区拥有化妆洗护母婴用品、调味食品、生物医药、厨卫家居、装备制造等产业，已形成盐化工产业、精细化工产业、石膏建材、农产品加工业和纺织服装业等五大产业集群（表 5-1）。共有企业 74 家，其中规模以上工业企业 23 家。2019 年，应城市实现地区生产总值 315.79 亿元，按可比价格计算，比上年增长 8.6%（下同）。其中：第一产业实现增加值 48.39 亿元，增长 3.2%；第二产业实现增加值 179.77 亿元，增长 8.7%；第三产业实现增加值 87.63 亿元，增长 11.9%。三次产业结构由上年的 17.0∶56.0∶27.0 调整为 15.3∶56.9∶27.8。初步测算万元 GDP 能耗降低率达到 6.86%。

表 5-1　　　　　　　　　应城经济开发区主导行业的基本情况表

主导行业	主要产品	核心企业
盐化工	品种盐、联碱、芒硝、高效复合肥、离子膜烧碱、硝酸钠、亚硝酸钠等	双环公司、中盐长江公司、新都化工、久大（应城）公司等
精细化工	氟化工、有机硅、化工新材料、医药中间体、肥料添加剂、氟化石墨、锂氟电池、全氟丁基、全氟己基类环境友好型材料、氟橡胶、硅油、硅树脂、利巴韦林医药中间体、二氟苯腈、氯吡啶等	恒天公司、富邦公司、德邦公司、东诚有机硅、鸿祥公司等
石膏建材	石膏粉、石膏晶须、免烧砖等	美基公司、昌兴公司、李咀公司、华雄公司等
农产品加工	调味品、饮料、精炼油脂、畜禽加工、禽蛋制品等	柴味食品、十三香等
纺织服装	针织服装、衬衫、休闲装等	鑫龙纺织、恒威公司等

2020 年，开发区共完成一般公共预算收入 1.88 亿元，完成工业产值 33.82

亿元，完成固定资产投资 23.37 亿元，增幅 11%，社会消费品零售总额 11 亿元，增幅 25%。全年共新增规模以上工业 2 家、限额以上商贸企业 8 家。

《应城市十三五规划纲要》提出，"十三五"期间，应城市依托东部三大工业开发区，以"减量化、再利用、资源化"为原则，积极推动盐、碱、硅、氟、热、废等优势资源的综合开发和循环利用，大力发展循环产业，创建全国盐化工产业循环经济示范区。到 2020 年，初步建立循环型产业体系，循环经济产业总产值达到 200 亿元。

（二）环境保护措施

1. 大气环境污染控制措施

引进清洁环保产业，限制发展大气污染工业；改善能源结构，推行节能降耗，实施清洁生产；提高开发区的绿化水平；加强建筑工地的施工期环境管理；治理汽车尾气。

2. 水环境污染控制措施

调整产业结构，限制废水排放量大的项目，降低单位产值水污染排放量；推行清洁生产，控制点源污染；建设完善污水处理系统，实现雨污分流，开展开发区水环境综合整治；加强水环境监测，强化监督管理。

3. 固体废物污染控制措施

建立健全工业固体废弃物管理控制系统，加强对工业固废的综合利用和处理处置，危险废物统一委托有资质单位集中处置，生活垃圾由环卫部门实施综合无害化处理。

4. 声环境污染控制措施

通过用地布局的合理调整，加强对城镇生活噪声的污染控制；明确道路功能，在交通干道两侧预留缓冲带，在穿越环境要求较高功能区的交通干道两侧设置声屏障，加强交通管理，限制居住区段车速；提高建筑施工的技术装备水平，控制夜间施工，减少施工过程中的噪声污染。

（三）绿色发展现状

孝感市县域空气质量综合指数为 4.33，在孝感市排名第一，PM10 年均浓度为 82μg/m³，同比下降 3.5%，PM2.5 年均浓度为 46μg/m³，同比下降 16.4%，优良天数比重为 77%，同比提高 2.7%。空气监测站联网率 99%，采集 PM2.5 等污染因子数据 5 万多个。水质国控跨界断面水环境质量达标率 100%，6 个地表水考核断面水环境质量达标率 100%。全年完成 29 家（次）重点污染源监督监测，形成数据近 1200 个。

应城市经济开发区东城工业园最早成立于 2010 年，原规划面积 $1.739km^2$，原规划用地范围为：应城市东马坊街道办事处马坊路以西、汉宜公路以北、西环线以东、友谊路以南地段。园区内现有企业的各类工业基础设施齐全，规划区内水电路、天然气、蒸汽等配套系统现已完善，园区内现有规模以上企业 12 家，生产化工产品 100 余种，工业产品年生产能力达 400 多万吨。园区精细化工、食品调料、塑玻包装等产业正在不断壮大，已形成一定规模，产业集群效应已初步显现，区域发展后劲十足。后期重点规划产业包括盐业化工、精细化工、新型建材、新材料、装备制造。

1. 地表水环境质量

园区废水经污水处理站达标处理后最终受纳水体为府河、老府河、郎君河、东西汉湖。2020 年 10—11 月环境质量月报里各监控断面监测数据见表 5-2。

表 5-2　　　　　　　　　　　2020 年 10—11 月水质监测评价表

时间	采样点位	pH	COD（mg/L）	NH_3-N（mg/L）	标准 COD	标准 NH_3-N	超达标情况分析
2020.10	东西汉湖郎君河鲁大入口	7.23	27	0.634	30	1.5	达标
	东西汉湖（湖心）	7.02	16	0.407	20	1.0	达标
	老府河铁路桥	7.64	25	0.890	30	1.5	达标
	府河夏庙	7.7	16	0.34	20	1.0	达标
2020.11	东西汉湖郎君河鲁大入口	7.26	27	1.05	30	1.5	达标
	东西汉湖（湖心）	7.54	18	0.709	20	1.0	达标
	老府河铁路桥	8.35	25	0.763	30	1.5	达标
	府河夏庙	7.32	14	0.37	20	1.0	达标

根据 2020 年 10—11 月份生态环境部门例行监测结果可知，东西汉湖（湖心）、府河夏庙断面化学需氧量、氨氮浓度均满足《地表水环境质量标准》（GB3838-2002）Ⅲ类水质要求；老府河铁路桥断面均满足《地表水环境质量标准》（GB3838-2002）Ⅳ类水质要求；东西汉湖郎君河鲁大入口氨氮浓

度满足Ⅳ类水质要求，可见在区域一系列水污染防治措施实施后，地表水水质不断得到改善，环境质量逐步改善。

2. 大气环境质量现状调查与评价

根据《孝感市环境质量状况》，孝感市 SO_2、NO_2、PM10、CO、O_3、PM2.5 2015—2020 年均浓度见表 5-3。

表 5-3　　　孝感市 2015—2020 年大气环境质量状况一览表　　（单位：$\mu g/m^3$）

污染因子	年评价指标	标准值	年均浓度					
			2015 年	2016 年	2017 年	2018 年	2019 年	2020 年
PM2.5	年平均质量浓度	35	71.6	45	49	44	43	39
PM10	年平均质量浓度	70	109.6	78	80	72	73	66
NO_2	年平均质量浓度	40	22.7	24.3	26	22	21	19
SO_2	年平均质量浓度	60	12.8	10.4	11	10	7	7
O_3	第 90 百分位数	160	89.2	95.3	158	172	171	151
CO	日均值第 95 百分位数	4	1.6	1.6	3	1.7	1.6	1.6

根据 2015—2020 年近六年环境空气质量监测结果，SO_2、NO_2 年均浓度均满足二类空气质量标准要求，且整体呈逐年下降趋势，这与孝感市及应城市实施一系列工业污染源整治、锅炉淘汰等环境空气改善措施直接相关；在一系列大气污染防治措施实施情况下，颗粒物 PM10、PM2.5 呈逐年下降趋势，由于现状本底值较高，尚不满足二类空气质量标准要求；O_3（臭氧）8 小时评价均浓度呈逐年上升趋势，可能受工业污染有机物排放等一系列复杂因素影响；CO 日平均浓度呈小幅波动趋势，仍满足二类空气质量标准要求。

3. 地下水环境质量

设置 8 个监测点位来观察地下水环境质量，包括：刘陈村、港二村、阳家湾、汪前村、黎么村、西马坊、胡家大屋、夏大村。其中，刘陈村、港二村、阳家湾、汪前村、黎么村、胡家大屋监测点位硝酸盐超标，超标倍数分别为 0.715 倍、0.815 倍、1.3 倍、0.865 倍、1.375 倍、0.81 倍，超标原因主要为区域生活污水收集系统不够完善，生活污水直接排入农田或沟渠入渗进地下水；西马坊监测点位锰出现超标情况，超标倍数为 0.69 倍，地下水锰超标主要跟水文地质条件、内源锰释放等因素有关。

第六章 长江经济带绿色发展绩效评价

科学评估长江经济带绿色发展绩效并进行深入探讨，对于破解长江经济带经济发展的资源环境约束难题，探寻长江经济带绿色经济绩效的提升路径，增强长江经济带发展统筹度和整体性、协调性、可持续性具有重要理论价值和现实意义。

第一节 绿色发展评价研究进展

20世纪90年代以来，全球经济发展和环境形势发生了深刻变化，全球气候变暖、区域环境污染严重、战略性资源和能源供需矛盾不断加剧，各国面临着严峻的挑战。2008年国际金融危机后，绿色发展逐渐成为各国解决资源环境多重挑战、应对气候变化和金融危机的共识方案。近年来，许多国家纷纷制定绿色发展战略、政策和行动，以努力实现一个资源节约、绿色低碳、社会包容的可持续未来。党的十八大以来，党中央特别强调绿色发展的重要性，认为绿色发展、生态文明是实现可持续发展的必由之路。强调研究构建推进绿色发展评价指标体系和绿色发展指数，推进经济发展绿色转型。美国通过投资清洁能源研发刺激绿色发展；欧盟全力打造"绿色产业"发展绿色经济；韩国提出"绿色增长"经济振兴战略；日本通过建立"低碳社会"来推进绿色经济增长等。其他一些发展中国家如巴巴多斯、柬埔寨、印度尼西亚和南非等也都制定了绿色经济战略计划。

一、关于生态环境质量的评价

20世纪80年代，经济合作与发展组织（OECD）首次建立了由大约50

个指标组成的 PSR 模型（压力—状态—响应）的城市生态环境指标体系，其重要的系统特征是基于人与环境的相互作用，显示了压力、状态和响应指标间的因果关系。1996 年，联合国可持续发展委员会（UNCSD）和联合国政策协调和可持续发展部（DPCSD）联合提出了 DSR 模型（驱动强制—状态—响应），强调了生态环境压力和环境退化间的因果关系。后来 PSR 和 DSR 模型进一步演变成 DPSIR 模型（驱动强制—压力—状态—冲击—响应），更详细地描述了人类与自然环境间的相互作用因果关系。国内关于生态环境质量评价问题，是在经济社会快速发展、生态环境质量恶化的背景下，逐渐成为学者们研究的重点议.题之一。如叶亚平等认为生态环境质量由生态环境质量背景、人类影响程度及人类适宜度需求三部分共 25 个指标组成，并对我国部分省（自治区、直辖市）生态环境质量进行了综合评价。顾成林等从自然、社会和经济三个层面，构造了 20 个具体指标，运用专家打分、层次分析及模糊综合评价法，对大连市城市生态环境质量进行了综合评价。魏伟等选取了体现生态环境质量的 25 个具体指标，运用层次分析和熵权的组合赋权法，对石羊河流域2000—2012年生态环境质量进行了综合评价。王晓君等基于"压力—状态—响应"模型，选取了 22 个具体指标，综合评价了 2000—2015 年我国农村生态环境质量。

二、关于绿色发展评价的研究

绿色发展的理论支撑集中体现在协调经济增长与绿色生态环境的关系方面。如石敏俊（2014）对绿色发展的理论内涵进行阐释，即资源环境的可持续性成为生产力。对于绿色发展内涵，胡鞍钢和周绍杰（2014）根据经济系统、社会系统和自然系统间的系统性、整体性和协调性对绿色发展进行界定。对于绿色发展机制和绿色发展综合评价，研究绿色发展的一些学者主要通过运用 DEA 效率模型、主成分分析法和熵值法模型等计量模型研究不同区域绿色发展水平的空间分布特征。黄羿和杨蕾（2012）等根据熵权法确定广州市绿色发展水平指标权重，从城市建设、产业发展和技术创新等 3 个层面综合评价其绿色发展水平程度。杨龙和胡晓珍（2010）基于国家省级层面数据，运用效率测度 DEA 模型研究中国大部分省（自治区、直辖市）的绿色经济效率，然后进行经济效率增长差异的收敛性检验。李文正（2017）对陕西省各地级市的绿色发展水平进行测度研究，从环境健康与基础设施、环境承载潜力、经济增长和环境治理等4个方面构建指标体系，主要运用层次分析法与聚类分析法进行综合测度与相关分析。对于绿色发展战略和路径选择，刘小琳和罗秀豪（2012）通过分析广东省经济社会发展现状及存在问题，指出实施绿色发展战略的重要意义，通过加快绿色发展转型升级促进建立经济、社会及环境协调发展的可持续发展社会体系。刘冰（2017）对山东省各市的绿色发展水平进行了综合评价，依照评价结果从调整产业结构、加快节能减排和优化空间布局等方面提出绿色发展的对策建议。

总体来看，国内外绿色发展评价主要围绕三条路径展开：绿色国民经济核算、绿色发展多指标测度体系和绿色发展综合指数。绿色国民经济核算是测算经济活动对资源环境所造成的消耗成本和污染代价，由于资源环境问题的复杂性和核算方法的不成熟，目前没有得到广泛应用和推广。绿色发展多指标测度体系是从多个角度选择一系列核心指标用于综合反映绿色发展的状态，能直观地显示绿色发展的促进和制约因素；由于不进行指标加权汇总，无法对绿色发展进行总体评估。绿色发展综合指数对从各个角度反映绿色发展状况的系列核心指标进行加权汇总，可用于进行绿色发展水平的横向和纵向比较。

（一）中国绿色发展指数

中国绿色发展指数是绿色发展评价体系中具有代表性的一种指标，它包含中国省际绿色发展指数和中国城市绿色发展指数两套体系，用来全面评价主要城市绿色发展情况。中国省际绿色发展指标体系于2010年建立，并在2011年、2016年根据专家和社会意见，分别进行了一定的调整和完善，以充分反映新时代中国社会经济发展的新实践、新变化和新趋势，随后形成了相对稳定的指标体系。中国省际绿色发展指数（2017/2018）仍采用此指标体系进行测算。该体系由经济增长绿化度、资源环境承载潜力和政府支持度3个一级指标，9个二级指标以及62个三级指标构成。

《2019中国绿色发展指数报告——区域比较》采用"中国绿色发展指数评价指标体系"，对2019年中国大部分省（自治区、直辖市）的绿色发展指数进行测度与分析，报告发现我国绿色发展在实践过程中出现了一些值得关注的新变化。

第一，绿色发展水平区域间梯度差异明显。从绿色发展指数地理区域划分的角度看，中国绿色发展水平表现出明显的地区差异，2019 东部地区绿色发展指数以 0.375 稳居第 1 位，西部地区绿色发展指数以 0.323 位居第 2 位，中部地区绿色发展指数以 0.314 位居第 3 位，东北地区绿色发展指数处于最后一位，仅为 0.311。具体来看，东部地区得益于较强的经济基础和政府的高度支持，预计未来仍将保持领先位势并进一步拉大与其余地区的差距；西部地区得益于丰厚的资源环境禀赋不断提升绿色发展水平，而排名靠后的中部、东北地区受制于较差的经济基础和相对脆弱的生态环境，其绿色发展水平的快速提升受到一定限制。

第二，经济发展水平同绿色发展水平相关度较大。经济增长绿化度是对一个地区经济发展过程中绿色程度的综合评价，一个地区的经济增长绿化度会在一定程度上对该地区整体的绿色发展水平产生较大影响。2019 年东部地区经济增长绿化度指数为 0.111，中部地区经济增长绿化度指数为 0.075，西部地区经济增长绿化度指数为 0.061，东北地区经济增长绿化度指数为 0.064，经济增长绿化度总体呈现东部较好，中部居中，西部和东北地区偏低的空间分异格局。具体到经济增长绿化度的四个细分指标来看，东部地区也均高于其他三个地区。一般来说，经济越发达地区，其经济增长绿化度相对较高，它对绿色发展指数水平的贡献也相对较大；反之，经济越落后地区，其经济增长绿化度相对较低，它对绿色发展指数水平的贡献也相对较小，经济发展水平同绿色发展水平呈现出一定的正相关关系。

第三，资源环境承载潜力对绿色发展水平贡献较低。资源环境承载潜力衡量的是一个地区资源丰裕、生态保护、环境压力与气候变化等对今后经济发展和人类活动的承载能力，是绿色发展的重要内涵之一。2019 东部地区资源环境承载潜力指数为 0.097，中部地区资源环境承载潜力指数为 0.100，西部地区资源环境承载潜力指数为 0.124，东北地区资源环境承载潜力指数为 0.132。东北地区和西部地区明显好于东部地区和中部地区。从细分指标资源丰裕与生态保护来看，资源丰裕与生态保护指标排名较为靠前的省份，其资源环境承载潜力也相对较大，这在一定程度上表明资源环境承载潜力的区域差异主要来自资源丰裕与生态保护方面，但不少资源环境承载潜力较高的地区（如甘肃），其绿色发展水平往往低于资源环境承载潜力较低的地区（如天津），原因在于这些资源环境承载潜力较高的地区尚未将资源环境禀赋优势转换为经济社会发展动力，加之绿色增长绿化度和政府政策支持度对绿色发展的促进效应微弱，最终阻碍了绿色发展水平的提升。

第四，政府政策支持与绿色发展水平密切相关。政府政策支持度可以客观反映出政府对绿色发展的重视程度和支持力度，是绿色发展的重要组成部分。2019 年东部地区政府政策支持度指数为 0.166，中部地区政府政策支持度指数为 0.139，西部地区政府政策支持度指数为 0.137，东北地区政府政策支持度指数为 0.115。政府政策支持度整体上呈现东部最好，中、西部较好，东北地区偏低的局面。从政府政策支持度的细分指标来看，各地区在绿色投资、基础设施、环境治理方面的优势与短板不尽相同。就绿色投资指标来说，东部地区（0.025）和东北地区（0.014）低于全国平均水平（0.0266），中部地区（0.0273）和西部地区（0.031）均高于全国平均水平；就基础设施指标来说，东部地区（0.083），明显高于全国平均水平（0.064），中部地区（0.057）、西部地区（0.054）和东北地区（0.053）均低于全国平均水平；就环境治理指标来说，东部地区（0.058）、中部地区（0.055）均高于全国平均水平（0.054），西部地区（0.053）略低于全国平均水平，东北地区（0.048）明显低于全国平均水平。

事实上，政府在地区绿色发展中扮演着规划者、引领者、监管者和示范者的角色，政府支持和实施力度的差异，直接影响着绿色发展水平的排序。一般来说，政府政策支持度越高的地区，其绿色发展水平就相对较高，反之，政府政策支持度较低的地区，其绿色发展水平也相对较低。

（二）中国绿色评价体系

国家发展改革委、国家统计局、环境保护部、中央组织部于 2016 年制定了《绿色发展指标体系》，该体系包括 7 个指标层共计 56 个绿色发展指标，为各省（自治区、直辖市）考核生态文明建设提供依据。这 7 个指标层分别为资源利用（权数 =29.3%）、环境治理（权数 =16.5%）、环境质量（权数

=19.3%）、生态保护（权数 =16.5%）、增长质量（权数 =9.2%）、绿色生活（权数 =9.2%）、公众满意程度。

绿色发展指标体系采用综合指数法进行测算，"十三五"期间，以 2015 年为基期，结合"十三五"规划纲要和相关部门规划目标，测算全国及分地区绿色发展指数和资源利用指数、环境治理指数、环境质量指数、生态保护指数、增长质量指数、绿色生活指数 6 个分类指数。绿色发展指数由除"公众满意程度"之外的 55 个指标个体指数加权平均计算而成。

计算公式为：

$$Z = \sum_{i=1}^{N} W_i Y_i \, (N=1, \ 2, \ \cdots, \ 55)$$

其中，Z 为绿色发展指数，Y_i 为指标的个体指数，N 为指标个数，W_i 为指标 Y_i 的权数。

绿色发展指标按评价作用分为正向和逆向指标，按指标数据性质分为绝对数和相对数指标，需对各个指标进行无量纲化处理。具体处理方法是将绝对数指标转化成相对数指标，将逆向指标转化成正向指标，将总量控制指标转化成年度增长控制指标，然后再计算个体指数。

公众满意程度为主观调查指标，通过国家统计局组织的抽样调查来反映公众对生态环境的满意程度。调查采取分层多阶段抽样调查方法，通过采用计算机辅助电话调查系统，随机抽取城镇和乡村居民进行电话访问，根据调查结果综合计算出公众满意程度。该指标不参与总指数的计算，进行单独评价与分析，其分值纳入生态文明建设考核目标体系。

国家负责对各省（自治区、直辖市）的生态文明建设进行监测评价，对有些地区没有的地域性指标，相关指标不参与总指数计算，其权数平均分摊至其他指标，体现差异化；各省（自治区、直辖市）根据国家绿色发展指标体系，并结合当地实际制定本地区绿色发展指标体系，对辖区内市（县）的生态文明建设进行监测评价。各地区绿色发展指标体系的基本框架应与国家保持一致，部分具体指标的选择、权数的构成以及目标值的确定，可根据实际进行适当调整，进一步体现当地的主体功能定位和差异化评价要求。

三、关于长江经济带绿色发展水平的评价研究

对长江经济带绿色发展水平的研究颇为丰富，尤其在绿色发展水平测度方面。如杨顺顺（2018）通过对长江经济带绿色发展水平进行测评，指出长江经济带绿色发展总指数上升。吴磊等（2018）指出长江经济带各省份的生态效率逐年提升，而生态压力逐年增大；生态效率呈现东中西递减的特点，技术创新、国际贸易和信息化是提升生态效率最重要的影响因素。周正柱等（2018）构建生态环境质量综合评价指标体系，同样指出长江经济带区域生态环境质量及其分维度生态环境状态、响应总体上呈现良性向好态势，但生态环境压力越来越大。万李红等（2019）发现长江经济带的绿色发展水平整体呈现出东部＞中部＞西部的趋势，李智等（2019）也有同样的观点。李强等（2019）通过测算长江经济带经济增长质量与生态环境优化耦合协调度，研究指出长江经济带经济增长质量与生态环境优化耦合协调度值不断提升，长江经济带城市生态环境优化得分高于经济增长质量，经济增长质量提升滞后于生态环境优化进程。甘元芳等（2019）通过构建生态功能、生态结构、生态胁迫3项指数的生态状态评价体系，对2015—2017年长江经济带范围内国家重点生态功能区的生态状况进行分析和评价，发现重点生态功能区总体生态状况呈下降趋势。

四、关于长江经济带绿色发展政策建议的研究

部分学者通过分析长江经济带绿色发展所存在的问题，提出了相关建议。黄国勤（2019）针对长江经济带面临的资源浪费、生态环境破坏、物种减少等一系列问题，提出从加强科学规划、环境整治、实施生态保护、加强人才培养等多方面着力，促进长江经济带持续绿色健康发展的建议。庄超等（2019）指出长江经济带绿色创新发展目前存在着发展与保护矛盾突出、绿色发展的技术指标刚性约束不强、流域的整体性保护不足等实际问题，并从法律路径方面提出了相应措施。肖芬蓉等（2019）从政策角度指出长江生态环境治理政策的差异，并提出政策制定者既要基于具体情境制定差异化的策略和措施，又要通过区域政策协同机制的构建更好地开展生态环境治理。高红贵等

（2019）从空间尺度指出长江经济带产业绿色发展整体水平呈现下中上游逐渐递减趋势，提出发挥下游地区的辐射带动作用，加强下游地区和中、上游地区间的交流合作，构建长江经济带中、上游地区承接绿色产业转型模式的建议。

第二节　不同地区绿色发展评价

虽然中央于2016年制定了《绿色发展指标体系》，但目前并没有用该体系比较长江经济带各省（直辖市）的成果。因此这里选用了关成华、韩晶合著的《2019中国绿色发展指数报告——区域比较》中的指标来进行省（直辖市）绿色发展绩效的比较，一方面它可以进行区域横向比较，另一方面该绿色发展指数与2010年以来有关年度采用的指数一致，可进行纵向比较。

一、评价指数介绍

（一）中国省际绿色发展指数指标体系

《中国绿色发展指数报告——区域比较》中的中国省际绿色发展指数指标体系由经济增长绿化度、资源环境承载潜力和政府政策支持度3个一级指标、9个二级指标以及62个三级指标构成，具体指标如表6-1所示：

表6-1　　　　中国省际绿色发展指数指标体系

一级指标	二级指标	三级指标	
经济增长绿化度	绿色增长效率指标	1. 人均地区生产总值 2. 单位地区生产总值能耗 3. 非化石能源消费量占能源消费的比重 4. 单位地区生产总值二氧化碳排放量 5. 单位地区生产总值二氧化硫排放量	6. 单位地区生产总值化学需氧量排放量 7. 单位地区生产总值氮氧化物排放量 8. 单位地区生产总值氨氮排放量 9. 技术市场成交额占GDP的比重 10. 人均城镇生活消费用电
经济增长绿化度	第一产业指标	11. 第一产业劳动生产率 12. 土地产出率	13. 节灌率 14. 有效灌溉面积占耕地面积比重

续表

一级指标	二级指标	三级指标	
经济增长绿化度	第二产业指标	15. 第二产业劳动生产率 16. 单位工业增加值水耗 17. 规模以上工业增加值能耗	18. 工业固体废物综合利用率 19. 工业用水重复利用率 20. 六大高载能行业产值占工业总产值比重
	第三产业指标	21. 第三产业劳动生产率 22. 第三产业增加值比重	23. 第三产业从业人员比重
资源环境承载潜力	资源丰裕与生态保护指标	24. 人均资源量 25. 人均森林面积 26. 森林覆盖率	27. 自然保护区面积占辖区面积比重 28. 湿地面积占国土面积比重 29. 人均活立木总蓄积量
	环境压力与气候变化指标	30. 单位土地面积二氧化碳排放量 31. 人均二氧化碳排放量 32. 单位土地面积二氧化硫排放量 33. 人均二氧化硫排放量 34. 单位土地面积化学需氧量排放量 35. 人均化学需氧量排放量 36. 单位土地面积氮氧化物排放量	37. 人均氮氧化物排放量 38. 单位土地面积氨氮排放量 39. 人均氨氮排放量 40. 单位耕地面积化肥施用量 41. 单位耕地面积农药使用量 42. 人均公路交通氮氧化物排放量
政府政策支持度	绿色投资指标	43. 环境保护支出占财政支出比重 44. 环境污染治理投资占地区生产总值比重	45. 农村人均改厕的政府投资 46. 单位耕地面积退耕还林投资完成额 47. 科教文卫支出占财政支出比重
	基础设施指标	48. 城市人均绿地面积 49. 城市用水普及率 50. 城市污水处理率 51. 城市生活垃圾无害化处理 52. 城市每万人拥有公交车辆	53. 人均城市公共交通运营线路网长度 54. 农村累计已改水受益人口占农村人口比重 55. 人均互联网宽带接入端口 56. 建成区绿化覆盖率
	环境治理指标	57. 人均当年新增造林面积 58. 工业二氧化硫去除率 59. 工业废水化学需氧量去除率	60. 工业氮氧化物去除率 61. 工业废水氨氮去除率 62. 突发环境事件次数

（二）中国省际绿色发展指数指标权重

从前期报告的实际测算结果和具体实践情况来看，此前确定的一级指标权重是科学、合理的，在经济、社会环境没有发生重大变化的条件下，今年可以继续沿用。与此同时，由于三级指标数量较多且能从不同侧面反映绿色发展的情况，对三级指标做过分细致的权重处理意义并不大，因此，三级指标在一级指标下做平均权重处理更显客观合适。基于此，《中国省际绿色发展指数报告（2019）》中的指标权重确定如下：一级指标权重按 30%、40%、30% 确定，各三级指标在一级指标下平均权重，然后"倒推加总"计算出相应的二级指标权重。

（三）中国省际绿色发展指数测算方法

中国省际绿色发展指数的测算采用"极差标准化"（简称"极差法"）。需要注意的是，这一标准化过程需要区分指标与绿色发展之间相关性的正负特征，正向指标与逆向指标的标准化过程存在一定区别。具体处理过程如下：

若是正向指标，即指标值越大，越有利于地区绿色发展，则该指标标准化计算公式为：

$$X_i = \frac{x_i - x_{min}}{x_{max} - x_{min}}$$

若是逆向指标，即指标值越大，越不利于地区绿色发展，则该指标的标准化计算公式为：

$$X_i = \frac{x_{max} - x_i}{x_{max} - x_{min}}$$

其中，X_i 为标准化处理后的值；x_i 为指标原始值；x_{min} 为样本最小值；x_{max} 为样本最大值。

采用极差法进行数据标准化的好处是，以指标数据的极值为参考系，对原始数据进行线性变换，所得测算结果将会落到 0 至 1 的区间内，这样可使数值之间差异减小、分布紧凑，且无负值产生。在经过标准化处理之后，按照确定的指标权重将各指标进行加权合成，即可得到上一级指标的综合得分。将三个一级指标加权综合后便可最终得出相应省（自治区、直辖市）的绿色发展指数。

二、长江经济带不同省（直辖市）的测算结果

长江经济带不同省的测算结果，见表 6-2。

表 6-2　　2018 年长江经济带 11 个省（直辖市）绿色发展指数及排名

地区	绿色发展指数			一级指标								
				经济增长绿化度			资源环境承载潜力			政府政策支持度		
	指数值	全国排名	经济带内排名	指数值	全国排名	经济带内排名	指数值	全国排名	经济带内排名	指数值	全国排名	经济带内排名
上海	0.423	2	1	0.151	3	1	0.099	20	9	0.174	5	3
浙江	0.402	4	2	0.113	5	3	0.109	16	6	0.180	3	1
江苏	0.379	6	3	0.124	4	2	0.078	27	11	0.177	4	2
安徽	0.335	13	4	0.076	18	7	0.096	22	10	0.163	9	4
重庆	0.326	16	5	0.079	15	5	0.101	19	8	0.146	14	5
湖北	0.321	18	6	0.083	13	4	0.104	18	7	0.133	18	7
云南	0.317	19	7	0.057	25	10	0.128	9	2	0.132	20	8
四川	0.315	20	8	0.066	20	8	0.130	7	1	0.119	26	11
湖南	0.313	21	9	0.078	16	6	0.114	15	5	0.121	24	10
江西	0.312	22	10	0.057	27	11	0.114	14	4	0.141	17	6
贵州	0.306	23	11	0.060	23	9	0.119	13	3	0.126	23	9

注：1. 本表根据省际绿色发展指数测算体系，依各指标 2016 年数据测算而得。2. 本表各省（自治区、直辖市）按照绿色发展指数的指数值从大到小排序。3. 本表中绿色发展指数等于经济增长绿化度、资源环境承载潜力和政府政策支持度三个一级指标指数值之和。4. 以上数据及排名根据《中国统计年鉴 2017》《中国环境统计年鉴 2017》《中国环境统计年报 2015》《中国城市统计年鉴 2017》《中国省市经济发展年鉴 2017》《中国水利统计年鉴 2017》《中国工业经济统计年鉴 2017》《中国沙漠及其治理》等测算。5. 为了便于后文进行比较分析，基于算术平均方法，测算得到所有参评省（自治区、直辖市）绿色发展的平均水平为 0.344，所有参评省（自治区、直辖市）经济增长绿化度的平均水平为 0.087，所有参评省（自治区、直辖市）绿色发展的平均水平为 0.112，所有参评省（自治区、直辖市）政府政策支持的平均水平为 0.145。

资料来源：关成华，韩晶 . 2017/2018 中国绿色发展指数报告——区域比较 [M]. 经济日报出版社，2019（3）.

三、长江经济带与全国的比较

2019 年中国省际绿色发展指数排在前 10 位的省（自治区、直辖市）依次是北京、内蒙古、上海、浙江、福建、山东、天津、海南、江苏、重庆，其中长江经济带有 4 个省（直辖市）在列，分别是上海、浙江、江苏和重庆；中国位于第 11—20 位的 10 个省（自治区）分别是黑龙江、安徽、广西、广东、陕西、甘肃、云南、湖南、湖北、河北，其中长江经济带有 4 个省在列，分别是安徽、云南、湖南和湖北；中国位于第 21—30 的 10 个省（自治区）分别是贵州、江西、四川、河南、吉林、山西、青海、辽宁、宁夏、新疆，其中长江经济带有 3 个省在列，分别是贵州、江西和四川。

从平均水平来说，在参与测算的 30 个省（自治区、直辖市）中，有 11 个省（自治区、直辖市）的绿色发展水平高于全国平均水平，按指数高低排序依次是：北京、内蒙古、上海、浙江、福建、山东、天津、海南、江苏、重庆、黑龙江，长江经济带有 4 个省（直辖市）在列，分别是上海、浙江、江苏和重庆。其他 19 个省（自治区、直辖市）的绿色发展水平低于全国平均水平，长江经济带剩余 7 个省位于其中。

总体而言，长江经济带绿色发展水平在全国处于中等水平，除了上海、浙江、江苏三个省（直辖市）水平较高，排在全国前列之外，长江经济带其余省（直辖市）绿色发展水平较低。从一级指标来看，长江经济带整体凭借资源环境承载潜力获得了较好的绿色发展水平，但在经济增长绿化度和政府政策支持度方面，长江经济带整体绿色发展水平受到了较大的制约。

四、长江经济带内各省（直辖市）的横向比较

2019 年长江经济带中绿色发展指数前 4 位的城市分别是上海、浙江、江苏和重庆，他们的绿色发展指数都超过了 0.34，其中上海和浙江的绿色发展指数更是超过了 0.38。安徽、云南、湖南、湖北、贵州、江西、四川依次排在 5—11 位，这 7 个省的绿色发展相比前 4 位城市的绿色发展水平来说较低，其绿色发展指数都低于 0.34。从三大一级指标角度看，上海、浙江和江苏在经济增长绿化度和政府政策支持度方面同样排在长江经济带的前三位，在资源环境承载潜力方面则排名靠后，而云南、四川和贵州在资源环境承载潜力方面排在前三位，说明长江经济带中发达地区主要依靠较强的经济实力和政府政策推动绿色发展水平提升，发展较为缓慢的地区则主要依靠资源环境承载潜力驱动自身的绿色经济发展。

五、长江经济带内各省（直辖市）的纵向比较

通过对 2018 年和 2019 年长江经济带 11 个省（直辖市）绿色发展指数分析（表 6-3），无论从总指数还是三个分指数来看，可以发现长江经济带这两年的绿色发展指数较为稳定。就总指数而言，上海、浙江、江苏、湖北和四川 2019 年的绿色发展指数都低于 2018 年的指数，云南绿色发展指数保持在 0.317 不变，其余省（直辖市）绿色发展指数都得到了不同程度的增长。就经济增长绿化度指数而言，重庆、安徽、湖南、江西和四川 2019 年的指数高于 2018 年的指数，其余均低于 2018 年。从资源环境承载潜力指数来看，仅有云南、湖南和四川 2019 年的指数高于 2018 年。而在政府政策支持度指数方面，重庆、湖北、贵州和江西略微上涨，其余省（直辖市）都有所下降。

表 6-3　2018 年、2019 年长江经济带 11 个省（直辖市）绿色发展指数

地区	绿色发展指数		一级指标					
			经济增长绿化度		资源环境承载潜力		政府政策支持度	
	2018	2019	2018	2019	2018	2019	2018	2019
上海	0.423	0.401	0.151	0.138	0.099	0.097	0.174	0.163
浙江	0.402	0.381	0.113	0.105	0.109	0.109	0.180	0.166
江苏	0.379	0.343	0.124	0.110	0.078	0.070	0.177	0.167
重庆	0.326	0.343	0.079	0.088	0.101	0.101	0.146	0.159
安徽	0.335	0.337	0.076	0.083	0.096	0.091	0.163	0.168
云南	0.317	0.317	0.057	0.056	0.128	0.135	0.132	0.126
湖南	0.313	0.316	0.078	0.084	0.114	0.117	0.121	0.116
湖北	0.321	0.316	0.083	0.076	0.104	0.102	0.133	0.139
贵州	0.306	0.315	0.060	0.052	0.119	0.117	0.126	0.145
江西	0.312	0.313	0.057	0.058	0.114	0.109	0.141	0.150
四川	0.315	0.312	0.066	0.071	0.130	0.132	0.119	0.110

资料来源：关成华，韩晶 . 2019 中国绿色发展指数报告——区域比较 [M]. 经济日报出版社，2020（3）.

第三节　不同区域绿色发展评价

一、长江经济带各地区绿色发展水平总体比较

（一）长江经济带区域间的差异性分析

从长江经济带绿色发展指数地理区域划分角度看，下游水平较高，中上游地区水平偏低。不同区域绿色发展驱动力存在差异，从绿色发展指数的三个一级指标来看，下游地区主要依靠经济增长绿化度和政府政策支持度驱动绿色发展水平提升，而中上游地区则凭借较高的政府政策支持度获得了相对较好的绿色发展水平，但经济增长绿化度和资源环境承载潜力存在明显制约。不论从长江经济带各省（直辖市）绿色发展指数排名还是各一级指标的指数排名来看，除了资源环境承载潜力指数，排名靠前的省（直辖市）（下游地区）与排名靠后的省（直辖市）（中上游地区）差距较大。由此可见，下游地区尤其是苏浙沪地区，得益于较强的经济基础、区位优势和政府的高度支持，预计其未来绿色经济发展水平仍将领先于中上游地区（表6-4）。

表6-4　　　　　　　2019年长江经济带各地区绿色发展指数

地区	绿色发展指数		一级指标					
			经济增长绿化度		资源环境承载潜力		政府政策支持度	
全国	0.328	0.081	0.112	0.145	0.145	2018	2017	2018
下游	0.366	0.109	0.092	0.166	0.113	0.112	0.148	0.145
中游	0.315	0.073	0.109	0.135	0.100	0.096	0.176	0.174
上游	0.322	0.067	0.121	0.135	0.129	0.119	0.132	0.131

注：按经济地理联系，下游地区包括上海、浙江、江苏、安徽；中游地区包括江西、湖北、湖南；上游地区包括重庆、四川、贵州、云南。

资料来源：关成华，韩晶.2019中国绿色发展指数报告——区域比较[M].经济日报出版社，2020（3）.

（二）长江经济带与全国的差异性分析

对比长江经济带各地区与全国的绿色发展，由表6-4可以看出，下游

地区的绿色发展水平都高于全国绿色发展指数平均水平，而中上游地区绿色发展水平则低于全国平均水平。将一级指标三个分指数进行逐一对比，可以发现长江经济带下游地区的经济增长绿化度和政府政策支持度都高于全国平均水平，说明长江经济带下游地区主要依靠经济实力和政府的支持推动绿色经济发展水平。中游地区无论是经济增长绿化度、资源环境承载力还是政府政策支持度，都低于全国平均水平，意味着长江经济带中游地区的绿色发展水平还有很大的提升空间，需要从各方面加强推动。上游地区在资源环境承载力方面高于全国平均水平，说明上游地区主要依靠自身的资源环境潜力推动绿色经济发展。

二、长江经济带各地区经济增长绿化度水平比较

（一）长江经济带区域间的差异性分析

从经济增长绿化度的区域分布来看，2019 年长江经济带经济增长绿化度总体呈现下游较好、中游居中，上游偏低的局面。就经济增长绿化度的四个分指标而言，长江经济带区域间差异也较为显著，无论从绿色增长效率指标还是三大产业指标上看，下游地区都高于中上游地区。就中上游地区而言，两者整体水平相差不大，中游地区的经济增长绿化度水平略高于上游地区（表 6-5）。

表 6-5　　　　长江经济带各地区经济增长绿化度指数（2017—2018 年）

指标	经济增长绿化度	二级指标			
		绿色增长效率	第一产业指标	第二产业指标	第三产业指标
全国	0.081	0.030	0.016	0.025	0.010
下游	0.109	0.0415	0.024	0.031	0.013
中游	0.073	0.030	0.013	0.020	0.010
上游	0.067	0.026	0.009	0.024	0.008

注：按经济地理联系，下游地区包括上海、浙江、江苏、安徽；中游地区包括江西、湖北、湖南；上游地区包括重庆、四川、贵州、云南。

资料来源：关成华，韩晶.2019 中国绿色发展指数报告——区域比较 [M]. 经济日报出版社，2020（3）.

（二）长江经济带与全国的差异性分析

就全国经济增长绿化度水平来看，下游地区 > 全国平均水平 > 中游地区 > 上游地区。长江经济带下游地区无论从经济增长绿化度还是四个分指标来看都高于全国平均水平，中游地区恰好相反，在经济增长绿化度和四个分指标方面全部低于全国平均水平。上游地区的经济增长绿化度水平同样低于全国平均水平，但其 2019 年的第二产业指标与全国平均水平差不多持平。从分指标看，2019 年，长江经济带中游地区仅有第三产业指标与全国平均水平相当，其余指标均低于全国水平。因此，中上游地区要提高自身的经济绿化度水平，就要加快发展三大产业，尤其是加快推进绿色第一产业的发展。

三、长江经济带各地区资源环境承载潜力水平比较

（一）长江经济带区域间的差异性分析

从长江经济带各区域来看，区域间的资源环境承载潜力存在较大差异，尤其是中下游地区与上游地区的差异，上游地区的资源环境承载潜力明显好于中下游地区，中游地区的资源环境承载潜力次之，下游地区资源环境承载潜力最弱。从两个二级指标来看，下游地区的资源与生态保护指标、环境与气候变化指标都与中上游地区存在差距，中上游地区在这两方面具有明显优势；中游地区与上游地区的差距主要体现在环境与气候变化指标方面。总体而言，长江经济带上游地区凭借自身的自然资源优势，在资源环境承载潜力方面具有较强的竞争力（表 6-6）。

表 6-6　　　　　　2019 年长江经济带各地区资源环境承载潜力指数

地区	资源环境承载潜力	二级指标	
		资源与生态保护指标	环境与气候变化指标
全国	0.112	0.029	0.082
下游	0.092	0.021	0.071
中游	0.109	0.030	0.078
上游	0.121	0.035	0.086

资料来源：关成华，韩晶 . 2019 中国绿色发展指数报告——区域比较 [M]. 经济日报出版社，2020（3）.

（二）长江经济带与全国的差异性分析

与全国平均水平相比，长江经济带中下游的资源环境承载潜力较弱，但上游地区的资源环境承载潜力优势显著。从两个二级指标来看，下游地区都低于全国平均水平，在资源与生态保护和环境与气候变化方面不具有优势；中游地区的资源与生态保护指数值高于全国平均水平，环境与气候变化指数值低于全国平均水平，说明中游地区在资源环境承载潜力方面与全国的差异主要来自环境与气候变化。上游地区从两个二级指标来看都高于全国平均水平，具有明显的优势。

四、长江经济带各地区政府政策支持度比较

（一）长江经济带区域间的差异性分析

与全国政府政策支持度平均水平相比，长江经济带政府政策支持度总体上呈现下游地区最好、中游和上游地区偏低的局面。就三个二级指标而言，长江经济带区域间的差异也较为显著，其中基础设施指标差异最大，下游地区明显高于中上游地区。环境治理指标的区域间差异较小，上下游地区相差不大，但中游地区偏低；绿色投资指标方面，上游地区领先于中下游地区，中游地区和上游地区相差不大（表6-7）。

表6-7　　　　　　　　2019年长江经济带各地区政府政策支持度指数

地区	政府政策支持度	二级指标		
		绿色投资指标	基础设施指标	环境治理指标
全国	0.145	0.027	0.064	0.054
下游	0.166	0.023	0.084	0.060
中游	0.135	0.026	0.058	0.051
上游	0.135	0.034	0.049	0.053

资料来源：关成华，韩晶.2019中国绿色发展指数报告——区域比较[M].经济日报出版社，2020（3）.

（二）长江经济带与全国的差异性分析

与全国平均水平相比，长江经济带下游地区政府政策支持度指数明显高于全国平均水平，中下游地区则低于全国平均水平。从政府政策支持度的三

个分指标来看，下游地区指数值除绿色投资指标外均全部高于全国指数平均值，尤其在基础设施指标方面，说明下游地区的基础设施在全国范围内具有较高水平，处于领先地位。中游地区和上游地区在基础设施和环境治理两个分指标方面总体仍然落后于全国平均水平，但从上、中、下游三者的指数值来看，差距并不大，而且上游地区的绿色投资指标指数值还高于全国平均水平，但中下游地区的绿色投资指标指数低于全国平均水平，需要进一步提升。

第四节　核心城市绿色发展评价

本部分从城市视角对长江经济带绿色发展进行评价，试图从绿色城市角度定量分析各自的绿色发展程度，并提炼各城市在绿色发展过程中所面临的主要挑战，为各城市实现绿色发展提供思路。

一、城市绿色发展评价指标体系设计

《长江经济带绿色发展指数报告（2020）》采用 3 个一级指标、7 个二级指标、21 个三级指标对长江经济带 126 个城市的绿色发展进行了评价，采用层次分析法和专家打分法确立了绿色发展各级指标权重（表 6-8）。

在综合指数的计算中，首先对各指标原始数据进行极差标准化，其中 PM2.5 年均浓度、土壤侵蚀度、单位工业增加值用电量、单位工业增加值用水量、单位工业增加值废水排放量、单位工业增加值二氧化硫排放量、单位 GDP 能耗、人口密度等 8 个指标为逆指标；其次，根据权重对各级指标依次加权求和。在数据来源上，人均 GDP、水资源总量、工业用电量、工业废水排放量等数据主要来自《中国城市统计年鉴 2019》，常住人口、工业增加值、人均公园绿地面积等数据广泛来自各省（直辖市）2019 年统计年鉴，耕地面积、林地面积、水域面积等数据来自土地调查，地方一般公共预算节能环保经费支出、PM2.5 年均浓度、考核断面水环境质量等数据来自 2018 年度国家和地方政府各类公开数据。部分空缺数据采用全省平均值或插值法进行估算或替代。数据评价时期为 2018 年。

表 6-8　　　　　　　　　　　　　长江经济带绿色发展指标体系

一级指标		二级指标		三级指标	
名称	权重	名称	权重	名称	权重
绿色生态	0.3	自然禀赋	0.4	林木覆盖率	0.3
				农田与水域面积占比	0.2
				人均水资源量	0.3
				人均耕地面积	0.2
		环境质量	0.6	考核断面水环境质量	0.3
				PM2.5 年均浓度	0.4
				土壤侵蚀度	0.3
绿色生产	0.4	节能减排	0.5	单位工业增加值用电量	0.25
				单位工业增加值用水量	0.25
				单位工业增加值废水排放量	0.25
				单位工业增加值二氧化硫排放量	0.25
绿色生产	0.4	绿色科技	0.5	人均 GDP	0.3
				全社会研发经费占 GDP 比重	0.35
				人均环保经费投入	0.35
绿色生活	0.3	污染治理	0.4	生活垃圾无害化处理率	0.2
				污水处理厂集中处理率	0.4
				一般工业固体废弃物综合利用率	0.4
		城市绿化	0.4	建成区绿化覆盖率	0.5
				人均公园绿地面积	0.5
		环境压力	0.2	单位 GDP 能耗	0.6
				人口密度	0.4

二、长江经济带 126 个城市绿色发展评价

　　绿色发展综合指数包括绿色生态、绿色生产、绿色生活 3 个一级指标，2021 年长江经济带城市绿色发展综合指数测算结果及排名如表 6-9 所示，东部区域存在一定的发展优势。在 50 个城市中，排前 20 位的城市分别为上海、杭州、苏州、重庆、南京、成都、武汉、长沙、宁波、合肥、无锡、南通、常州、嘉兴、南昌、扬州、贵阳、温州、徐州、台州。在这些城市中，东部区域有 14 个城市入围，包括上海 1 席、江苏 7 席、浙江 5 席、安徽 1 席；中部区域有 3 个城市入围，江西、湖北、湖南各 1 席；西部区域有 3 个城市入围，重庆、四川、贵州各 1 席。

长江经济带各城市绿色发展综合指数得分差距较大。上海市排名第一，综合得分为91.34。得分为60分以上的城市有11个，多数城市位于东部长江三角洲地区。得分为40~60分的城市有27个，多数城市位于东部和中部区域。得分低于40分的城市有12个，多数位于中部和西部区域。

表6-9　　2021年长江经济带绿色高质量发展综合指数得分及排名

排序	城市	得分	排序	城市	得分
1	上海	91.34	26	湖州（浙江）	47.46
2	杭州（浙江）	84.29	27	镇江（江苏）	47.26
3	苏州（江苏）	81.52	28	舟山（浙江）	46.72
4	重庆	80.21	29	昆明（云南）	45.71
5	南京（江苏）	77.31	30	绵阳（四川）	45.03
6	成都（四川）	73.69	31	马鞍山（安徽）	44.50
7	武汉（湖北）	72.31	32	丽水（浙江）	44.09
8	长沙（湖南）	67.68	33	衢州（浙江）	41.90
9	宁波（浙江）	66.09	34	淮安（江苏）	41.18
10	合肥（安徽）	63.43	35	株洲（湖南）	41.11
11	无锡（江苏）	62.90	36	湘潭（湖南）	40.63
12	南通（江苏）	58.25	37	连云港（江苏）	40.25
13	常州（江苏）	56.75	38	襄阳（湖北）	40.19
14	嘉兴（浙江）	56.25	39	蚌埠（安徽）	39.92
15	南昌（江西）	51.91	40	黄山（安徽）	39.39
16	扬州（江苏）	51.01	41	鹰潭（江西）	39.21
17	贵阳（贵州）	50.84	42	宣城（安徽）	38.69
18	温州（浙江）	50.52	43	滁州（安徽）	38.50
19	徐州（江苏）	49.09	44	德阳（四川）	38.16
20	台州（浙江）	49.04	45	萍乡（江西）	37.85
21	绍兴（浙江）	48.78	46	郴州（湖南）	37.68
22	金华（浙江）	48.48	47	铜陵（安徽）	37.64
23	芜湖（安徽）	48.38	48	常德（湖南）	37.37
24	泰州（江苏）	48.06	49	宿迁（江苏）	37.20
25	盐城（江苏）	47.69	50	宜昌（湖北）	37.11

来源：长江经济带绿色高质量发展指数（2021）中国长江经济带发展研究院

第七章　　国外绿色发展实践

我国走绿色发展道路起步较晚，特别是在具体发展举措、绿色发展与具体实际相结合等方面经验不足，需要借鉴一些发展经验。绿色发展涵盖多个方面，本章介绍水污染管理、排污权交易、城市群产业转型分工和生态补偿在国外的应用，以资借鉴。

第一节　德国莱茵河治理案例

一、莱茵河流域概况

（一）流域区位

莱茵河发源于瑞士境内的阿尔卑斯山北麓，始于瑞士东南部阿尔卑斯山脉的格劳宾登，流经列支登士敦、奥地利、法国、德国、荷兰5个国家，到达荷兰的鹿特丹，进入北海。跨越总长度1232km，流域面积22万 km^2。莱茵河全年水量充沛，自瑞士巴塞尔起，通航里程达886km，是欧洲最大的内陆航运动脉，货运量居世界河运之首。各支流间有运河相连；与多瑙河、塞纳河、罗纳河、马恩河、埃姆斯河、威悉河和易北河有运河相通，构成发达便捷的水运网络。

（二）经济地位

莱茵河两岸是欧洲经济最发达国家的聚集区。长久以来，莱茵河为沿岸的民众提供了丰沛的水源，也是欧洲最繁忙的一条河运航道。特殊的地理位置再加上欧洲工业革命的驱动，使得莱茵河成为世界上内河航运最发达的水系。莱茵河是德国工业的发源地，德国最重要的工业区鲁尔区和萨尔区就在此流域内，更重要的是带动了沿岸各国内陆经济的持续发展，形成许多著名的城市，如康斯坦茨、巴塞尔、法兰克福、鹿特丹等，并集聚了化工、钢铁机械制造、旅游、金融保险等产业带。

（三）环境污染回顾

20 世纪 50 年代末，德国开始了大规模的战后重建工作，大批能源、化工、冶炼企业同时向莱茵河索取工业用水，同时又将大量废水排进河里，莱茵河水质急剧恶化。到了 70 年代，伴随着德国工农业的高速发展，人口数量激增，城市化步伐加快，莱茵河的生态破坏程度也达到顶峰。大量没有经过处理的工业废水排入河中，河水中溶解氧含量极低，莱茵河基本丧失自净能力，经过检测，莱茵河汞含量严重超标，被宣布为"生态死亡河流"。

二、莱茵河治理历程

（一）保护莱茵河国际委员会的成立

莱茵河的管理始于 19 世纪中叶，主要针对航运设立管理机构。1950 年 7 月，瑞士、法国、卢森堡、德国和荷兰五国联合成立了保护莱茵河国际委员会（ICPR），并于 1963 年签订了莱茵河国际委员会公约，即著名的伯尔尼公约。该公约第一条规定，签约国政府应在 ICPR 保护莱茵河康斯坦茨湖下游段框架下继续合作。第二条规定了 ICPR 的职责：协调各项研究，提出莱茵河污染防治措施，为进一步的协议提供依据。ICPR 旨在全面处理莱茵河流域保护问题并寻求解决方案。

（二）氯化物和化学品公约的签署

在各国签署了伯尔尼公约之后，ICPR 的工作依然进展缓慢。组织开展了各种削减氯化物排放技术的研究，但这些研究大多原本是为了推迟削减氯化物排放行动而进行的。在 1972 年 10 月举行的第一次莱茵河部长会议上，各国就氯化物议题达成了协议。1976 年 12 月 3 日，保护莱茵河防治氯化物污染公约（氯化物公约）正式签署，要求各成员国建立监测系统和水质预警系统，控制化学物质的排放标准。

（三）莱茵河行动计划的制定

1986 年 11 月，位于瑞士巴塞尔附近的桑多兹化学公司仓库发生大火，巨量杀虫剂随着消防灭火用水排入莱茵河，导致河水变红且绵延几千米，鱼类大量死亡。于是，同年12月召开的第七次莱茵河部长会议责成ICPR起草行动计划。1986年，各国协商制定《莱茵河行动计划》，按照这个行动方案，全流域制定工业安全法规，开始从海岸线到河源全程治理污染，保护莱茵河的生态环境，恢复河流生态系统。1987年5月，莱茵河行动计划起草完毕，其中包含了许多物质减排50%的目标。行动计划的目标是：到2000年，河流的污染程度减少到1985年一半的水平，生态恢复的标准是鲑鱼要回到莱茵河，在河流的上游要能够捕到从大海洄游的鲑鱼。

（四）莱茵河2020计划的发布

2001年，"莱茵河2020计划"发布，明确了实施莱茵河生态总体规划。这个计划包括3个目标：莱茵河中，鲑鱼可以在没有人类干预的情况下，达到种群自然繁衍的水平；水质持续改善，各种重金属与有毒物质含量降低到可接受水平，莱茵河水成为可饮用水；莱茵河下游三角洲地区的地下水达到饮用水水平。随后还制订了生境斑块连通计划、莱茵河洄游鱼类规划、土壤沉积物管理计划、微型污染物战略等一系列的行动计划。2000年后，这些行动计划已经从当初迫在眉睫的挑战转向更高质量环境的创建和生态系统服务功能的开发上来。

（五）治理成效

莱茵河的治理取得了巨大成功，莱茵河流域生态环境明显改善。氮、磷等营养物质和非点源污染实现有效控制，河水富营养化明显改善，水体中氯化物显著下降，重金属浓度控制在较低水平，工业生产实现绿色转型。随着莱茵河水质的提升，动植物显著恢复，很多对环境敏感并且已经消失或者显著减少的物种开始回归，生态多样性逐步恢复，莱茵河"死而复生"。

三、莱茵河治理经验与启示

（一）建立流域治理协作机制

统筹规划、统一行动是莱茵河流域环境治理的重要方式。莱茵河生态环境的整体性和系统性决定了流域内各国必须在协作治理上达成统一共识，采取集体行动。1950年，瑞士、法国、德国、卢森堡和荷兰共同成立"莱茵河防止污染国际委员会"，在此基础上，莱茵河流域各国成立了"莱茵河国际保护委员会"（ICPR），作为国家间的协调机构，统筹莱茵河全流域的污染治理和生态系统恢复重建工作。ICPR 具有多层次、多元化的合作机制，既有政府间的协调与合作，又有政府与非政府的合作，以及专家学者与专业团队的合作。它不仅设有政府组织和非政府组织参加的监督各国计划实施的观察员小组，而且设有许多技术和专业协调工作组，可将治理、环保、防洪和发展融为一体。在 ICPR 推动下，莱茵河流域各国签署了《莱茵河流域国际合作公约》，勾勒出了协同治理的蓝图；接着，ICPR 制定并组织实施了一系列生态治理的行动计划，如《2000 年前莱茵河行动计划》《莱茵河 2020 计划》，使得莱茵河流域生态环境大为改善。

借鉴莱茵河流域"流域管理和区域管理相结合"的模式，要求相关区域签订合作公约，奠定共同治理的合作基础。长江经济带绿色发展必须坚持生态优先、绿色生态统筹，从长江经济带生态可持续发展大局出发，打破沿江省（直辖市）各自为政的局面，建立跨行政、跨部门的生态文明建设领导机构，作为长江经济带绿色生态统筹的最高决策与统筹组织，制定长江经济带绿色生态统筹的相关规划和行动计划，实现流域开发共建共享。尽快成立长江流域开发管理协作机构，建立长江流域共同开发管理的合作框架，积极落实各方达成的合作共识，逐步建立长江流域区际协作的长效机制。加快行政体制改革，推进长江流域水利、环保、港务和农业等部门职能改革，打破多头治水的困局。

（二）促进港、城、产联动发展

长期以来，德国政府非常重视以港兴产、产城融合和港城联动的发展策略，充分利用莱茵河中游河段地势平坦的有利条件，建设了分布相对密集的港口群，并把杜伊斯堡打造成莱茵河流域经济带的枢纽港，而港口的发展也造就了沿岸一批工商业城市或工业基地，如鲁尔工业区。同时，法兰克福、科隆、波恩和杜伊斯堡等城市沿着莱茵河形成带状分布的城市带，集聚了金融、物流、钢铁、化工、机械和轻工等优势特色产业，也形成优势互补的城市功能，并借助内河航运的纽带作用，扩大港口对腹地辐射的范围。

根据莱茵河流域港口城市发展经验，我国长江流域港口城市既要坚持特色化发展，也要遵循港城产互动发展规律。一方面，在工业化、城镇化、农业现代化和信息化同步发展过程中，促进产业集聚和农业人口有序转移，依托港口优势，发展壮大当地特色产业，实现产城融合和港城联动。另一方面，利用互联互通的交通网络，延伸港口功能，创新通关管理，拓展腹地空间，不断增强发展后劲。

（三）促进沿江化工、制药、石化等产业合理布局

历史上，德国莱茵河流域经济带曾经分布着鲁尔工业区等集中成片的老工业基地，当地政府大力促进产业退出和转型升级，把许多厂区、矿区改造成文化创意、研发设计中心和工业旅游景点等，并加大区域援助，逐步恢复经济发展生机。现阶段，随着国际市场环境的变化和环境规制的升级，德国莱茵河流域经济带产业布局正在发生相应的调整，许多化工、机械和制药等企业将生产基地逐步转移到新兴的发展中国家，以便接近市场和节约成本，同时把腾出的土地空间用于发展产业链的高端环节或新兴的产业。

我国长江流域也要重视产业的合理分布，在长江流域生态环境目前的容量下，建议统筹考虑长江流域化工、制药和石化等重点行业布局，实地核查已建项目布局的合理性，对在建化工类项目布局进行必要的调整，确保项目选址符合行业布局规划要求。以"黄金水道"为纽带，建立绿色发展要素流动统一市场，逐步实现流域内"产业连起来，要素动起来，市场通起来"，缓解长江经济带内绿色发展自然优势与绿色发展要素不协调的矛盾。充分发挥流域内长三角、长江中游、成渝城市群的引领作用，加强城市群之间的互动合作，引导流域内产业实现科学布局、梯度转移、有序升级，淘汰落后产能，将长江经济带建成具有特色优势的绿色低碳产业带。同时，重新评估我国长江流域城市饮用水水源安全形势，加强饮用水水源水质跟踪，建立城市水源安全应急机制，提高地方政府处置城市水源污染的突发应急能力。

（四）建立完备的环境保护法律体系

德国在1975年制定了《洗涤剂和清洁剂法规》，规定了磷酸盐的最大值，又于1990年对含磷洗涤剂加以明文禁止，有效避免了含磷洗涤剂和化肥的过量使用，遏制了莱茵河的富营养化趋势。德国最早提出"谁污染谁买单"的主张，通过充分运用经济手段，来保证环保法规的法律效力，法律化的经

济手段最为有效。德国在 1976 年制定了《污水收费法》，向排污者征收污水费，对排污企业征收生态保护税，用以建设污水处理工程。1994 年又颁布了《环境信息法》，规定了公众参与的详细途径、方法和程序，在立法上保证公众享有参与和监督的权利。公众环保意识高涨，以各自不同的方式自动自觉地保护莱茵河，成为对流域立体化管理的重要组成部分。

我国应健全相关法律，制定相关法律向排污者征收污水费和生态保护税，建设污水处理设施，强制化工企业在正式生产之前必须先接受检测，确定不影响环境，否则必须关停或整改。对征收的各种罚金和税收进行综合管理，既要保证下游的生态安全，也要保证上游的经济发展。这需要建立健全生态保护补偿机制，加大对重点生态功能区转移支付力度，建立向中上游地区倾斜的生态补偿制度和补偿资金分配标准。同时可以学习德国的经验，颁布《环境信息法》，既保证了公众享有参与和监督的权利，还规定了公众参与环境安全管理的详细途径、方法和程序。整合现有的水资源合作机制并建立相应的开发交流平台，让公众能够通过多种途径，便捷地获取流域管理的政策法规以及水文、生态和环境监测报告等公开信息，以各自不同的方式保护河流，参与决策过程，监督各地的执行情况，成为流域管理的重要一员，从而保证环境管理方法符合公众利益。

（五）先进监测手段的应用

为了确保水体保护与治理的有效性，保护莱茵河委员会在莱茵河及其支流建立了水质监测站，瑞士至荷兰共设有 57 个监测站点，通过最先进的方法和技术手段对莱茵河进行监控，形成监测网络。每个监测站还设有水质预警系统，通过连续生物监测和水质实时在线监测，能及时对短期和突发性的环境污染事故进行预警。ICPR 和莱茵河水文组织（CHR）于 1990 年共同开发了"莱茵河预警模型"，对莱茵河水质进行实时监测，防止突发性污染事故。瑞士、法国、德国和荷兰等莱茵河主要流经国非常重视水环境监测，他们按照统一规划的水质监测断面和监测技术要求，定期进行采样监测，加强对莱茵河全过程的水质整治状况进行监控。从水环境管理角度建议在长江三角洲经济发达地区尽快采用严格的欧洲环境管理标准，严密监测，强化监督。针对长江的实际情况，分别在干流、支流、湖泊、河口、近海等不同水域设置监测站点，包括水质状况、水文动态以及生物情况，全流域采用统一科学的综合监测方法，及时信息共享，掌握上下游动态，第一时间对可能发生的污染事件及洪水做出预警。

第二节　澳大利亚猎人河排污权交易案例

一、国际流域排污交易案例

（一）美国俄亥俄州大迈阿密河水质排污权交易项目

大迈阿密河试点项目于 2006 年启动，旨在鼓励受监管的设施在许可证限额实施之前尽早购买磷排污权。迈阿密河保护区的下属水保护管理局领导了该试点项目，并担当排污权银行或清算所。排污权银行的资本金来自政府拨款以及希望购买排污权的点源。为了获得排污权，迈阿密河保护区发出了产生农业排污权的招标书。该地区的水土保护管理局与农民一起提交产生排污权的申请。收到申请后，迈阿密河保护区举行了逆向招标，最终选择和资助那些以最低成本实现最多磷减排的申请，然后根据投资者最初的投资金额分配排污权。迄今为止，迈阿密河保护区已经举行了四轮逆向招标来购买磷排放权，有 50 个项目获得了资助，支付金额总计 923069 美元，这些项目共实现 324 吨磷的减排。

（二）美国科罗拉多州樱桃溪和查特菲水库交易项目

樱桃溪和查特菲水库均受到州政府年最大负荷总量管辖，限制点源和非点源排放到水库中的磷。樱桃溪水库有 5 个排放点源，查特菲水库则有 12 个排放点源。为了满足短期的排放需求（例如，一些特殊情况导致某污水处理厂排污量超出该污水厂许可证限额），受监管的点源可以向其他受监管的点源购买排放权，也可以向流域管理局的排污指标储备库（该储备库建立了长期的排污权供给项目）购买。为了抵扣新建或扩建设施所需的排污权，该设施必须实施城市非点源控制措施，通过减少水库的磷排放量来获得排污权。目前大多数受监管的污水厂排放量均低于允许的负荷，但仍然形成了几宗交易，其中樱桃溪 4 宗，查特菲 7 宗。

（三）水污染物排污权交易项目成功的因素

通过这些正在运行和已停止的交易项目可以认识到哪些因素和条件有利于排污权交易活动，帮助利益相关方认识到交易项目是履行监管义务的有效手段。在推出新的水污染物排污权交易项目前，需要认真考虑这些经验教训，并将解决方案融入新的项目设计中。分析显示，以下这些因素对于建立一个有效的水污染物排污权交易项目至关重要。

1. 具有充分的污染物减排驱动因素

不少水污染物排污权交易项目是根据规划中的污染物总量控制而设计的，但由于种种原因，总量控制最终并未实施，或者是监管要求太低（营养物排放限额太高，不能为交易创造足够需求）。因此，这些项目的交易活动很少甚至根本没有交易。例如，博伊西河下游排放物交易展示项目就是为了该流域最大日负荷总量设计的，但最大日负荷总量还没有最终确定。该水污染物排污权交易项目在 2002 年推出后的六年中一直处于闲置状态。相反，切萨皮克湾所在各州（弗吉尼亚州、马里兰州、宾夕法尼亚州和西弗吉尼亚州）的水污染物排污权交易项目是根据新出台的水质标准设计的。这些标准被转换为点源排放许可证中的营养物排放限额。虽然这些项目推出的时间不长，但是严格的营养物排放限额促成了交易的发生。因此建议在投入时间和资金设计水污染物排污权交易项目之前，最好先确保监管要求或自愿行动能够产生对排污权的需求。

2. 需要充分降低受监管主体的潜在风险

在美国，由于《清洁水法案》对违反许可证要求的排污行为执法力度较大，受监管的点源通常面临较高的监管风险。当面对监管限额的时候，点源通常更愿意实施他们可以控制的高成本设施升级，而不愿承担在交易市场上向第三方（无论是点源还是非点源）购买排污权的风险。根据《清洁水法案》，一个受监管的点源向另一个受监管的点源购买排污权，会将监管合规责任转移给卖方；但是，一个受监管的点源向一个不受监管的非点源购买排污权就不会转移法律责任。这样做可能会产生风险，也就是说，如果不受监管的实体发生合同违约的情况，受监管的点源买方就会被认为违反了许可证的要求。虽然买卖双方的合同可以在财务上保护买方，但并不能防止监管机构的执法行动或公众的谴责。对于一部分受监管的点源来说，这一法律现实意味着向非点源购买排污权存在高风险。

3. 向非点源购买排污权对于受监管的点源来说还有其他风险

在大多数情况下，受监管的设施希望寻找排污权的长期供应，以确保新建或扩建的产能可以投入使用。但是，非点源的排污权供应（尤其是来自农业的排污权）会受到农民每年管理决定的影响而发生变化。此外，由于典型农场营养物管理做法的性质及期限，农民通常不能保证排污权的长期供应。

二、澳大利亚猎人河盐度交易计划

新南威尔士州政府的猎人河盐度交易计划在利用经济手段有效保护水道方面处于世界领先地位。该计划负责将猎人河的水域恢复到前所未有的新鲜程度，且允许农业、采矿和发电并举，共同使用这条河。猎人河是新南威尔士州最大的沿海集水区，占地约 2.2 万 km^2。猎人河地区支持一系列的农业活动，包括酿酒厂、乳业、蔬菜、饲料、牛肉和马匹养殖。同样坐落在山谷里的还有 20 多个世界上最大的煤矿和三个发电站，其中包括澳大利亚最大的发电机。

猎人河盐度交易计划自 2002 年以来共完成了约 170 宗交易，猎人河和长岛海峡项目是最接近水质排污权商业化的水污染物排污权交易项目。很大程度上是因为这个项目仅限于受监管的点源之间的交易，因此比较容易确定减排价格和减排量；其次，参与这个项目市场交易的受监管主体较多，促进了市场的发展以及交易的流动性。

该方案的核心思想是，只有当河里有大量低盐淡水时，才排放盐水。

（一）方案实施状况

沿河监测点用于测量河水的流量、高低。河水流量小时，不允许排放。当河水流量大时，有限的流量是允许的——由盐分系统控制。允许的流量取决于河流周围的盐度，因此每天都在变化。计算总允许排放量，使河流中下游的盐浓度不超过 900EC，上游的盐浓度不超过 600EC。当河水泛滥时，只要盐浓度不超过 900EC，就可以无限制地排放。该计划的成员协调他们的排放，以便实现这一目标。

这条河被分成"块",河中的水名义上被分成有编号的块。块是在一天内流过单体的一段水。因此,2003-198 号地块是 2003 年第 198 天(7 月 17 日)流经 Singleton 的地块。这段水会在不同的日子流过河上的其他点。对于每个区块,方案操作员持续监控流量水平和周围盐度,然后计算可以向区块中添加多少盐(总允许排放量),使盐度保持在目标之下。

本计划共有 1000 个盐分排放信用额——不同牌照持有人的盐分排放信用额各不相同。牌照持有人只可按其持有的信用额的比重向河溪排放盐分,信用额可容许排放总额的 0.1%。因此,假设 2003-198 区块可以处理 112 吨盐,然后,持有 20 学分的牌照持有人可向该区块排放 2.24 吨,而持有 45 学分的牌照持有人可向该区块排放 5.04 吨。牌照持有人进行第二次计算,以确定其排放的水中含有多少容许吨位的盐。

牌照持有人是否需要解除牌照,视每个工地的运作情况而定。信用交易使每个许可证持有人可以灵活地增加或减少其允许的排放量,同时限制整个山谷排放的盐的总量。交易系统是在线的,允许许可证持有人快速、简单地进行交易。交易可以是一个或多个区块,交易条款由相关各方协商确定。登记制度确保有关信贷持有量的信息在任何时候都是公开的。

(二)方案成功因素

该方案的设计是为了适应猎人河流域的独特特点。许多关键因素共同作用使这一创新解决方案获得成功。

1. 严谨的数据和模型

了解这条河是设计有效方案的基础。根据多年来收集的数据和前国土和水资源保护部开发的河流行为模型,研究人员发现,当河水流量增加时,盐度会增加几个小时,然后降到非常低的水平。他们的解释是,当河水从河岸和池塘中吸收盐分时,盐分开始上升,但随着淡水径流稀释了盐分浓度,盐分开始下降。这些非常低的含盐量被认为是最好的排泄时间——河水可以处理多余的盐分,而且仍然保持新鲜。

2. 一个准备合作和尝试新想法的群体

该计划的产生只是因为有关各方准备合作以寻求解决办法。煤矿、发电厂和农民把多年的冲突和不信任抛诸脑后,寻找前进的道路。环境保护署在寻找以市场为基础的替代战略方面发挥了重要作用，而不是重新应用传统的污染控制思想。DLWC（Department of Land and Water Conservation）在试验和实施该计划的水资源管理方面发挥了重要作用。新南威尔士州矿产委员会也发挥了核心作用。

3. 注重环境的结果

打破传统的方法，注重个别地点，并要求每一个排放最小化。在这种方法下，"涓涓细流"排放一直被允许，而与河流的状态没有有效的联系。在干旱时期，这条河变得非常咸，在最需要灌溉的时候却无法灌溉。在潮湿的天气里，没有负面影响的排放机会常常被错过。最终的结果是高而多变的盐度，并不能保证特定的新鲜度的持久性。新计划的重点放在把含盐量控制在900EC以下的环境目标上，使持牌人在制订咸水管理策略时具有灵活性。他们可以选择将减少污染的技术与盐的信用相结合，为他们的组织提供最具成本效益的方式。每个牌照持有人可选择不同的策略，但综合排放不会影响河流的清新程度。

4. 实时数据和交易

服务协调器管理支撑方案信息，21个监测仪表沿着河流收集信息。每隔10分钟，对河流流量和盐度的测量数据进行整理，然后通过无线电或电话发送到中央数据仓库。河流模型专家利用这些信息来计算流域内河流流量和降雨量变化时的总允许流量。在一个专门的网站上有每日的河流登记。它会通知每个信用持有人可以排放的盐的数量，以及每次排放的开始和结束时间。另外，信用交易是通过在线信用交易工具进行的，具有实时性。

第三节　美国饮用水水源保护区生态补偿案例

美国早在20世纪70年代就开始了对饮用水水源地保护的探索，并在这一过程中逐渐形成了系统的水源保护区生态补偿的法律体系和健全的生态补偿法律制度，对完善长江经济带饮用水水源保护区生态补偿机制具有较强的借鉴意义。

一、完善的生态补偿法律体系

为了保护饮用水水源，美国出台了《安全饮用水法》（Safe Drinking Water Act）和《清洁水法》（Clean Water Act）。这两部基本法虽各有侧重点，但均就饮用水水源保护区生态补偿制度进行了明文规定：各州应对水源地进行评价并划定水源地保护范围；制订水源保护区计划；实施生态补偿；保障饮用水水源地安全；必要时可以将水源地附近的企业和居民迁出，从而排除水源地的潜在风险；降低人类活动对水源易感性等级的影响。法律授权政府在一定条件下可以将最接近水源的土地购买收归国有，但同时要对饮用水水源地区进行经济补偿，以弥补由于水源地环境保护而对当地经济发展造成的负面影响。此外，在饮用水水源地生态补偿制度的实践中，一些具有法律效力的地方性法律文件相继出台，也成了水源保护区生态补偿法律体系的组成部分，如由多方共同签署的法律文件——《纽约市清洁供水协议》（Clean Water Supply Agreement）。正因为《纽约市清洁供水协议》是一份具备法律效力的文件，才保证了纽约市有关饮用水水源保护措施的有效实施，最终取得饮用水水源地生态补偿实践的成功。

二、多样化的生态补偿资金筹措渠道

在水源保护区生态补偿的诸多要素中，资金是生态补偿顺利实施的关键性要素。目前，国际上水源保护区生态补偿的实施主要依靠政府购买，但多渠道筹集资金并逐渐形成多元化的资金筹措体系用于生态补偿同样极为必要。美国《安全饮用水法》授权建立州饮用水循环基金计划，将联邦拨款与州配额拨款借贷给地方实施饮用水相关项目，获得的利息和本金循环使用。《清洁水法》授权设立州清洁水循环基金，长期支持保护和恢复国家水体项目。美国还设立了水源地补助资金，用于将饮用水水源保护整合到地方一级的综合性土地、水体管理保护计划的示范性建设项目中。在美国纽约市清洁供水的实践中，生态补偿资金主要来自向纽约用水者征收的附加税，其次为纽约市债券、信托基金以及州政府补充的资金，体现了补偿资金筹措渠道的多样性。

三、科学的生态补偿标准

生态补偿标准的高低涉及保护区居民的切身经济利益，影响着生态补偿的实施效果。只有确定科学的生态补偿标准，并依据法律予以明确规定，才能消除保护区内居民的疑虑，从而建立饮用水水源保护区生态补偿的长效机制。《纽约市清洁供水协议》明确规定：纽约市将在自愿的基础上获取土地以保护饮用水水源，以公平的市场价格购买饮用水水源地水文敏感区域未开发的土地和保育地役权，并为所获得的土地及摊派的开发权支付税款。纽约市遵循责任主体自愿的原则，以当地自然和经济条件为依据，通过法律条文"以公平的市场价格"就补偿标准进行了具体、明确的规定。

四、多元化的生态补偿实施方式

美国在水源保护的生态补偿实践中逐渐形成了多元化的生态补偿实施方式。如在田纳西河流域水源区生态环境改善的过程中，为激励企业从事水资源开发与保护的工程项目，政府对企业实施了激励性的政策补偿措施；为鼓励水源区居民参与生态环境的保护，对水源区居民进行了直接的资金补偿和就业政策补偿。而在纽约市清洁供水实践中，《清洁供水协议》就环境和经济伙伴计划进行了规定：由纽约市政府出资设立"凯兹基尔未来发展基金"（Kezkiel Future Development Fund），为水源区经济发展提供研究基金、贷款或赠款。此外，纽约市政府还给予农场主一定的技术支持以发展生态产业。可见，美国在生态补偿实践中，针对不同水源区的实际情况，采用不同的生态补偿实施方式。

五、长江经济带绿色发展经验借鉴

随着经济的不断发展，饮用水资源的污染与紧缺严重威胁人类的身体健康，饮用水水源地的保护日益成为国际社会共同关注的焦点。美国在饮用水水源保护方面起步较早，形成了完整的法律体系。

美国的排污许可证制度是水污染防治法律制度的核心，主要包括两点：一是排污许可证的基本条款，包括排污限制与水质标准；二是排污许可证的程序性规定。相比美国排污许可证制度，相关程序规定也较为详细，如排污许可证额申请程序、排污许可证的确定和颁发程序、许可证颁发后的监管程序以及许可证的执行程序。该制度有利于美国饮用水水源地的保护，能够使污染物得到有效控制，提高饮用水水质，对改善饮用水水源地的水生态环境发挥着重要作用。

（一）长江经济带饮用水排污权上存在的问题

我国长江经济带饮用水水源地保护相关法律制度还存在一些问题，其中关于排污权的有：

①排污许可证制度监管执行不力，主要体现在三点：一是未对行为人的排污处罚行为进行详细分类；二是在执行过程中缺少公众参与监督执行，仅规定利害关系人参与环境侵权诉讼的权利和义务，饮用水源污染的监管强度和处置力度得不到提升；三是基层环保执法力度较为薄弱，执法队伍水平不高，未能对排污许可行为进行有效监管。②对违法排污者的制裁力度有待加强。《中华人民共和国环境保护法》规定：对于企业违法排放污水，破坏饮用水水源地生态环境的行为，实行"按日计罚"制度，责令排污者立即停止违法排放污染物的违法行为，保障饮用水水源的水质安全。③对于违法排污者的制裁，追究法律责任执行力度不够。在我国饮用水水源地实践中，行政处罚与民事赔偿给付数额较低，不能起到法律威慑作用。

（二）对长江经济带的启示

一是健全饮用水水源地突发事故应急预警制度。长江经济带大部分地区供水系统较为单一，突发性事件也频繁发生，加强对长江经济带饮用水水源地突发性污染事故的紧急处理已经刻不容缓。具体可以从以下几个方面入手。首先，制定饮用水水源地水质监测预报方案，对公共供水系统以及跨区域供水系统进行详细规定，明确主体报备制度。其次，细化饮用水水源保护区应急预警措施，对公共供水系统进行详细规定，尽快构建饮用水水源地防控预警机制，及时更新饮用水质监测数据，做好饮用水水源地评价计划，减少突发性水污染给人体健康带来的危害。最后，各级政府鼓励公众对可能或已经出现的突发性污染源及时上报相关环保部门，相关环保部门根据实际情况做好预警处理工作。

二是完善饮用水水源保护区制度。美国《安全饮用水法》规定饮用水污染物的最大污染浓度和最大污染浓度目标值，而我国目前仅规定饮用水水质的卫生标准，不能有效地对水质进行处理分类，在实际生活中也很难达到饮用水水质安全标准。因此，在经济发展的同时，要打好水污染防治攻坚战，维护好饮用水水源地最根本的生态红线，借鉴美国在饮用水水源保护区设立两类健康目标：一类指标是在饮用水水源中污染物浓度较低，且对人体健康无任何危害前提下，达到饮用水安全健康指标；另一类指标是在确保供水安全限量范围内，限定供水中污染物的最高浓度，且对公共供水安全不产生危害。

三是规范排污许可证的行政执法。一方面，借鉴美国饮用水水源地保护的相关法律制度，细化我国现有的法律条文内容，如可将惩罚措施分为正式的强制性措施与非正式的强制性措施。另一方面，建立一支统一的、精干的、高效的行政执法队伍，加强饮用水水源地执法力度，提高执法人员的专业水平，定期组织执法人员参加饮用水水源地污染防治方面的专题讲座并进行分级考核。

四是强化严格的法律责任制度。我国现有饮用水水源地保护的法律法规虽规定了相关人员的法律责任，但在实际执行中，得不到有效实施。应将民事责任、刑事责任、行政责任有机结合，实行最严格的法律责任，追究违法排污行为。针对轻微环境污染侵权案件，没有达到危害人体健康以及公共安全程度的，应提高财产处罚金额，实行民事赔偿与行政处罚并罚制度；对已经出现或可能出现严重危害人体健康或对公共饮用水安全造成威胁的犯罪行为，并产生严重后果的，应承担相应责任。此外，应充分发挥环保循环法法庭的作用，追究相关人员的刑事责任，可以设立独立的环资审判庭，通过独立的审判方式为饮用水水源地的保护提供法律保障，也为环境公益诉讼提供丰富的司法实践经验。

第四节　美国"双岸"经济带的产业合作案例

美国东临大西洋，西濒太平洋，因而形成了著名的大西洋经济带和西太平洋经济带。其中，前者开发比较早，工业基础雄厚；后者则是在二战后随着西部开发的深入，制造业和高新技术产业向西部转移而形成的。它们被称为"双岸"经济带，是美国经济最发达的地区，同时也是世界上集聚程度最高、财富最多的区域。

美国"双岸"经济带在发展过程中采用了以城市群为中心的空间布局、港口与腹地联动的产业模式、网络化的产业集群和持续创新的产业动力。总体来说具有以下特点：

一、以城市（群）为中心的产业空间布局

美国"双岸"经济带的突出特征是：随着交通运输网络的建设和完善，经济区内各城市由开始的单独运行逐渐扩展到大城市区，并最终发展成城市群或城市连绵带。其中大西洋沿岸的波士顿—华盛顿城市群（简称波士华，Boswash），是目前世界上实力最强的城市群。它以纽约为中心，北起波士顿，中经费城、巴尔的摩，南至华盛顿特区，共由 5 个大城市和 40 多个中小城市组成。其面积只有全美的 1.5%，但却集中了 20% 的人口和 30% 的制造业产值，是美国乃至世界的金融中心和贸易中心。美国太平洋沿岸的圣地亚哥—旧金山城市群（简称"圣圣"，SanSan），以旧金山和洛杉矶为中心，北起萨克拉门托，南至圣地亚哥。其中加州是美国经济总量最大的州，生产总值约为全美的 14%。而沿海经济带则是整个加州经济的最重要动力，其 GDP约占全州的 86%，是美国所有沿海城市总和的 1/4。SanSan 城市群的支柱产业包括航天航空、石油冶炼、食品加工、旅游业和服务业等，其中"硅谷"是美国高科技人才的集聚地，也是全世界发展高科技产业的典范。

二、城市定位与产业分工的协调统一

虽然美国"双岸"经济带的产业是以市场机制为主导进行布局，但其发展离不开政府的规划，各城市间协调和管理通过专业性政府机构进行。跨行政区域的非政府组织可以直接参与公共事务的治理和影响政府的产业规划，从而使得资源能在大区域内配置。例如，在"波士华"城市群，纽约为这一区域提供最多、最重要的服务，其中金融业占 50%，商业服务占 16%。波士

顿是这一区域最先崛起的城市，是著名的文化中心，有哈佛大学、麻省理工学院等大专院校 80 多所，其教育和健康产值在所有产业中的比重为 17%。在这些学校的培育下，128 公路高技术区兴起并发展成为美国除硅谷外的又一个高科技集聚地。华盛顿定位于以政府行政职能为主的政治中心，公共事业的产值百分比为 24%，它也是政府采购的最大需求者。邻近的巴尔的摩市的有色金属冶炼业和国防业就是受益于政府采购而发展起来的，此外金融业也非常发达，产值百分比为 29%。费城位于城市群的交通枢纽，产业具有多元化特点，包括钢铁业、石油化工、交通业、制药业和国防业等。由此可见，在"波士华"城市群中，五大城市均有独特定位，并依据其优势产业部门进行分工，使区域内城市定位和产业分工实现统一。

三、港口与腹地联动的产业发展模式

交通的便利性和运输的低成本性使得港口成为整个城市对外发展的窗口，各种资源均自发地集中于港口。随着临港产业规模的扩大和交通设施的完善，产业将逐渐向城市其他非临港区域进行转移，并进一步延伸到腹地。港口与腹地联动式发展，以港口带动腹地，以腹地补充港口。洛杉矶港是美国西海岸最大的港口，也是全美国际贸易货物价值最大的港口。2009 年港口进出口货物总额 1973 亿美元，居全美第一位。相应地，洛杉矶的关税区（Custom District）也是全美最大的，2009 年进出口贸易额达到 2830 亿美元。除港口的全球航运链地位影响腹地外，港口对腹地的扩散作用还取决于内陆腹地的交通建设状况。贯通东北海岸的电气化高速铁路——美铁（Amtrak）系统将整个大西洋沿岸地区串联起来，其中特快列车（Acela Express）连接了"波士华"城市群中的五大城市，另外还有多个列车如 Keystone、Carolinian 等穿越城市群。从费城出发，到纽约只需 70 分钟，到华盛顿只需 90 分钟。发达的交通网络使港口和腹地紧密联系，并辐射带动城市群中各个城市的发展。

四、以网络化为主的产业联系

在沿海经济带的开发中，产业集聚是初始阶段的主要驱动力。同一产业的企业为了节约外部成本、享受政策优惠等而集聚在同一地区，从而推动该

城市的发展。此时的产业组织是以垂直或纵向的地区间交易网络为主，而随着城市吸引力的增强，各种配套产业也开始向该地区集中，产业组织形成地区内、产业间的交易网络。但当城市发展到一定阶段后，工资、房屋和土地的价格就会上涨，企业的集聚成本也将随之增加。集聚地区将会突破内在平衡向周边地区扩散，并逐渐形成中心城市与周边城市在产业上的紧密合作。因此，产业集聚与扩散是沿海经济带发展阶段上的主要驱动力。

目前美国"双岸"经济带已从简单的产业集聚和扩散发展成网络化产业联系。产业分工格局变成了某类产业在一个城市集聚的同时，辅助性、补充性产业也会在其他城市集聚，而产业间的联系则通过网络化组织来进行。这些组织包括完善的交通、通信等基础设施，自由流动的劳动力、资金等生产要素，发达的物流、金融等服务产业，功能齐全的非政府组织和行业协会等。它们的存在使区域内城市能突破行政划分的约束，港口的腹地扩散作用不断扩大，各城市也从竞争、合作转变为依赖关系。

五、以创新为动力的产业发展

创新是美国产业领先世界的主要原因，也是"双岸"经济长期繁荣的源泉。太平洋沿海经济带产业结构不断升级，先后经历了 19 世纪的农业和资源加工业、20 世纪的制造业、二战后的高科技产业和服务业。目前，知识经济与高科技成为太平洋地区的优势产业。以加州为例，它曾是美国农业最发达的州，19 世纪发现了黄金和石油后，加州工业自此迅速发展。但直到 1935 年，资源加工业仍是加州的主要产业。二战期间，加州的航空业快速崛起，并带动了电子产业的腾飞，使加州成为第三次科技革命的引领者。到 21 世纪时，加州已成为世界技术产业、娱乐产业的中心，2008 年生产总值达到 1.8 万亿美元，若将其作为一个国家进行排列，现已居世界第八位。同年，农业和资源业在加州产业中的比重只有 2%，制造业为 10%，服务业则达到 88%。由此可见，创新是包括加州在内的太平洋经济带产业更替的动力。

第八章　对策措施与实施途径

坚持创新、协调、绿色、开放、共享这五大发展理念，为长江经济带建设破解发展难题，厚植发展优势；聚焦重点任务，强化制度创新，共享制度红利，持续推进生态环境保护和生态文明建设，夯实高质量发展的生态基础。

第一节　绿色发展战略对策

一、指导思想

按照"五位一体"总体布局和"四个全面"战略布局，牢固树立和贯彻落实创新、协调、绿色、开放、共享的发展理念，坚持生态优先、绿色发展，坚持一盘棋思想，理顺体制机制，加强统筹协调，处理好政府与市场、地区与地区、产业转移与生态保护的关系，加快推进供给侧结构性改革，更好发挥长江黄金水道综合效益，着力建设沿江绿色生态廊道，着力构建高质量综合立体交通走廊，着力优化沿江城镇和产业布局，着力推动长江上中下游协调发展，不断提高人民群众生活水平，共抓大保护，不搞大开发，努力形成生态更优美、交通更顺畅、经济更协调、市场更统一、机制更科学的黄金经济带，为全国统筹发展提供新的支撑。

二、基本原则

（一）江湖和谐、生态文明

建立健全最严格的生态环境保护和水资源管理制度，强化长江全流域生态修复，尊重自然规律及河流演变规律，协调处理好江河湖泊、上中下游、干流支流等关系，保护和改善流域生态服务功能。在保护生态的条件下推进发展，实现经济发展与资源环境相适应，走出一条绿色低碳循环发展的道路。

（二）改革引领、创新驱动

坚持制度创新、科技创新，推动重点领域和关键环节改革先行先试。健全技术创新市场导向机制，增强市场主体创新能力，促进创新资源综合集成。建设统一开放、竞争有序的现代市场体系，不搞"政策洼地"，不搞"拉郎配"。

（三）通道支撑、协同发展

充分发挥各地区比较优势，以沿江综合立体交通走廊为支撑，推动各类要素跨区域有序自由流动和优化配置。建立区域联动合作机制，促进产业分工协作和有序转移，防止低水平重复建设。

（四）陆海统筹、双向开放

深化向东开放，加快向西开放，统筹沿海内陆开放，扩大沿边开放。更好推动"引进来"和"走出去"相结合，更好利用国际国内两个市场、两种资源，构建开放型经济新体制，形成全方位开放新格局。

（五）统筹规划、整体联动

着眼长远发展，做好顶层设计，加强规划引导，既要有"快思维"，也要有"慢思维"；既要做加法，也要做减法，统筹推进各地区各领域改革和发展。统筹好、引导好、发挥好沿江各地积极性，形成统分结合、整体联动的工作机制。

三、战略任务

（一）以系统工程推动长江经济带高质量发展

思想引领前行，战略布局未来。推动长江经济带发展是一项系统工程，是一项长期的历史任务，不可能毕其功于一役。将蓝图落到实处，要有"功成不必在我"的精神境界，长抓常治，推动长江经济带发展迈上新台阶。要处理好生态环境保护和经济发展的关系，坚持全流域规划布局、全产业链调整升级、全要素优化配置，推动形成绿色发展方式和生活方式。建立生态环保长效机制，加强统筹协调。要牢记习近平总书记关于长江经济带发展的要求，一茬接着一茬干，一锤接着一锤敲，以久久为功的韧劲守住绿水青山，构筑生态文明新家园。

（二）以"三大变革"为抓手推动长江经济带高质量发展

习近平总书记在深入推动长江经济带发展座谈会上要求把握好整体推进和重点突破、生态环境保护和经济发展、总体谋划和久久为功、破除旧动能和培育新动能、自身发展和协同发展等五个重大关系，为新形势下推动长江经济带发展指明了正确方向和实践路径。推动长江经济带发展，前提是坚持生态优先，关键是要处理好绿水青山和金山银山的关系。要以质量变革、效率变革和动力变革推动长江经济带高质量发展。质量变革、效率变革、动力变革是党的十九大报告提出的三个关键词，应该说包括长江经济带在内整个发展理念都要转到这三个变革上来。质量变革就是要提高发展质量；效率变革就是要提高发展效率；动力变革就是要更多依靠创新驱动。实践深刻昭示，绿水青山就是金山银山，生态环境保护和经济发展不是矛盾对立关系，而是辩证统一关系。要以壮士断腕、刮骨疗伤的决心，积极稳妥推进创新发展，彻底摒弃以投资和要素投入为主导的老路，实现腾笼换鸟、凤凰涅槃，从而激发新动能、推动新发展。

（三）以绿色理念引领长江经济带高质量发展

新时代绿色发展已成为共识，这为长江经济带发展这一重大国家战略的推进和实施奠定了基调和根本方向。我们要牢记"共抓大保护、不搞大开发"基调，刹住无序开发的情况，避免"建设性"的大破坏，实现科学、绿色、可持续开发。落实习近平总书记对长江经济带发展的要求，就必然要走生态优先、绿色发展的创新之路，而不是资源消耗型的老路子。这条新路子需要沿江省（直辖市）和国家相关部门在思想认识上聚成一条心，在决策部署上形成一盘棋，在建设行动中拧成一股绳，建设"生态长江""绿色长江""安全长江"，以科学开发、绿色发展、可持续增长为指导，合力把长江经济带建成生态更优美、交通更发达、经济更健康、市场更统一、区域更协调、开放更广阔、机制更科学的黄金经济带。

四、绿色发展举措

（一）提高认识，科学规划

党的十九大报告明确指出，人与自然是生命共同体，人类必须尊重自然、顺应自然、保护自然。因此，长江经济带 11 省（直辖市）的各级政府、部门和广大群众，必须始终把"生态优先、绿色发展"放在重要位置，要像保护自己的眼睛一样保护长江经济带的生态环境，要像对待自己的生命一样对待长江经济带的生态环境。只有这样，长江经济带的生态保护和绿色发展才有希望。长江经济带 11 省（直辖市）要根据全国制定的《长江经济带发展规划纲要》的精神和总体要求，科学制定各自的"生态规划"，将各地区（省、市、县、乡、村）生态规划纳入全国统一生态规划之中，增强规划的针对性、区域性、科学性和实用性。要严格依照"生态规划"的要求开展生产布局和经济建设，真正做到经济发展与生态保护有机统一，实现绿色发展。

（二）环境整治，对症下药

（1）对长江经济带 11 省（直辖市）的环境状况要进行一次全面"清查"，明确环境状况的"家底"，找出存在的突出环境问题。

（2）以当前实施乡村振兴战略为"总抓手"，找出乡村污染源头，从改善农村人居环境入手，聚焦解决农村的垃圾、污水、厕所等问题，以乡村环境整治、建设美丽乡村来推进长江经济带环境改善。

（3）长江经济带内现有地级以上城市 110 个，这些城市对长江经济带的发展起了重要作用，但其中一些城市或相当一部分城市所产生的污染物质，由于没有得到及时的、应有的处理或处置，对长江经济带造成了污染。必须采取坚决措施予以"治理"，该停产的停产，该转产的转产，该倒闭的要坚决倒闭。总之，对于已经破坏了的生态、污染了的环境，必须采取坚决而果断的措施予以治理。要依照国家相关法律法规，千方百计查清"罪魁祸首"——"破坏源""污染源"，从"源头"上进行整治和打击，切断环境污染的链条。

（三）实施生态保护，开展生态建设

长江经济带已建立了多种类型且数量庞大的自然保护地（区），包括自然保护区、风景名胜区、森林公园、湿地公园、水利风景区、水产种质资源保护区等，对长江经济带的生态环境保护起了巨大作用。随着长江经济带发展国家战略的进一步实施，以及长江经济带 11 省（直辖市）经济社会的不断发展，该区域生态保护的面积还应进一步扩大。长江经济带绿色发展，关键要千方百计"增绿""扩绿"：一是要重点搞好长江沿江岸带的绿化，要坚决消除"化工围江"（化学工业企业"包围"长江）的现象，还长江两岸以"绿色"；二是实施乡村绿化美化工程，抓好四旁植树、村屯绿化、庭院美化等身边增绿行动，着力打造生态乡村；三是要建设一批特色经济林、花卉苗木基地，确定一批森林小镇、森林人家和生态文化村，加快发展生态旅游、森林康养等绿色产业，促进产业兴旺和生活富裕；四是加强林业自然保护区建设，实施珍稀濒危野生动植物拯救性保护行动，加快构建生态廊道和生物多样性网络，保护好长江经济带重点野生动植物物种和典型生态系统。

（四）完善法规，强化监管

一方面，长江经济带各省（市、区、县）已陆续出台了一系列生态治理、生态保护、生态建设的法律和法规，对推进区域生态环境建设、实现"美丽长江"发挥了前所未有的作用，成绩喜人。今后，随着长江经济带绿色发展的快速发展和纵深推进，《中华人民共和国长江保护法》的强力实施，将为长江经济带高质量发展增添新动力。另一方面，这些年，中国之所以在生态环境保护和生态文明建设方面取得巨大成就，一个重要原因就是对生态环境的监管力度加大了，对破坏生态、污染环境的个人和企业给予严惩。今后，要实现长江经济带的绿色发展，还应进一步加大对该区域在生态方面的违规、违纪者的监管力度和惩罚力度，真正做到以"法"保"绿"、以"规"护"绿"。

（五）重视科技，培养人才

（1）要高度重视科学技术及科学研究工作。要加强长江经济带绿色发展领域的科学研究和技术开发。一是要对长江经济带生态系统的演变规律进行深入研究；二是要在广泛调查研究的基础上，对长江经济带生态系统存在的突出问题及其根源进行深入剖析；三是要研发长江经济带绿色发展技术，尤其是要研发能解决当前区域生态问题的关键技术和可行方案；四是要加强与长江经济带生态问题相关的各生态系统研究，并提出应对策略。

（2）在科技研发上，要善于开展合作。长江的问题，是全球性的、世界性的问题，绝不仅仅是中国、是长江经济带11省（直辖市）的问题。要彻底解决长江经济带的生态环境问题，必须各国携手、全球合作，方能从根本上找到解决问题的方法和方案，从而实现区域绿色发展。因此，开展长江经济带的国际、国内合作，是未来发展之趋势。

（3）培养人才。"人才是第一资源"，解决长江经济带的生态环境问题，实现长江经济带的绿色发展，关键靠人。只有培养和造就"有理想、有本领、有担当"的高素质生态人才，治理长江生态、保护长江生态、建设长江生态才大有希望，"美丽长江""美丽中国"才能如期实现。

五、绿色发展生态环境保护措施

（一）全面推进环境污染治理

以区域、城市群为重点，推进大气污染联防联控和综合治理，改善城市空气质量。以农产品用地和城镇建成区为重点，加强土壤污染防治。以加快完善农村环境基础设施为重点，持续改善农村人居和农业生产环境。

1. 改善城市空气质量

实施城市空气质量达标计划。完善大气污染物排放总量控制制度，加强二氧化硫、氮氧化物、烟粉尘、挥发性有机物等主要污染物综合防治。控制长江三角洲地区细颗粒物污染。严格控制炼油、石化等行业新增产能，新（改、扩）建项目要实施主要污染物倍量削减。提高外输电比重和天然气供应，加快推进"煤改电""煤改气"工作。控制沿江城市颗粒物污染。推进沿江区域大气污染防治，加强沿江城市的工业源和移动源治理。加大有色金属行业结构调整及治理力度，优化产业空间布局。

2. 推进重点区域土壤污染防治

加强土壤重金属污染源头控制。提高铅酸蓄电池等行业落后产能淘汰标准，逐步退出落后产能。推进农用地土壤环境保护与安全利用，综合考虑污染物类型、污染程度、土壤类型、种植结构等，建设一批农用地土壤污染治理与修复试点，在试点示范基础上，有序开展受污染耕地风险管控、治理与修复。严控建设用地开发利用环境风险。完成重点行业企业用地土壤污染状况排查，掌握污染地块分布及其环境风险情况。

3. 加强农村环境整治

加快建设农村环境基础设施。以丹江口库区、南水北调东线水源及沿线、三峡库区及其上游等国家重大工程地区，鄱阳湖、洞庭湖、洱海等汇水区域为重点，以县为单位开展农村环境集中连片整治。开展农村河渠塘坝综合整治。实施农村清洁河道行动，开展截污治污、水系连通、清淤疏浚、岸坡整治、河道保洁，建设生态型河渠塘坝，整乡整村推进农村河道综合治理，创建水美乡村。严格控制农业面源污染。积极开展农业面源污染综合治理示范区和有机食品认证示范区建设，加快发展循环农业，推行农业清洁生产，提高秸秆、废弃农膜、畜禽养殖粪便等农业废弃物资源化利用水平。

（二）创新区域协调环保机制

1. 健全生态环境协同保护机制

完善环境污染联防联控机制。推动制定长江经济带统一的限制、禁止、淘汰类产业目录，加强对高耗水、高污染、高排放工业项目新增产能的协同控制。在长江流域严格执行船舶污染物排放标准。研究建立规划环评会商机制，将流域上下游地区意见作为相关地区重大开发利用规划环评编制和审查的重要参考依据。重大石化、化工、有色、钢铁、水泥项目环评以及重大水利水电等规划环评，应实施省际会商。探索建立跨省界重大生态环境损害赔偿制度。推进水权、碳排放权、排污权交易，推行环境污染第三方治理。推进省际环境信息共享。

2. 创新上中下游大保护路径

建设统一的生态环境监测网络。充分发挥各部门作用，统一布局、规划建设覆盖环境质量、重点污染源、生态状况的生态环境监测网络。加强地市饮用水水源监测能力建设，建立长江流域入河排污口监控系统。建立长江流域水质监测预警系统，加强水体放射性和有毒有机污染物监测预警，逐步实现流域水质变化趋势分析预测和风险预警。建立长江经济带区域空气质量预警预报系统，推动建设西南、华中区域空气质量预警预报平台。调整完善三峡生态与环境监测系统。强化区域生态环境状况定期监测与评估，特别是自然保护区、重点生态功能区、生态保护红线等重要生态保护区域。提高水生生物、陆生生物监测能力。推进生态保护补偿。加大重点生态功能区、生态保护红线、森林、湿地等生态保护补偿力度。按照"谁受益谁补偿"的原则，探索上中下游开发地区、受益地区与生态保护地区横向生态保护补偿机制试点。

3. 强化生态环境管理措施

开展资源环境承载能力监测预警评估。确定长江经济带环境容量，定期开展资源环境承载能力评估，设置预警控制线和响应线，对用水总量、污染物排放超过或接近承载能力的地区，实行预警提醒和限制性措施。实行负面清单管理。以钢铁、水泥、有色、建材、化工、纺织等行业为重点，加快沿江地区绿色制造业发展，开展工业企业绿色转型发展试点示范，树立优质产能绿色品牌，推动绿色产业链延伸。

（三）强化保障措施

1. 加强组织领导

长江经济带 11 省（直辖市）人民政府是规划实施主体。要根据任务分工，将目标、措施和工程纳入本地区国民经济和社会发展规划以及相关领域、行业规划中，编制具体实施方案，加大规划实施力度，严格落实党政领导干部生态损害责任追究制度，确保规划目标按期实现。生态环境部、国家发展改革委、水利部等有关部门要做好统筹协调、督促指导。

2. 完善环境法治

各省（直辖市）根据自身特点和生态环境保护需要，制定和完善生态环境保护的地方性法规。加大环境执法监督力度，推进联合执法、区域执法、交叉执法，强化执法监督和责任追究。加强环保、水利、公安、检察等部门和机关协作，健全行政执法与刑事司法衔接配合机制，完善案件移送、受理、立案、通报等规定。

3. 加大资金投入

落实长江经济带生态环境保护重点任务与工程，推动生态环境保护建设、资源节约利用等资金整合使用。地方各级人民政府要加大生态环境保护与修复资金投入，创新投融资机制，采取多种方式拓宽融资渠道，鼓励、引导和吸引社会资金以 PPP 等形式参与长江经济带生态环境保护与修复。

4. 加强科技支撑

加强长江经济带生态环境基础科学问题研究，系统推进区域污染源头控制、过程削减、末端治理等技术集成创新与风险管理创新，加快重点区域环境治理系统性技术的实施，形成一批可复制可推广的区域环境治理技术模式。

依托有条件的环保、低碳、循环等省级高新技术产业开发区，集中打造国家级环保高新技术产业开发区，带动环保高新技术产业发展。

5. 实行信息公开

生态环境部、水利部、国家发展改革委建立健全长江经济带生态环境信息发布机制，国家定期公开水功能区达标状况、跨省断面水质状况、饮用水水源水质、空气质量、重点生态功能区状况等生态环境信息，发布《长江经济带生态环境状况年度报告》。地方各级人民政府定期公布本行政区域内生态环境质量状况、政府环境保护工作落实情况等相关信息，严格执行建设项目环境影响评价信息公开。重点企业应当公开污染物排放、治污设施运行情况等环境信息。加大生态环境保护宣传教育力度，营造全社会共同参与环保的良好氛围。

第二节　绿色发展动力发掘

一、机制建设：创新区域合作治理模式

（一）构建全方位战略通道，扩大长江经济带的市场容量

"战略场所"＋"战略通道"是上海契合长江经济带发展、长江经济带促进上海城市转型，实现互惠和共同发展的合作基础。随着长江经济带开放程度的加深，次一级的战略场所将逐渐兴起，从而形成由核心战略场所（上海）和次级战略场所构成的战略通道。战略通道的多寡与密度，决定了流量空间的发展规模、质量与效率。应优先建设并贯通长江经济带三大城市群核心城市（上海、武汉、重庆、成都）之间的战略通道。根据它们各自的发展特点与比较优势，从完善交通基础设施体系、培育创新网络、节点功能的专业化、开放制度的优先复制推广等角度，增强相互之间的流量交换，促进跨区域的产业融合与企业分工，在它们之间建立价值流创造、循环、增值的稳定而高效的通道。目前，由于汽车（上海、武汉、重庆）、日化（上海、苏州、昆山、合肥、宜昌、成都）、高新技术（上海、南京、杭州、武汉、成都）、物流（上海、杭州、武汉、成都）、消费服务（上海、武汉、成都）等产业区域

化正在显现（郑德高、陈勇、季辰晔，2015），不断加强着城市群之间和城市群内的联系，因此可以作为长江经济带战略通道形成的基础，逐步发展成为具有投资与贸易功能的产业发展平台。除此以外，应依托战略通道的建设，大力发展城市群内部的流量经济。

（二）建立多层次长江经济带区域协调机制

鉴于长江经济带发展的多样性，有必要厘清空间类型的差异与合作诉求（诸如城市群合作、城市合作、省际合作），根据利益共享的基础（诸如产业合作、航运公共服务、旅游发展、文化促进、科技创新、金融开放），建立起多层次的区域协调机制与组织体系。总体上，可借鉴和推广长三角区域政府间合作的成功经验，使其从下游地区迅速推广扩散至上中游地区，形成"政府搭台、企业唱戏、多方参与"的区域经济一体化发展与产业分工合作新格局；建立沿江省（直辖市）政府联席会议制度，就沿江地区经济联动发展和产业分工合作所涉及的产业规划布局、产业发展政策协同、重大基础设施项目对接、港航互动发展、流域共同治理等重大问题进行协调与磋商（徐长乐，2014）。在战略通道建设方面，在区域规划深化、细化的基础上探索多种类型的联合跨界合作模式。联合跨界合作具有边界空间尺度和边界经济空间重新界定的作用，联合跨界合作区域展现出生产要素的整合需求，如同城化合作和经济廊道等模式的出现（朱惠斌、李贵才，2015）。可以采取定期举办城市群合作暨企业家高峰论坛的形式，跟踪城市群之间与城市群内部的合作需求与发展动态，设立中长期规划和年度发展主题，并适时评估城市群协调与合作成效。在具体的发展平台方面，可以建立专项的合作机制，诸如产业合作平台、金融服务平台、技术交易平台、航运物流服务平台、人才交流平台、企业对外投资与贸易的促进平台、环保联动平台等。

（三）健全区域合作机制

健全区域合作机制，增强市场机制的主导作用，引入补偿机制，缩小长江经济带内部发展差距。区域协调的前提在于市场机制充分而灵活地发挥作用，所以开放是一个重要前提。相对于长三角城市群决策层、协调层和执行层三级运作、统分结合的做法而言，长江中游城市群和成渝城市群的协调机制比较薄弱和欠缺。长江中游城市群只有每年一度三省会商会议，成渝城市群尚无整体协调机制（郝寿义、程栋，2015）。后两者如果要跳出争取政策资源和仅在国家区域战略规划下缓慢推进合作的怪圈，就必须在制度层面上实现一体化。通过自贸试验区的国际制度平台，上海在制度方面不断创新突破，可以逐步创造符合国际经济发展的制度环境，实现国内与国际制度的对接（吕康娟，2016）。因此，上海可以发挥制度先行的优势，在战略通道建设中率先进行创新制度的复制、推广与合作。上海还可以牵头设立重点区域和发展廊道的发展基金，为长江经济带战略新兴产业链的布局、跨界功能区域的开发、区域公共品建设、生态环境保护和欠发达地区产业转移对接等提供资金支持。

推进区域协同发展，政府协作重心是破除行政壁垒，进行整体引导推动，建设协同发展的大环境机制和平台载体，实际发展运作要有跨地区一体化运作的机构和载体，如此才能更加有效地落实共建项目和协同项目。中微观领域，应充分发挥市场机制和社会力量的主导作用，使企业、非政府组织、居民等成为区域协同发展的行为主体。例如，鼓励社会资本参与长三角协同发展基金，建立专业化的运作团队和市场化的运作机制，保证基金发挥作用、安全使用、各方受益。又如可以考虑成立长三角发展银行，可由各地的商业银行出资，专门对协同发展中的基础设施建设、产业项目转移、振兴县域经济等提供融资服务。要积极推动大学、科研机构、公共服务机构、交易市场、养老机构的跨地区发展和机构整合，形成一体化运作的体系和机制。在环境保护、扶贫帮困、公益慈善等领域可以多发展一些跨地区的非政府组织，通过各种社会纽带把长三角地区的城市和人群更多地联结起来。

二、生态共建：统一政策法规，整体联防联控

探索区域生态共建、共担、共享的新机制，协同建设美丽长三角。一是推进全方位协同。所有区域都应进入协同治理体系，严守生态底线，坚决执行长三角区域发展规划及功能区布局规划，认真落实三省一市四方达成共识的生态环境治理规划和行动计划。在生态环境治理的各个环节推进协同、共防共治，包括共同规划、共同监测、共同处罚、共同建设、共同出资、共同补偿等。二是推进一体化防控。在生态环境治理的关键环节建立健全一体化

的机构和防控机制。比如设立长三角生态环境治理委员会，负责长三角地区性的环境规划、环境立法、环境标准、政策体系，建立长三角环境监测平台。三是构建差异化的责任机制。新增重大项目，尤其是处于长江和太湖等共有水域上游、区域上风向、滨湖或水源保护区等生态敏感区，引入化工、冶金、电力等高污染项目，以及其他会导致跨区域环境影响的项目，必须经过地区环评机构评审通过后才可立项。建立长三角生态基金，在环境污染源头治理、流域性生态环境修复工程上推进一体化建设，对区域性生态保护区进行经济补偿等。

三、交通融合：建设城际轨道，完善枢纽网络

近年在高铁和跨海跨江大桥建设的推动下，长三角的交通条件已经发生翻天覆地的变化，但与东京、巴黎、纽约、首尔等相比，差距仍然较大。其中最大的差距就在于城际轨道很不发达，从大城市到绝大部分中小城市（县级市），城际轨道仍为空白；再者是交通枢纽，现在除了上海的虹桥大型交通枢纽功能很突出外，其他大中型城市的交通枢纽明显薄弱，特别是各个枢纽之间没有形成层级鲜明、有机衔接的交通枢纽体系。长三角地区将进入城际轨道建设加速阶段，对交通联网提出了更高的要求。要积极推进长三角地区城际轨道和交通枢纽的整体规划，破除各自为政壁垒，争取形成区域一张图；同时也要积极推进跨地区合作建设和整体运营，消除断头路，消除段段收费，为跨城通勤，提高同城效应创造发达的交通体系。优化上海与长江经济带其他地区的交通枢纽网络。加快建设上海直达长江经济带中西部主要城市的高速铁路、高速公路和航空网络，促进区域内部要素高效流动。充分发挥上海国际航运中心的引领作用，加强长江干支流高等级内河航道建设，提高长江下游地区的通航能力，扩大江海联运范围，构建多运力有效衔接的集疏运综合立体交通网络，为深化国际互联互通奠定交通载体。

四、规划衔接：完善顶层设计，优化空间结构

重点聚焦三大规划，完善顶层设计，优化空间布局。一是长三角区域发展规划。根据新形势、新要求，加快启动新一轮长三角区域发展规划编制，

同时加强与长江经济带其他地区的衔接联动。二是长三角城市群发展规划。目前长江中游城市群规划已经获批,为更好地指导世界级城市群建设,亟待编制长三角城市群发展规划。三是上海新一轮城市总体规划。上海是长三角的一级核心城市、长江经济带的龙头城市。当前上海正在实行新一轮城市总体规划,规划期为 2015—2040 年,对引领上海、长三角乃至长江经济带发展意义重大。因此,应充分把握新一轮城市总体规划编制契机,跳出自家"一亩三分地",与长三角其他地区加强对接沟通,开放式编制城市总体规划,在长三角乃至长江经济带的大格局中进行谋篇布局。

创新和完善配套保障机制。长三角地区已形成决策层、协调层、执行层"三级运作"的合作机制,对区域一体化发展起到了重要的协调推动作用。但目前也存在层级较多、合作专题较多,全盘统筹、整体推动不足的问题。破解的重要途径是成立更高规格的区域协同决策机制。比如,参照 20 世纪 80 年代上海经济区模式,成立长三角区域协同发展委员会。从地方层面来说,要积极构建三个基础性的保障机制:一是政策配套保障机制。各地都要按照统一的区域规划和达成的协同方案,由综合部门牵头,制定专门的配套政策并保障落实。比如生态补偿政策,各地必须协同、衔接,才能保障共治成效。二是立法保障机制。各地人大应该积极制定相关法律,强化制度保障,强化监督作用。三是完善区域发展的资金保障机制。2011 年长三角三省一市共同出资设立区域发展促进基金,是一个突破性举措。但相对于区域性重大问题,几千万的资金总量杯水车薪,同时资金投向比较分散,促进作用不明显。长三角地区应借鉴欧盟、京津冀等地区的经验,一方面要做大区域发展基金规模,但要改变目前的均等化注资方式,根据经济实力、责任和受益等标准,实施差异化投入机制;另一方面要做优区域发展基金,优化资金投向和使用机制,采取切块细分或单独设立的模式,使区域发展促进基金投向更聚焦。每一类基金出台专项政策,明确支持的重点领域,建立完善的申请、使用、监管和评估机制。

第三节　绿色发展实施途径

一、绿色发展的主要路径

科学确定推进新时代长江经济带绿色发展的主要路径，我们要统筹协调经济发展和环境保护的关系，建设长江绿色经济带，使其成为全国绿色发展中具有重大示范引领作用的先进绿色经济带，成为将新发展理念落地生根的资源节约型、环境友好型、人口均衡型和生态清洁安全型的模范示范区。

（一）牢固树立社会主义生态文明观，以观念变革引领实践自觉

习近平同志在中共十九大报告中指出："我们要牢固树立社会主义生态文明观，推动形成人与自然和谐发展现代化建设新格局，为保护生态环境作出我们这一代人的努力！"社会主义生态文明观凝结着全体人民建设美丽中国的共同理想和共同价值追求，是推进新时代长江经济带绿色发展的强大精神向导。社会主义生态文明观能指导人们在长江经济带建设中自觉形成敬畏自然、崇尚自然、尊重自然、服从自然、顺应自然的思想，促进人们将探索遵循自然规律的思想认识内化进心灵，推动社会主义生态文明观成为人们的世界观、认识论和方法论，并成为指导人们在长江经济带建设中热爱长江、呵护长江、促进人与自然和谐共生的一种自觉行动。

（二）围绕美丽长江和美丽中国建设的目标，加快生态文明体制改革

用最严格的制度和最严密的法治为长江绿色经济带建设保驾护航，让制度成为刚性的约束和不可触碰的高压线。目前迫切需要构建的制度有：其一，长江经济带绿色发展一体化协调机制。全面落实主体功能区规划，明确生态功能分区，划定生态保护红线、水资源开发利用红线和水功能区限制纳污红线，强化跨界断面水质考核，推动协同治理，以生态承载力为底线，进一步优化产业开发格局，严格保护一江清水，努力建成上中下游相协调、人与自然相和谐的绿色生态廊道。其二，产业绿色生态化改造的政策协调机制。加快建立健全促进产业绿色生态化改造的管控机制，建立区域间合力推进产业绿色生态化改造的内生动力机制，增强区域产业绿色生态化改造的创新能力，用经济手段促进形成产业绿色生态化改造的利益补偿机制。其三，长江经济带一体化环保监控体系。加快建立健全自然资源登记监测制度，完善污染源实时监控系统，建立健全长效生态环境监测和评估体系。其四，长江经济带生态环保法制硬性约束机制。建立长江经济带危险物质泄漏事故的报告制度和应急计划制度，一体化解决长江经济带建设过程中出现的重大生态环境风险。其五，长江经济带生态环保资金保障机制。建立长江上游水资源保护和生态建设专项资金，加快建立长江经济带水环境保护治理基金，推动长江经济带生态环保投资主体多元化。其六，长江经济带生态补偿机制。完善生态补偿法律制度，加快建立和完善长江经济带沿江地区森林、湿地、农业、矿产、水资源等自然资源保护的生态补偿制度。

（三）构建政党、政府、企业、公民集体行动的绿色发展实践共同体

政党和政府要始终将生态环境问题当作关系国家长治久安的重大政治问题和关系民生福祉的重大社会问题，促进执政理念、执政方式的转换，当好长江经济带绿色发展的领导者和组织者，坚持生态惠民、生态利民和生态为民。企业要当好长江经济带绿色发展的生力军，自觉坚持绿色发展、低碳发展、循环发展，切实履行为环境保护尽责尽力的社会责任，建立健全绿色发展、低碳发展的现代经济体系。公民要自觉形成和倡导简约适度、绿色低碳的生活方式和消费方式，将人们承担绿色发展的责任生活化、实践化、具体化。

二、绿色发展的实施路径

习近平总书记在推动长江经济带发展座谈会上指出："长江拥有独特的生态系统，是我国重要的生态宝库。当前和今后相当长一个时期，要把修复长江生态环境摆在压倒性位置，共抓大保护，不搞大开发。"推动长江经济带绿色发展，可以因地制宜地开展自然教育，进一步加大修复生态环境的力度，大力发展绿色产业，形成合力建设美丽长江。

（一）开展长江自然教育

1.人类对自然的态度影响着生态环境质量的优劣

自然教育就是要培育人对自然的态度、人与自然打交道的能力，让人们珍惜自然资源、保护生态环境、爱护地球家园。长江拥有独特的生态系统，

是我国重要的生态宝库。开展长江自然教育，主要目的是让人们充分认识长江作为生态宝库的重要价值。

2. 把"绿水青山就是金山银山"理念融入长江生态环境建设中

河流是人类赖以生存发展的重要条件，其生态环境的优劣变化直接影响相关区域经济社会的发展。长江拥有得天独厚的自然地理条件和山水林田湖草俱全的天然生态系统，其生态价值、经济价值已成为支撑我国高质量发展的特有资源禀赋，但这些资源并非取之不尽、用之不竭，长江生态环境建设必须践行创新、协调、绿色、开放、共享的发展理念，在当前和今后相当长一个时期，把修复长江生态环境摆在压倒性位置，共抓大保护，不搞大开发。

3. 开展长江自然教育，使生态环境观念深入人心

构建以自然生态环境要素为背景、以跨学科知识技能为内容、以经济社会生活为媒介的自然教育体系，围绕长江构建跨学科知识系统，普及长江沿岸的自然地理、人文历史、经济社会等知识，向社会大众阐述长江的自然价值、生态价值、经济价值和文明价值。在实践中，可以结合长江沿线丰富优质的科教资源优势，规划一批新学科，培育一批新职业，布局一批新基地，产出一批新成果，培养一支生态环保铁军，更好地服务长江调查评价、监测研究等工作。

4. 打造长江自然教育基地

依托长江富饶的湖泊、水库、公园、山脉、湿地和人文馆藏等自然资源优势，建设长江自然教育基地。利用长江博物馆、文化馆等众多富饶的人文馆藏，讲好长江故事。结合长江山水林田湖草特色和阶梯区域特点，建立长江自然公园和野外观测基地，加强生态文明教育。

（二）修复长江生态环境

1. 生态环境质量是建设生态文明的基石

欧美国家"先污染后治理"的老路和经验教训告诉我们，做好长江流域大气、土壤、水体污染防治是长江生态环境保护和可持续发展的根本前提。习近平总书记要求，"要用改革创新的办法抓长江生态保护"。当前，需要建立包括长江流域农用地、建设用地、自然保护区、森林、湿地的面积，干支流和湖泊的水体污染程度、富营养化状态，生物多样性程度和人类活动变

化等基本指标的评价体系，为全面解决长江流域地质灾害、洪涝灾害、水土污染、生态环境退化等突出问题提供基础数据。

2. 修复长江生态环境，实施持续改善长江水质的专项行动计划

围绕长江流域水质改善，恢复和维持长江水体的物理、化学和生物完整性，形成水污染治理、水生态修复、水资源保护的共治体系。建立长江水生态环境标准，强化控制河流点源污染和非点源污染，绘制污染物控制计划进度表，快速削减水环境污染物。创新综合治理组织管理，形成跨学科治理、跨部门监管、跨区域协同的综合治理体系和应急联动机制，实现从单项修复向面上治理、综合治理转变的生态治理格局。

3. 修复长江生态环境，构建全面系统、协同一致的生态环境动态监测网络

准确识别长江上中下游生态环境变化的根源，对农田水利工程、化工企业排放、城乡基础建设、气象地质灾害等影响环境质量因素，进行水、土、气、生等分类分区治理，形成以流域为单元的水环境管理、以地域为单元的大气土壤环境管理和以省域为单元的清洁能源消费模式。对工业、生活废水排放口进行断面和点位的实时监测，重点监测矿山、农田、化工场地以及土壤深部、地下水中的隐性污染，不断提升长江生态环境质量及其稳定性。

4. 修复长江生态环境，建立人口、资源、环境与经济社会和谐发展的动态平衡体系

习近平总书记强调，正确把握生态环境保护和经济发展的关系，探索协同推进生态优先和绿色发展新路子。平衡长江生态环境保护与经济发展，分析长江生态各要素的分布、功能、演化及其相互关联的时空尺度和立体结构；设立"台账"动态管理，模拟自然生态循环机理，把脉长江生态环境保护与自然资源开发的底线边界，促进人口资源环境相均衡、经济社会生态效益相统一。

（三）发展长江绿色产业

生态环境建设质量与经济结构和经济发展方式密切相关。习近平总书记要求，"自觉推动绿色循环低碳发展，有条件的地区率先形成节约能源资源和

保护生态环境的产业结构、增长方式、消费模式"。坚持生态优先、绿色发展，关键在于优化长江流域产业结构和企业布局。通过重构产业发展格局、推动企业转型升级、完善区域合作机制，形成自然资源能源节约的消费模式和生态环保的经济增长方式。

建立"环境友好型、资源节约型"的生态产业群。产业转型升级是解决长江经济社会发展与资源环境矛盾的首要问题。加快长江沿线石油、化工、医药、有色金属采选冶等经济支柱型企业优化升级，发展新型生态产业，淘汰落后产能、实行环保技术改造、优化行业企业结构，实现长江经济带清洁生产、绿色发展和循环发展。发挥长江沿线高校、学科、人才等教育资源优势，建设国家级甚至世界级的科学中心和高新技术产业园区。

从生物多样性、环境整体性和生态系统性着眼，拓展长江生态功能和环境承载力，统筹长江山水林田湖草各自然要素，合理规划生活生产空间，建成人们生活学习、生产实践、生息休养的宜居家园。

建立完善科学高效的综合治理体系。推进研究机构与高等院校多方联合，实现跨学科、跨部门、跨群体、跨区域的联合机制，形成上中下游流域间互联互通、优势互补、共建共享的协同共治，建立以流域为基本单元的水环境容量总量控制管理模式、排污许可证集中统一管理模式、政府与民间多元化多渠道资金筹集模式，提高生态环境建设质量与自然资源综合利用效率。

参考文献

[1] 陈婕，邓学平.可再生能源投资与绿色经济发展的实证分析 [J].华东经济管理，2020，34（11）：100-106.

[2] 向云波，彭秀芬，徐长乐.上海与长江经济带经济联系研究 [J].长江流域资源与环境，2009（6）.

[3] 肖金成，刘通.长江经济带生态优先绿色发展路径研究 [J].长江技术经济，2017，1（01）：18-24.

[4] 肖琳子.长江经济带绿色发展：战略意义、概念框架与目标要求 [J].经济研究导刊，2018（33）：57-59+61.

[5] 肖雯.为长江经济带绿色发展贡献"湖南经验"[J].新湘评论，2018（19）：21.

[6] 徐现祥，李郇.市场一体化与区域协调发展 [J].经济研究，2005（12）.

[7] 鄢杰.以生态修复为契机打造绿色长江经济带 [J].中国水运，2018（07）：8-9；57-67.

[8] 杨解君.论中国绿色发展的法律布局 [J].法学评论，2016（4）：160-167.

[9] 杨龙，胡晓珍.基于 DEA 的中国绿色经济效率地区差异与收敛分析 [J].经济学家，2010（2）：46-54.

[10] 杨倩，胡锋，陈云华，等.基于水经济学理论的长江经济带绿色发展策略与建议 [J].环境保护，2016，44（15）：36-40.

[11] 杨树旺，吴婷，李梓博.长江经济带绿色创新效率的时空分异及影响因素研究 [J].宏观经济研究，2018（06）：107-117+132.

[12] 杨顺顺.长江经济带绿色发展指数测度及比较研究 [J].求索，2018（05）：88-95.

[13] 陈婕，邓学平.可再生能源投资与绿色经济发展的实证分析 [J].华东经济

管理，2020，34（11）：100–106.

[14]冯俊华，张沁蕊，刘静洁.生态环境保护与农业发展区域时空差异研究——基于陕西农业环境技术效率测算的分析[J].价格理论与实践，2020（11）：169–172.

[15]姚莉.打造长江经济带绿色"脊梁"[J].政策，2018（11）：23–24.

[16]姚瑞华，李赞，孙宏亮，等.全流域多方位生态补偿政策为长江保护修复攻坚战提供保障——《关于建立健全长江经济带生态补偿与保护长效机制的指导意见》解读[J].环境保护，2018（9）：18 –21.

[17]姚瑞华，孙宏亮，吴舜泽，王东，吴悦颖，等.长江经济带生态环境保护及绿色发展研究[M].中国环境出版社，2017.

[18]叶琪.我国区域产业转移的态势与承接的竞争格局[J].经济地理，2014（3）：91–97.

[19]叶亚平，刘鲁君.中国省域生态环境质量评价指标体系研究[J].环境科学研究，2000（03）：33–36.

[20]雍成瀚.加大航运污染治理力度 推动长江经济带绿色发展[J].中国人大，2018（09）：45.

[21]于海奇.长江经济带三大城市群绿色发展评价与比较研究[D].贵州财经大学，2018.

[22]张婷，娄创.长江经济带生态环境保护法律机制的路径选择[J].齐齐哈尔大学学报（哲学社会科学版），2019（07）：94–97.

[23]张治栋，秦淑悦.环境规制、产业结构调整对绿色发展的空间效应——基于长江经济带城市的实证研究[J].现代经济探讨，2018（11）：79–86.

[24]赵华飞.绿色发展理念的科学内涵、精神实质和时代意义——以党的十八届五中全会精神的解读为视角[J].安徽行政学院学报，2016（4）：5–10.

[25]赵琳，徐廷廷，徐长乐.长江经济带经济演进的时空分析[J].长江流域资源与环境，2013，22（7）：846–851.

[26]赵峥.城市绿色发展：内涵检视及战略选择[J].中国发展观察，2016（2）：36–40.

[27]郑德高，陈勇，季辰晔.长江经济带区域经济空间重塑研究[J].城市规划学刊，2015（3）：78–85.

[28]Guo X，Yang J，Mao X.Primary studies on urban ecosystem health assessment[J].Chin Environ Sci，2002，22（6）：525–529.

[29]OECD.Environmental indicators for agriculture：Concepts and frameworks[M].Paris：Organization for Economic Cooperation and Development，1999.

[30]OECD.OECD environmental indicators：Toward sustainable development[M].Paris：Organization for Economic Cooperation and Development，2001.

[31]OECD.Towards sustainable development：Environmental indicators[M].Paris：Organization for Economic Cooperation and Development，1998.

[32]周正柱，王俊龙.长江经济带区域生态环境质量综合评价与预测研究[J].山东师范大学学报（自然科学版），2018，33（04）：465–473.

[33]周正柱.长江经济带城镇化质量时空格局演变及预测研究[J].深圳大学学报：人文社会科学，2018（4）：62–71.

[34]朱惠斌，李贵才.区域联合跨界合作的模式与特征[J].国际城市规划，2015（4）：67–71.

[35]诸大建.绿色经济新理念及中国开展绿色经济研究的思考[J].中国人口·资源与环境，2012，22（5）：40–47.

[36]庄超，许继军.新时期长江经济带绿色发展的实践要义与法律路径[J].人民长江，2019，50（02）：35–41+52.

[37]樊杰.主体功能区战略与优化国土空间开发格局[J].中国科学院院刊，2013，28（2）：193–206.

[38]任嘉敏，马延吉.地理学视角下绿色发展研究进展与展望[J].地理科学进展，2020，39（07）：1196–1209.

[39]诸大建，刘强.在可持续发展与绿色经济的前沿探索：诸大建教授访谈[J].学术月刊，2013，45（10）：170–176.

[40]吴丹，邹长新，林乃峰，等.基于主体功能区规划的长江经济带生态状况变化[J].长江流域资源与环境，2018，27（8）：1676–1682.

[41]段学军，邹辉，王晓龙.长江经济带岸线资源保护与科学利用[J].中国科学院院刊，2020，35（08）：970–976.

[42]方一平，朱冉.推进长江经济带上游地区高质量发展的战略思考[J].中国科学院院刊，2020，35（08）：988–999.

[43] 靳川平, 刘晓曼, 王雪峰, 孙阳阳, 付卓, 王超, 侯静. 长江经济带自然保护地边界重叠关系及整合对策分析 [J]. 生态学报, 2020, 40（20）: 7323–7334.

[44] 李扬杰, 李敬. 长江经济带产业生态化水平动态评价——基于全局主成分分析模型的测算 [J]. 林业经济, 2020, 42（07）: 41–50.

[45] 廖卫东, 刘淼. 长江经济带土地城镇化、人口城镇化与城市生态效率提升——基于 108 个地级及以上城市面板数据的实证分析 [J]. 城市问题, 2020（12）: 57–68.

[46] 汪再奇, 余尚蔚. 长江经济带人类绿色发展指数研究 [J]. 安全与环境工程, 2020, 27（06）: 31–36.

[47] 吴传清. 长江经济带科技型企业创新生态评价研究 [J]. 理论月刊, 2020（11）: 78–88.

[48] 肖黎明, 肖沁霖, 张润婕. 绿色创新效率与生态治理绩效协调的时空演化及收敛性分析——以长江经济带城市为例 [J]. 地理与地理信息科学, 2020, 36（06）: 64–70.

[49] 张俊峰, 贺三维, 张光宏, 张安录. 流域耕地生态盈亏、空间外溢与财政转移——基于长江经济带的实证分析 [J]. 农业经济问题, 2020（12）: 120–132.

[50] 陈洪波. 协同推进长江经济带生态优先与绿色发展——基于生物多样性视角 [J]. 中国特色社会主义研究, 2020（03）: 79–87.

[51] 易淼. 新时代长江经济带绿色发展的问题缘起与实践理路 [J]. 中国高校社会科学, 2020（04）: 98–105+159.

[52] 常纪文. 长江经济带如何协调生态环境保护与经济发展的关系 [J]. 宜宾科技, 2018（03）: 23–26.

[53] 陈华彬. 长江经济带绿色技术创新绩效研究——基于因子分析法的视角 [J]. 重庆理工大学学报（社会科学）, 2018, 32（08）: 34–44.

[54] 大卫·皮尔斯, 阿尼尔·马肯亚. 绿色经济的蓝图: 绿色世界经济 [M]. 北京: 北京师范大学出版社, 1996.

[55] 杜泽艳. 绿色发展理念下长江经济带自然资源资产离任审计体系研究 [J]. 时代金融, 2019（05）: 41–42.

[56] 段学军, 邹辉, 王磊. 长江经济带建设与发展的体制机制探索 [J]. 地理科学进展, 2015, 34（11）: 1377–1387.

[57] 樊杰，王亚飞，陈东，等.长江经济带国土空间开发结构解析 [J]. 地理科学进展，2015，34（11）：1336–1344.

[58] 甘元芳，张璇.长江经济带国家重点生态功能区生态状况分析与评价 [J]. 测绘，2019，42（01）：36–41.

[59] 高红贵，赵路.长江经济带产业绿色发展水平测度及空间差异分析 [J]. 科技进步与对策，2019，36（12）：46–53.

[60] 高宁，储婷婷.长江经济带绿色发展水平测度及空间分异研究 [J]. 河北北方学院学报（社会科学版），2019，35（01）：80–85.

[61] 谷树忠，谢美娥，张新华.绿色转型发展 [M]. 杭州：浙江大学出版社，2016.

[62] 关成华，韩晶.2019 中国绿色发展指数报告 [M]. 北京：经济日报出版社，2020.

[63] 郝寿义，程栋.长江经济带战略背景的区域合作机制重构[J].改革，2015(3).

[64] 何寿奎.长江经济带环境治理与绿色发展协同机制及政策体系研究 [J]. 当代经济管理，2019，41（08）：57–63.

[65] 侯小菲.长江经济带一体化发展面临的挑战与应对策略 [J]. 区域经济评论，2015（5）：48–55.

[66] 胡鞍钢，周绍杰.绿色发展：功能界定、机制分析与发展战略 [J]. 中国人口·资源与环境，2014，24（1）：14–20.

[67] 胡仪元.流域生态补偿模式 核算标准与分配模型研究——以汉江水源地生态补偿为例 [M]. 北京：人民出版社，2016.

[68] 湖南省社会科学院绿色发展研究团队.长江经济带绿色发展报告（2017）[M]. 北京：社会科学文献出版社，2018.

[69] 环境保护部,发展改革委,水利部.长江经济带生态环境保护规划[M].北京:中国环境出版社，2017.

[70] 黄成，吴传清.长江经济带综合立体交通走廊绿色发展研究 [J]. 区域经济评论，2018（05）：97–104.

[71] 黄艳.推进长江经济带绿色发展 挺起长江经济带绿色脊梁[J].湖北政协，2018（01）：29.

[72]黄羿,杨蕾,王小兴,等.城市绿色发展评价指标体系研究:以广州市为例[J].

科技管理研究，2012，32（17）：55-59.

[73] 黄志斌，姚灿，王新．绿色发展理论基本概念及其相互关系辨析 [J]．自然辩证法研究，2015，31（08）：108-113.

[74] 坚持生态立岛 推进长江经济带绿色发展——上海崇明世界级生态岛生态文明创新 实践 [J]．中国经贸导刊，2019（02）：19-21.

[75] 民进湖北省委员会．建设生态环境监测平台 助推长江经济带绿色发展 [J]．湖北政协，2019（01）：34.

[76] 柯水发．绿色经济理论与实务 [M]．北京：中国农业出版社，2013.

[77] 孔伟明，常梅．统筹城乡区域发展 共建长江经济带升级版 [J]．宏观经济管理，2013（8）：51-53.

[78] 李芬．城市生态环境治理方案研究：长江经济带典型城市的绿色转型探索 [M]．北京：中国环境出版社，2018.

[79] 李强，韦薇．长江经济带经济增长质量与生态环境优化耦合协调度研究 [J]．软科学，2019，33（05）：117-122.

[80] 李强，韦薇．长江经济带经济增长质量与生态环境优化耦合协调度研究 [J]．软科学，2019，33（05）：117-122.

[81] 李爽，周天凯，樊琳梓．长江经济带城市绿色发展及影响因素分析 [J]．统计与决策，2019（15）：121-125.

[82] 李文正．基于层次分析法的陕西省城市绿色发展区域差异测度分析 [J]．水土保持研究，2015，22（5）：152-157.

[83] 李小鹏．坚持共抓大保护不搞大开发生态优先绿色发展当好先行部省合力推动长江经济带高质量发展 [J]．中国水运，2018（06）：1.

[84] 李颖．新形势下绿色区域经济发展战略研究——以长江经济带为例 [J]．普洱学院学报，2018，34（04）：40-43.

[85] 李智，李栒宇，李帅娜．环境规制下长江经济带创新效率研究——基于三阶段 DEA 和 Malmquist 指数 [J]．环境保护与循环经济，2019，39（05）：77-82.

[86] 李周．中国经济学如何研究绿色发展 [J]．改革，2016（6）：133-140.

[87] 刘冰，张磊．山东绿色发展水平评价及对策探析 [J]．经济问题探索，2017（7）：141-152.

[88] 刘金全，魏阙．创新、产业结构升级与绿色经济发展的关联效应研究 [J].

工业技术经济，2020，39（11）：28–34.

[89] 刘峻源，成长春，杨凤华 . 扬子江城市群：打造长江经济带绿色发展示范区 [J]. 群众，2019（02）：31–32.

[90] 刘小琳，罗秀豪 . 广东实施绿色发展战略的对策建议 [J]. 科技管理研究，2012，32（7）：37–40.

[91] 卢丽文，宋德勇，李小帆 . 长江经济带城市发展绿色效率研究 [J]. 中国人口·资源与环境，2016，26（6）：35–42.

[92] 罗来军 . 绿色发展引领长江经济带建设 [J]. 宁波经济（财经视点），2019（04）：26.

[93] 罗敏讷 . 长江中游城市群绿色发展的路径选择 [J]. 社会科学动态，2018（11）：49–50.

[94] 吕康娟 . 上海全球城市网络节点枢纽功能　主要战略通道和平台经济体系建设 [J]. 科学发展，2016（4）.

[95] 吕忠梅，陈虹 . 关于长江立法的思考 [J]. 环境保护，2016，44（18）：32–38.

[96] 马双，王振 . 长江经济带城市绿色发展指数研究 [J]. 上海经济，2018（05）：42–53.

[97] 明翠琴 . 中国农业绿色增长评价指标体系的构建及实证 [J]. 技术经济与管理研究，2021（09）：108–113.

[98] 聂卫国 . 以生态优先、绿色发展为引领推进长江经济带发展 [J]. 中国船检，2018（03）：24.

[99] 秦尊文 . 推动长江经济带全流域协调发展 [J]. 长江流域资源与环境，2016（3）.

[100] 曲超，王东 . 关于推动长江经济带绿色发展的若干思考 [J]. 环境保护，2018，46（18）：52–55.

[101] 任玉铭 . 长江经济带绿色发展的经济效益研究 [J]. 山西农经，2019（02）：91–92.

[102] 尚勇敏，曾刚，海骏娇 . "长江经济带"建设的空间结构与发展战略研究 [J]. 经济纵横，2014（11）.

[103] 时显群 . 西方法理学研究 [M]. 北京：人民出版社，2007.

[104] 舒霖. 水源地生态补偿机制研究 [D]. 南京：南京师范大学，2018.

[105] 宋筱筱. 长江经济带城市绿色发展效率评价及影响因素研究 [D]. 武汉大学，2018.

[106] 新华社. 探索出一条生态优先、绿色发展新路子——推动长江经济带发展座谈会召开三年述评 [J]. 中国经贸导刊，2019（02）：16-18.

[107] 滕堂伟，胡森林，侯路瑶. 长江经济带产业转移态势与承接的空间格局 [J]. 经济地理，2016（5）.

[108] 田时中，周晓星. 长江经济带绿色化测度及其技术驱动效应检验 [J]. 统计与信息论坛，2020，35（12）：39-49.

[109] 马若虎. 推动长江经济带发展要正确把握的五个关系 [J]. 理论导报，2018（05）：43.

[110] 万李红，程云鹤，余乾. 长江经济带绿色发展水平研究 [J]. 中国环境管理干部学院学报，2019，29（02）：52-55.

[111] 万政文. 在推进长江经济带绿色发展中发挥示范作用的奉节担当 [J]. 重庆行政，2019，20（04）：79-82.

[112] 王灿发. 美国饮用水源地保护立法及其借鉴意义 [J]. 水工业市场，2014（5）：35.

[113] 王海滨. 长江经济带绿色发展，气化先行 [J]. 中国石化，2017（12）：18-20.

[114] 王伟. 长江经济带绿色发展及其绩效评价研究 [M]. 西南财经大学出版社，2018.

[115] 王霞，张鹏金，宋寒琪，覃美玲，单文正. 层次分析法下长江经济带绿色发展的绩效评价——以安徽省为例 [J]. 山西农经，2019（12）：1-4.

[116] 王晓君，吴敬学，蒋和平. 中国农村生态环境质量动态评价及未来发展趋势预测 [J]. 自然资源学报，2017，32（05）：864-876.

[117] 王燕，刘邦凡，郭立宏. 基于 SEEA-2012 我国绿色 GDP 核算体系构建及时空格局分析 [J]. 生态经济，2021，37（09）：136-145.

[118] 王亦宁，双文元. 国外饮用水源地保护经验与启示 [J]. 水利发展研究，2017（10）：90.

[119] 魏伟，石培基，周俊菊等. 基于 GIS 和组合赋权法的石羊河流域生态环

境质量评价 [J]. 干旱区资源与环境，2015，29（01）：175–180.

[120] 文丰安 . 推动新时代长江经济带高质量发展 [J]. 改革，2018（11）：1.

[121] 邬晓燕 . 绿色发展及其实践路径 [J]. 北京交通大学学报：社会科学版，2014，13（3）：97–101.

[122] 吴传清，董旭 . 环境约束下长江经济带全要素能源效率研究 [J]. 中国软科学，2016（3）：73–83.

[123] 吴传清，黄磊 . 长江经济带绿色发展的难点与推进路径研究 [J]. 南开学报：哲学社会科学版，2017（3）.

[124] 吴洁，张云，韩露露 . 长三角城市群绿色发展效率评价研究 [J]. 上海经济研究，2020（11）：46–55.

[125] 吴磊，熊英 . 长江经济带生态效率测评及提升模式构建 [J]. 生态经济，2018，34（12）：166–172+177.

[126] 熊淳涛 . 金融集聚、产业升级与绿色发展——以长三角地区为例 [J]. 统计与管理，2021，36（11）：18–23.

[127] 徐淑红 . 生态文明与绿色经济协调发展研究——基于熵权实证法分析 [J]. 技术经济与管理研究，2021（08）：99–103.

[128] 元淼，韩路 . 新时代环境保护与可持续发展现状浅析与策略研究 [J]. 科技风，2021（25）：158–160.

[129] 岳立，薛丹 . 黄河流域沿线城市绿色发展效率时空演变及其影响因素 [J]. 资源科学，2020，42（12）：274–284.

[130] 石敏俊 . 中国经济绿色发展理论研究的若干问题 [J]. 环境经济研究，2017，2（4）：1–6，92.

[131] 胡鞍钢，林毅夫，刘培林，诚言 . 实现"绿色"发展 [N]. 中国财经报，2003–10–16.

[132] 习近平 . 坚持节约资源和保护环境基本国策 努力走向社会主义生态文明新时代 [N]. 光明日报，2013–05–25（01）.

[133] 新华社 . 习近平在推动长江经济带发展座谈会上强调走生态优先绿色发展之路 让中华民族母亲河永葆生机活力 [OL].2016–01–07.http：//www.gov.cn/xinwen/2016–01/07/content_5031289.htm.

[134] 湖北日报 .《长江经济带发展规划纲要》正式印发解码新布局 [OL].2016–

09-12.http：//hb.qq.com/a/20160912/017289.htm.

[135] 刘雅鸣．新时期长江水利改革发展的思考 [OL].2016-12-27.http：//www.mwr.gov.cn/ztpd/2014ztbd/shggxspm/zmkbmb/201412/t20141204_584480.html.

[136] 成长春．以产业绿色转型推动长江经济带绿色发展 [N]. 经济日报，2018-03-01（015）.

[137] 柳萍．打造长江经济带绿色发展示范城市 [N]. 三峡日报，2018-03-28（001）.

[138] 黄磊．用好"负面清单"促长江经济带绿色发展 [N]. 经济日报，2018-04-19（015）.

[139] 孔凡斌．以共抓大保护推动长江经济带绿色发展 [N]. 江西日报，2018-04-23（B03）.

[140] 湖北日报评论员．努力探索长江经济带生态优先绿色发展新路 [N]. 湖北日报，2018-04-30（001）.

[141] 陈丽媛．全力推动长江经济带绿色发展 [N]. 湖北日报，2018-05-04（015）.

[142] 刘和生．牢记嘱托 走在前列 强力推动长江经济带生态优先绿色发展 [N]. 岳阳日报，2018-05-17（001）.

[143] 方世南．唱响新时代长江经济带绿色发展之歌 [N]. 苏州日报，2018-06-05（B02）.

[144] 常纪文．找准长江经济带绿色发展的突破点 [N]. 社会科学报，2018-06-14（001）.

[145] 王济光．长江经济带绿色发展 唯有"协调发力"[N]. 人民政协报，2018-07-19（003）.

[146] 李会．共建绿色发展的长江经济带 [N]. 经济日报，2018-07-21（001）.

[147] 杨顺顺．抓好长江经济带绿色发展的三大维度 [N]. 中国社会科学报，2018-07-25（004）.

[148] 崔海灵．建设"智慧长江"，推动长江经济带绿色发展 [N]. 联合时报，2018-08-28（003）.

[149] 刘大山．当好长江经济带绿色发展排头兵 [N]. 南京日报，2019-03-16（A06）.

[150] 黄园钧．推动长江经济带绿色发展 [N]. 学习时报，2019-04-17（007）.

[151] 文传浩 . 在推进长江经济带绿色发展中发挥示范作用 [N]. 重庆日报，2019-04-26（007）.

[152] 吴华安 . 在推进长江经济带绿色发展中发挥示范作用 [N]. 重庆日报，2019-05-08（005）.

[153] 中共涪陵区委理论学习中心组 . 谱写"三篇绿色文章" 推进长江经济带绿色发展 [N]. 重庆日报，2019-06-27（011）.

[154] 李琳 . 推动长江经济带绿色发展 [N]. 鄂州日报，2019-07-12（006）.

[155] 黄国勤 . 论长江经济带绿色发展 [J]. 中国井冈山干部学院学报，2019，12（01）：120-125.

[156] 成长春 . 推动长江经济带高质量发展的几点思考 [J]. 区域经济评论，2018（06）：1-4.

[157] 马建华 . 以习近平生态文明思想为指引 全面推进长江流域水生态文明建设 [J]. 人民长江，2018，49（6）：1-6.

[158] 吴晓华，罗蓉，王继源 . 长江经济带"生态优先、绿色发展"的思考与建议 [J]. 长江技术经济，2018，2（01）：1-7.

[159] 王红玲 . 生态优先，绿色发展——深入学习贯彻习近平长江经济带发展重要论述 [J]. 团结，2018（05）：3-6.

[160] 唐子来，李涛 . 长三角地区和长江中游地区的城市体系比较研究：基于企业关联网络的分析方法 [J]. 城市规划学刊，2014（2）：24-31.

[161] 邓宏兵 . 以绿色发展理念推进长江经济带高质量发展 [J]. 区域经济评论，2018（06）：4-7.

[162] 黄娟 . 协调发展理念下长江经济带绿色发展思考——借鉴莱茵河流域绿色协调发展经验 [J]. 企业经济，2018，37（02）：5-10.

[163] 吴传清，宋筱筱 . 长江经济带城市绿色发展影响因素及效率评估 [J]. 学习与实践，2018（04）：5-13.

[164] 朱东波 . 习近平绿色发展理念：思想基础、内涵体系与时代价值 [J]. 经济学家，2020（03）：5-15.

[165] 新华网 . 审计署发布长江经济带生态环保"体检报告"[OL].http：/ www.xinhuanet.com/2018-06/20/c_1123009136.htm.

[166] 赵民，李峰清，徐素 . 新时期上海建设"全球城市"的态势辨析与战略

选择 [J]. 城市规划学刊，2014（4）：7-13.

[167] 长江经济带绿色发展 [J]. 环境经济，2018（15）：8-9.

[168] 钟茂初 . 长江经济带生态优先绿色发展的若干问题分析 [J]. 中国地质大学学报（社会科学版），2018，18（06）：8-22.

[169] 李东 . 把长江经济带建成生态文明先行示范带的几点思考 [J]. 环境保护，2018，46（21）：9-11.

[170] 余海 . 中国 "十二五" 绿色发展路线图 [J]. 环境保护，2011（1）：10-13.

[171] 方世南 . 推进新时代长江经济带绿色发展 [J]. 群言，2018（07）：10-13.

[172] 张晓玲 . 可持续发展理论：概念演变、维度与展望 [J]. 中国科学院院刊，2018，33（1）：10-19.

[173] 刘和生 . 强力推动长江经济带生态优先绿色发展走在前列 [J]. 新湘评论，2018（20）：11-12.

[174] 傅佳莎 . 全力推进长江经济带绿色发展 [J]. 中国水运，2018（06）：12-13.

[175] 王灿发 . 论生态文明建设法律保障体系的构建 [J]. 中国法学，2014（3）：34-53.

[176]Bemhard W，Harald V. Evaluating sustainable forest management strategies with the analytic network process in a pressure– state –responseframework[J].Environ Manage，2008，88（1）：1-10.

[177]Hammold A，Adriaanse A，Rodenburg E，et al. Environmental indicators：A systematic approach to measuring and reporting on environmentalpolicy performance in the context of sustainable development[M].Washington：World Resources Institute，1995.

[178]Wang Q，Yuan X，Ma C，et al.Research on the impact assessment of urbanization on air environment with urban environmental entropy：A casestudy[J].Stoch Environ Res Risk，2012，26（3）：443-450.